普通高等学校"十四五"规划机械类专业精品教材

CAD/CAM 技术及应用

主　编　肖艳秋　崔光珍　孙春亚

U0180172

华中科技大学出版社

中国·武汉

内 容 简 介

计算机辅助设计与制造(CAD/CAM)是计算机技术、信息技术、网络技术与设计制造理论及方法相结合的一门多学科综合性技术。其在制造业的广泛应用,极大地促进了制造模式的转变。CAD/CAM 技术的研究、开发与应用水平已经成为衡量一个国家工业现代化水平的重要标志之一。本书主要介绍 CAD/CAM 的基本概念、CAD/CAM 的发展历程、CAD/CAM 功能、CAD/CAM 技术的应用和 CAD/CAM 技术新的发展方向。

本书可作为普通高等学校本科及研究生机械、智能制造、机器人工程等专业"CAD/CAM 技术"课程的教材,也可供从事 CAD/CAM 技术应用的工程技术人员参考。

图书在版编目(CIP)数据

CAD/CAM 技术及应用/肖艳秋,崔光珍,孙春亚主编.—武汉:华中科技大学出版社,2022.3
ISBN 978-7-5680-7905-1

Ⅰ.①C… Ⅱ.①肖… ②崔… ③孙… Ⅲ.①计算机辅助设计-应用软件-高等学校-教材 ②计算机辅助制造-应用软件-高等学校-教材 Ⅳ.①TP391.7

中国版本图书馆 CIP 数据核字(2022)第 038558 号

CAD/CAM 技术及应用   肖艳秋　　崔光珍　　孙春亚　　主编
CAD/CAM Jishu ji Yingyong

策划编辑:万亚军
责任编辑:吴　晗
封面设计:原色设计
责任监印:周治超
出版发行:华中科技大学出版社(中国·武汉)　　电话:(027)81321913
　　　　　武汉市东湖新技术开发区华工科技园　　邮编:430223
录　　排:华中科技大学惠友文印中心
印　　刷:武汉开心印印刷有限公司
开　　本:787mm×1092mm　1/16
印　　张:17.5
字　　数:456 千字
版　　次:2022 年 3 月第 1 版第 1 次印刷
定　　价:49.80 元

前　　言

CAD/CAM(计算机辅助设计与制造)是制造工程技术与计算机信息技术结合发展起来的一门先进制造技术，它的应用使传统的产品设计与制造的内容和工作方式等都发生了根本性的变化，为制造业带来了巨大的经济效益和社会效益，被视为工业化与信息化深度融合的重要支撑技术。目前 CAD/CAM 技术广泛应用于机械、电子、航空航天、汽车、船舶、纺织、轻工及建筑等各个领域，它的研究与应用水平已成为衡量一个国家科技现代化和工业现代化水平的重要标志。为了在新时代的竞争中取得领先地位，主动应对未来的 CAD/CAM 技术竞争，各国都提出了相应的制造业发展战略，如德国的"工业 4.0"战略，美国的"工业互联网"战略，我国的"中国制造 2025"战略等。这些发展战略均以新的信息技术对传统制造业进行变革，使制造变得智能、安全、高效、绿色。在此背景下，为主动应对新一轮科技革命和产业变革，支撑国家的"中国制造 2025"等一系列战略，结合"新工科"及"一流专业"建设目标，开展"CAD/CAM 技术"课程教材改革及优化具有重要意义。为此，本书结合当前 CAD/CAM 技术及趋势，并将"以学生为中心"的教学理念贯穿于编写过程，以适应当前学生培养形式，使学生了解掌握 CAD/CAM 前沿技术，培养其利用学科交叉解决问题的思维模式。

全书共 8 章。第 1 章主要对 CAD/CAM 的基本概念、CAD/CAM 的发展历程及其发展方向、CAD/CAM 系统的概念和软硬件进行了介绍。第 2 章对 CAD/CAM 系统中数据的管理方法、常用的数据结构、工程数据库及其应用等基础知识做了较全面的讲解。第 3 章对计算机图形显示及建模技术进行了介绍，如图形显示基本原理、图形的几何变换方法、图形的真实感处理方法、几何建模方法、图形剪裁技术和图形消隐技术等基础知识。第 4 章对计算机辅助产品设计技术进行了介绍，结合当前计算机辅助产品设计发展情况及作者科研经历，对专家系统和智能 CAD 在产品设计中的应用进行了说明，并结合三维建模软件 Creo 实例，进一步深化讲解了计算机辅助产品设计技术的理论与方法。第 5 章介绍计算机辅助工程(CAE)分析技术相关知识，包括有限元分析方法、优化设计理论、计算机仿真技术及相应的仿真软件等内容，为了方便教学，给出相应的 CAE 分析案例。第 6 章对计算机辅助工艺过程设计技术中的零件信息的描述和输入、派生式 CAPP 系统、创成式 CAPP 系统、CAPP 专家系统等内容做了较全面的介绍。第 7 章对计算机辅助制造、计算机辅助数控编程技术的基本原理、内容和步骤进行了介绍，主要包括数控机床选择及其坐标系统确定、加工刀具补偿方法、数控铣削编程基本术语、数控程序结构以及常用数控指令等知识讲解。第 8 章对产品数据管理及集成技术的相关知识做了较全面的介绍，主要包括产品数据管理概念、PDM 系统的体系结构及功能、产品结构与配置管理、工作流与过程管理的概念及 PDM 在现代企业中的集成作用等相关内容。

本书由肖艳秋、崔光珍、孙春亚主编，王鹏鹏、郭志强、李安生参编。实验室研究生张伟利、蔡一洲、路华、赵轩、杨军胜、周志成、张旭帮、安卓雅、禹建坤等参加了部分章节的文字及图表的校订工作。

　　本书的出版得到了河南省研究生教育改革与质量提升工程项目（HNYJS2020KC09）的资助，在此表示衷心的感谢。在本书编写过程中，作者参考了其他版本同类书和相关技术标准、文献资料等，在此对其作者表示衷心的感谢！

　　由于编者水平有限，书中难免有疏虞之处，敬请广大读者和专家批评指正。

编　者

2022 年 3 月

目　　录

第 1 章 CAD/CAM 技术概述

本章要点

CAD/CAM 是计算机辅助设计/计算机辅助制造(computer aided design/computer aided manufacturing)的简称,是计算机技术、信息技术、网络技术与设计制造理论及方法相结合的一门多学科综合性技术。其核心是利用计算机高效快速地处理各种信息,进行产品的设计与制造,它彻底改变了传统的设计和制造模式,并广泛应用于制造业,极大地促进了制造模式的转变。CAD/CAM 技术的研究、开发与应用水平已经成为衡量一个国家工业现代化水平的重要标志之一。本章主要介绍 CAD/CAM 的基本概念、CAD/CAM 的发展历程以及 CAD/CAM 技术的基本概念和软硬件。

1.1 CAD/CAM 技术

1.1.1 CAD/CAM 技术的基本概念

1. 计算机辅助设计(CAD)

计算机辅助设计(computer aided design,CAD)是指以计算机图形学为基础,以计算机为工具,辅助设计人员完成产品的总体设计、机构仿真、工程分析、图形编辑等工作,帮助设计人员完成数值计算、处理实验数据,达到提高产品设计质量、缩短产品开发周期、降低产品成本的目的。CAD 系统的主要功能包括几何建模、装配设计、机构运动仿真、工程分析、优化设计、工程绘图和数据管理等。

2. 计算机辅助工艺设计(CAPP)

计算机辅助工艺设计(computer aided process planning,CAPP)是指在 CAD/CAM 系统中,根据产品设计阶段所给信息和产品制造工艺要求,人机交互或者自动地完成产品加工方法的选择和工艺过程的设计。CAPP 的功能主要包含:毛坯设计、加工方法选择、工艺路线制定、工序设计、刀夹具设计等。

3. 计算机辅助制造(CAM)

计算机辅助制造(computer aided manufacturing,CAM)是指数控(numerical control,NC)编程等生产准备过程,可以直接利用 CAD 模型进行 NC 程序自动编制。按照应用范围 CAM 分为广义 CAM 和狭义 CAM。广义 CAM 是指工程技术人员利用计算机辅助系统和工具,完成从生产准备到制造的整个过程的活动,包括生产作业计划、工艺规划、NC 自动编程、工装设计、生产过程控制、质量检测与控制等;而狭义 CAM 一般是指产品加工的 NC 程序编制,包括选择机床、选择刀具、加工参数设置、刀具路径规划、刀具轨迹仿真和 NC 代码生成等。

4. 计算机辅助工程(CAE)

计算机辅助工程(computer aided engineering,CAE)是以计算力学为基础,以计算机数据处理为手段的工程分析技术,为实现产品优化提供支持。CAE 的主要任务是对工程、产品和结构未来的工作状态和运行行为进行模拟仿真,及时发现设计中的问题和缺陷,实现产品优化设计。

1.1.2　CAD/CAM 技术的特点

CAD/CAM 技术具有如下特点:

(1) 提高技术人员的创新能力。将工程技术人员从大量烦琐、重复的劳动中解放出来,以集中精力进行创造性的劳动,有利于发挥技术人员的创造性。

(2) 增强企业的市场竞争力。有利于提高产品设计自动化、生产过程自动化的水平,最大限度地获得满足客户需求的产品,有利于企业提高应变能力和市场竞争力。

(3) 提高生产效率。减少设计、计算、制图、制表所需的时间,修改设计方便,数控编程效率高,可缩短产品设计、制造周期。

(4) 提高产品的质量。利用有限元分析和装配运动仿真技术,可以从多个产品设计方案中进行分析、比较,选出最佳方案,有利于实现设计方案的优化。同时,减少人为设计、加工误差,可提高产品的设计制造质量和可靠性。

(5) 有利于标准化。利用 CAD/CAM 系统进行产品设计制造,必须对相关数据进行整理、规范,以便于信息的描述、转换和传递,有利于实现产品的标准化、通用化和系列化。

(6) 为实现产品数据管理(product data management,PDM),进而为实现产品生命周期管理(product lifecycle management,PLM)奠定基础。CAD/CAM 一体化,使产品的设计、制造过程形成一个有机的整体,通过信息的集成,给企业在经济上、技术上带来巨大的综合效益。

1.1.3　CAD/CAM 与先进制造的关系

先进制造技术(advanced manufacturing technology,AMT)是衡量一个国家科技发展水平的重要标志,是当今世界经济和社会发展的重要推动力。制造技术的进步与发展催生并促进了 CAD/CAM 技术,而 CAD/CAM 技术广泛、深入的应用对制造技术也产生了巨大影响。CAD/CAM 技术是 20 世纪全球最杰出的工程技术成果之一。先进的设计与加工技术是先进制造技术的核心之一。作为先进制造技术的重要组成部分和制造业信息化的重要工具,CAD/CAM 在制造业中从产品工程设计、工程分析、工艺规划到产品加工和装配整个过程中占有重要的地位。图 1-1 所示为制造企业信息化基本结构框图,表明了 CAD/CAM 技术在企业信息化中的作用与地位。

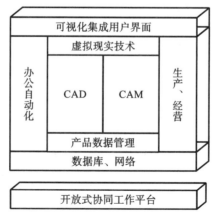

图 1-1　制造企业信息化基本结构

随着制造技术水平不断发展和提高,我国在先进制造技术发展方面已经具有了相当的规模和实力。但是在产品质量、品种、成本、效率和售后服务等方面与国外先进水平相比还有一定的差距,国际竞争力不强。目前,制造业仍然是我国的支柱产业,将先进的 CAD/CAM 技术应用于制造业,朝着全球化、数字化、网络化、智能化、集成化和绿色化等方向发展,提升我国制造业的国际竞争力,将有力推动我国从"制造业大国"向"制造业强国"转型,促进国民经济实现又好又快地发展。

1.2　CAD/CAM 技术的应用与发展

1.2.1　CAD/CAM 技术的发展历程

1. CAD 的发展历程

CAD 技术的发展与计算机技术、计算机图形技术的发展密切相关。20 世纪 50 年代后期,随着计算机图形学的诞生,利用阴极射线管(cathode ray tube,CRT)实现了图形的动态显示,CAD 技术处于准备和酝酿阶段,被动式的图形处理是此阶段 CAD 技术的特征。进入 20 世纪 60 年代,交互技术、分层存储符号的数据结构等新思想的提出为 CAD 技术的进一步发展和应用奠定了理论基础。人们主要用传统的三视图方法,即二维计算机绘图技术来表达零件。随着在计算机上绘图变为可行,采用线框造型来表示三维实体的 CAD 技术,即线框造型技术出现了。

进入 20 世纪 70 年代,为解决飞机及汽车制造中遇到的大量自由曲面问题,人们开发出了以表面模型为特征的自由曲面造型技术,推出了三维曲面造型系统,使得 CAD 技术得到蓬勃发展并进入应用时期。20 世纪 80 年代初,为了准确表达零件的各种集合和物理特性,人们提出了实体造型技术,开发了一批实体造型 CAD 软件系统。实体造型系统的出现,标志着 CAD 技术从单纯模仿工程图纸的绘图模式中解放出来,使产品开发手段有了质的飞跃,新产品开发速度大幅度提高。

20 世纪 80 年代中期,CAD 技术的研究又有了重大进展,人们提出了参数化实体造型技术。它的主要特点是:基于特征、全尺寸约束、全数据相关、尺寸驱动设计修改。此时,CAD 技术进入迅猛发展时期,CAD 技术的应用也从大中企业向小企业扩展,从发达国家向发展中国家扩展,从用于产品设计发展到用于工程设计和工艺设计。

在 20 世纪 90 年代初期,人们对现有各种造型技术进行了充分的分析和比较,以参数化技术为蓝本,提出了一种比参数化技术更为先进的实体造型技术——变量化技术。变量化技术既保持了参数化技术的原有优点,同时又克服了它的许多不足之处。变量化技术的成功应用,为 CAD 技术的发展提供了更大的空间和机遇。90 年代以后 CAD 技术进入开放式、标准化、集成化的发展时期,该阶段的 CAD 系统都具有良好的开放性,图形接口和功能也日趋标准化。微机加视窗操作系统与工作站加 Unix 操作系统在因特网环境下构成了 CAD 系统的主流工作平台。

进入 21 世纪后,伴随着计算机网络的普及,可视化、虚拟现实技术的应用与发展促使交互式三维实体建模实现了突破性的飞跃,产生了同步建模这一新技术。这种新技术在参数化、基于历史记录建模的基础上前进了一大步,同时与先前技术共存。同步建模技术实时检查产品模型当前的几何条件,并将它们与设计人员添加的参数和几何约束合并在一起,以便评估、构建新的几何模型并对新模型进行编辑,无须重复全部历史记录。

2. CAPP 的发展历程

CAPP 是 20 世纪 60 年代后期出现并开始发展的一项新的技术,但其发展却大大落后于 CAD/CAM 软件系统。

世界上最早研究 CAPP 的国家是挪威,并于 1969 年完成了世界第一个 CAPP 系统——AUTOPROS。1976 年美国的国际计算机辅助制造公司所推出的 CAPP 系统——CAM-I'S Automated Process Planning 却是世界上最著名、应用最广泛的系统,成为 CAPP 系统发展的里程碑。随后,更多 CAPP 系统相继推出,进而出现了变异型 CAPP 和创成型 CAPP。随着 CAPP 系统的广泛应用,研究人员对 CAPP 的理论与方法进行了更加广泛、深入的研究。

20 世纪 80 年代末,为解决 CAPP 的自动化问题,人们探索了多种 CAPP 方法,开发了基于智能化和专家系统的 CAPP 系统,但片面强调工艺设计的自动化,即过分强调工艺决策、编制的自动化,忽略人在工艺决策中的作用和工艺工作的复杂性及个性化。到 20 世纪 90 年代中后期,人们重新衡量了 CAPP 软件在企业内应发挥的作用,逐步抛弃了传统 CAPP 的研究方法,开发重点从注重工艺过程的自动生成,转向为工艺设计人员提供软件工具,为企业的信息化建设提供服务。因此,CAPP 产品的研发开始活跃起来,CAPP 软件技术得到了迅速发展。

到 20 世纪 90 年代末,一些实用化的 CAPP 开始走向市场,但其开发方法和重点各不相同。有的 CAPP 系统在 CAD 图形平台的基础上开发,然后将生成的工艺数据传送到其他的数据库系统中;有的 CAPP 系统在某种特定的数据库系统上生成工艺数据,然后在 CAD 平台上生成工艺卡片;甚至有的 CAPP 系统是纯粹的工艺卡片的填写工具,其生成的工艺卡片是某种特定的文件。这些 CAPP 软件系统都为工艺人员提供了一定的服务与辅助功能。

现代 CAPP 系统基于网络、产品数据管理进行开发,面向企业信息化建设的网络化集成工艺设计平台将成为目前和今后 CAPP 研究开发的重点。我国对 CAPP 的研究始于 20 世纪 80 年代初,一些高等院校为提高科技创新意识,积极努力地投入到 CAPP 系统的开发中,开发出具有一定水准的 CAPP 系统,形成了中国 CAPP 系统的快速发展期。90 年代以来,随着计算机辅助生产国际学术会议的召开和《计算机辅助工艺规程设计(CAPP)导则》(JB/T 7701—1995)的颁布,我国 CAPP 水平开始有了进一步的发展并与国际接轨。时至今日,直接由二维或三维 CAD 设计模型获取工艺输入信息,基于知识库和数据库、关键环节采用交互式设计方式并提供参考工艺方案的 CAPP 工具系统蓬勃发展。此类系统在保持解决事务性、管理性工作优点的同时,在更高的层次上致力于加强 CAPP 系统的智能化工具能力,将 CAPP 技术与系统视为企业信息化集成软件中的一环,为 CAD/CAE/CAPP/CAM/PDM 集成提供全面基础。

近年来,法国达索公司开发了数字企业精益制造交互式应用(digital enterprise lean manufacturing interactive application,DELMIA)软件产品,提供了当今业界可用的最全面、集成和协同的数字制造解决方案,通过以工艺为中心的技术,可定义、监测和控制各类生产系统。从单个的设备单元、生产线、工厂物流直到整个企业的生产过程,DELMIA 为企业用户提供了一套完整的数字化制造解决方案,将数字化制造分为工艺规划、工艺细化与验证、资源建模与仿真。

3. CAM 的发展历程

1952 年,美国麻省理工学院在世界上首次研制成功数控机床,并于 1955 年开发出了自动编程工具系统——APT(automatically programmed tools)，基本实现了 NC 程序编制自动化。APT 为第一代 CAM 系统，其处理方式是人工或辅助式计算数控刀路(包括编程目标与对象)，其缺点是功能差、操作困难、专机专用。

随着曲面与实体 CAD 系统的出现，人们开发出了曲面 CAM 系统。其系统结构一般为 CAD/CAM 一体化系统，以零件的 CAD 模型为编程对象，自动生成刀路轨迹，使 NC 编程的自动化程度得到了大幅度提高。曲面 CAM 系统的基本特点是面向局部曲面的加工方式，表现为编程的难易程度与零件的复杂程度直接相关，而与产品的工艺特征、工艺复杂程度等没有直接关系。

目前，CAM 技术已经成为 CAX(CAX 指的是计算机辅助设计软件，即 CAD、CAM、CAE、CAPP、CAS、CAT、CAI 等各项技术的综合)体系的重要组成部分，可以直接在 CAD 系统上建立起来的参数化、全相关的三维几何模型上进行加工编程，生成正确的加工轨迹。典型的 CAM 系统有 UG、Creo、Cimatron、Mastercam 等。目前，以 Delcam 公司的 PowerMILL 和 WorkNC 为代表，采用面向工艺特征的处理方式，系统以工艺特征提取的自动化来实现 CAM 编程的自动化。当模型发生变化后，只要按原来的工艺路线重新计算，即可实现 CAM 的自动修改。

美国 UGS 公司于 2006 年发布了数字制造解决方案 Tecnomatix Production Management 系统。该系统是由多个领先的车间制造应用程序组成的，是制造行业内第一个把生产管理与整个 PLM 流程集成在一起的软件解决方案。每个解决方案都可以支持制造过程周期，包括从过程规划到详细设计再到生产执行。基于网络的软件工具可以使企业、工厂和供应商之间就制造过程信息进行通信和交流。Tecnomatix Production Management 弥补了产品设计与生产流程之间的差异，有效地扩展了 PLM 的价值，让制造商能够加快推出新产品的速度，促进精益制造，对流程进行持续改进。

4. CAE 的发展历程

CAE 技术利用计算机对产品进行性能与安全可靠性分析，并对其工作状态和运行行为进行模拟，及早发现设计缺陷，改进产品设计。CAE 技术的研究始于 20 世纪 50 年代中期，CAE 软件系统出现于 20 世纪 70 年代初期，到 80 年代中期，CAE 软件在可用性、可靠性和计算效率上基本成熟。90 年代是 CAE 技术成熟壮大阶段，这一时期的 CAE 软件一方面与 CAD 软件紧密结合，另一方面扩展自身的功能，并将有限元技术与实验技术有机地结合起来，开发了实验信号处理、实验与分析相关等分析能力。

近些年来，CAE 软件系统开发和商品化快速发展，其理论和算法日趋成熟，已成为航空、航天、机械、土木结构等领域工程和产品结构分析中必不可少的数值计算工具，同时也是分析连续过程各类问题的一种重要手段。其功能、性能、前后置处理能力、单元库、解法库、材料库，特别是用户界面和数据管理技术等方面都有了巨大的发展。

CAE 软件现已可以在超级并行机，分布式微机群，大、中、小、微各类计算机和各种操作系统平台上运行。目前国际上先进的 CAE 软件，已经可以对工程和产品进行静力学和动力学的线性与非线性分析，包括对各种单一和复杂组合结构的弹性、弹塑性、塑性、蠕变、膨胀、几何大变形、大应变、疲劳、断裂、损伤，以及多体弹塑性接触在内的变形与应力应变分析。国际上知名的 CAE 软件有 NASTRAN、ANSYS、ASKA、MARC、MODULEF、DYN-3D 等。

5. 我国的 CAD/CAM 技术的发展

我国的 CAD/CAM 技术起步于 20 世纪 70 年代，当时仅有少数大型企业和科研单位及部分高校参加研究,进展速度很慢。20 世纪 80 年代,国家提供了大量资金开展 CAD/CAM 技术研究。一些工厂、研究所和高校在引进、消化吸收国外 CAD/CAM 系统的基础上,开发了不同的接口软件和前后置处理程序。随后根据不同行业的需要二次开发了一些典型零件、典型产品的软件,并且应用到了生产实际之中。第一汽车制造厂和第二汽车制造厂、天津内燃机研究所共同完成了"汽车计算机辅助设计和辅助制造"项目,该项目重点是汽车车身的 CAD/CAM 的开发及应用、汽车结构的有限元分析和内燃机的 CAD 技术。

到 20 世纪 90 年代初,我国 CAD/CAM 软件市场基本上被国外产品所垄断。在我国政府的积极支持和引导下,CAD/CAM 技术的开发和应用于 90 年代中后期取得了长足的发展。除对许多国外软件进行了汉化和二次开发以外,一些高校开始开发具有自主版权的软件,在 CAD/CAM 支撑和应用软件的开发上担任了极其重要的角色,推出了不少具有自主版权的 CAD/CAM 系统。流行的国产 CAD/CAM 软件有:CAXA 电子图板和 CAXAME 制造工程师、高华 CAD、开目 CAD、凯图 CAD、PANDA 软件、CADMIS 系统等。这些国产软件实现了参数化特征造型、曲面造型、数控加工、有限元分析的集成。在数控方面,南京航空航天大学的超人 CAD/CAM 和华中科技大学的 GHNC 均实现了复杂曲面的造型和数控代码的自动生成。

21 世纪企业竞争的焦点是产品的创新。我国制造业的整体水平与发达国家相差较大,要想缩小这一差距,应加强 CAD/CAM 及相关技术的研究,开发先进的软件产品;并在现有的基础上,深化和普及 CAD/CAM 技术的应用,提高新产品开发的能力,进军国际市场,使我国的企业和产品在激烈的世界经济竞争中占有一席之地。

1.2.2　CAD/CAM 技术的应用现状

随着科学技术的发展,CAD/CAM 技术日趋成熟和完善,已经广泛应用于工程技术、机械制造等技术含量密集的领域。机械制造是 CAD/CAM 技术应用最早,也是应用最广泛的领域。CAD/CAM 技术的发展使得其在建筑、电子、化工等领域也逐步得到应用。在 CAD/CAM 技术半个世纪的发展过程中,CAD 系统以其强大的冲击力,影响和改变着工业的各个方面,甚至社会的各个方面,使传统的产品技术、工程技术发生了深刻的变革;CAE 系统的应用解决了产品的设计分析问题,使设计人员在产品设计早期阶段就可对产品的设计及制造过程中的各种问题进行预测仿真,提高产品的性能、质量,节省大量资金;CAM 的应用解决了实际产品的生产、加工问题,提高了产品的制造质量。CAD、CAE、CAPP、CAM 技术的应用,极大地提高了产品质量,充分发挥了计算机及外围设备的能力,把计算机的高速度、准确性和大存储量与技术人员的思维能力、综合分析能力结合起来,从而大幅度地提高了生产效率,缩短了产品的研发周期,提高了设计和制造的质量,节约了原材料和能源,加速了产品的更新换代,提高了企业的竞争能力。

国外对 CAD/CAM 技术的研究非常重视,CAD/CAM 技术应用也非常广泛,形成了先进的现代设计和制造技术体系。国外的航空、航天、船舶、机床制造等工业部门都较早地应用了 CAD/CAM 技术。美国的波音飞机制造公司、法国 Dassault 飞机公司、麦道、克莱斯勒、宝马、奔驰等一大批知名企业都较早就应用 CAD/CAM 技术,可以说 CAD/CAM 技术的应用从大型的波音 747/777 飞机、火箭发动机、汽车到化妆品的包装盒,几乎涵盖了所有的制造业产品。如波音飞机公司应用 CAD/CAM 技术在波音 777 飞机上对全部零件进行了三维实体造型,设计了除发动机以外的全部机械零件,与传统设计和装配流程相比较,节省了 50% 的时间。汽车工业水平代表着一个国家机械制造业发展的水平,一直是 CAD/CAM 技术应用的先锋和大户。早在 1993 年,福特汽车公司提出了 C3P(CAD/CAE/CAM/PDM)概念。国外的赛车、跑车、轿车、卡车、商用车、有轨电车、地铁列车、高速列车等各种车辆都应用 CAD/CAM 技术实现了数字化制造。

我国的 CAD/CAM 应用始于 20 世纪 70 年代,起步晚但发展迅速,已取得了良好的经济效益。到 90 年代中期 CAD 技术得到了普及,80％的企业实现了"甩图板"。少数大型企业,如一汽、二汽等,已建立起比较完整的 CAD/CAM 系统,其应用水平也接近国际先进水平。许多中小企业应用 CAD/CAM 技术在保证产品质量、提高劳动生产率等方面也取得了显著的经济效益。北京第一机床厂是国内推广应用 CAD/CAE/CAM 技术领先、成效显著的企业。近些年来,我国的一些飞机制造公司、汽车制造厂、国家重点实验室等单位完成了飞机关键零件、飞机吹风模型、高能加速器和正负电子对撞机关键部件、光学仪器用各类凸轮、汽车结构件模具等的数控加工。特别是利用 CAM 技术完成了波音飞机 737-700 垂直尾翼梁间肋铝合金结构件的数控加工,实现了高难度的薄壁结构件的数控加工技术,产品开发的周期比未采用 CAD/CAE/CAM 时平均缩短 32％,提高了设计效益,为产品抢占市场发挥了不可替代的作用。

随着市场竞争的日益激烈,用户对产品的质量、成本、上市时间提出了越来越高的要求。事实证明,CAD/CAM 技术是加快产品更新换代、增强企业竞争能力的有效手段,同时也是实施先进制造和 CIMS 的关键及核心技术。制造业应紧抓机遇,大力推广应用 CAD、CAE、CAPP、CAM 技术,彻底改造现有的开发、设计和生产状况,建立自己的产品数字化开发支持技术体系,使新产品的开发、设计、制造在市场竞争中处于有利的位置,以取得明显的经济效益和社会效益。CAD/CAM 技术应用效益的量化统计如表 1-1 所示。

表 1-1　CAD/CAM 技术应用效益

项目	量化值
降低设计成本	(15~30)％
缩短产品开发周期	(30~60)％
提高产品质量	2~5 倍
提高劳动生产率	(40~70)％
提高设备利用率	2~3 倍
减少加工过程	(30~60)％
降低人力成本	(5~20)％

1.2.3　CAD/CAM 技术的发展趋势

近年来,随着计算机技术的迅猛发展,CAD/CAM 技术得到不断研究、开发与广泛应用,计算机和网络赋予了 CAD/CAM 更新的内涵,对 CAD/CAM 技术的要求也越来越高,这进一步推动了 CAD/CAM 系统日新月异的发展。CAD/CAM 技术向着集成化、参数化、智能化、网络化、标准化、虚拟化和绿色化方向发展。

1. 集成化发展

CIMS(computer integrated manufacturing systems)以计算机网络和数据库为基础,利用信息技术(包括计算机技术、自动化技术、通信技术等)和现代管理技术将制造企业的经营、管理、计划、产品设计、加工制造、销售及服务等全部生产活动集成起来,将各种局部自动化系统集成起来,将各种资源集成起来,将人、机系统集成起来,实现整个企业的信息集成,保证企业内的工作流、物质流和信息流畅通无阻,达到实现企业的全局优化。CIMS 集成主要包括人员集成、信息集成、功能集成、技术集成。现代制造企业积极实施 CIMS 等先进的制造模式,从而提高企业效益,提高企业市场竞争力。

国内外大量的经验表明,CAD 系统的效益往往不是从其本身,而是通过与 CAM 和 PPC (production planning and control)系统集成体现出来,CAM 系统如果没有 CAD 系统的支持,先进设备往往很难得到有效的利用。随着 CAD/CAM 技术不断进步,CAD、CAE、CAPP、CAM 等孤岛技术应用,很难发挥具有团队精神的并行设计模式的优点,而 PDM 系统提供了很好的集成平台。PDM 系统的基本功能是将产品整个生命周期内的数据,按照一定的数学模式加以定义、组织和管理,使产品数据在其整个生命周期内保持一致、最新、共享和安全。这是实现产品设计、制造与管理并行工程的基础,从根本上解决了各个环节数据交换和共享的问题。PDM 系统与 ERP 系统连接,可实现并行设计制造和并行异地设计制造。

并行工程是随着 CAD、CIMS 技术发展提出的一种新的系统工程方法,即并行地、集成地设计产品及其开发产品的过程。要求产品开发人员在设计阶段就考虑产品整个生命周期的所有要求,包括质量、成本、进度、用户要求等,以便更大限度地提高产品开发效率及一次成功率。并行工程的关键是用并行设计方法代替串行设计方法。在并行工程运行模式下,设计人员之间可以相互进行通信,根据目标要求既可随时响应其他设计人员要求而修改自己的设计,也可要求其他设计人员响应自己的要求。通过协调机制,群体设计小组的多种设计工作可以并行协调地进行。

2. 参数化发展

参数化设计概念的提出和应用最早都是在工业设计领域解决构件匹配问题。在参数化设计系统中,设计人员根据工程关系和几何关系来指定设计要求,要满足这些设计要求,不仅需要考虑尺寸或工程参数的初值,而且要在每次改变这些设计参数时来维护参数间的基本关系,即将参数分为两类:其一为各种尺寸值,称为可变参数;其二为几何元素间的各种连续几何信息,称为不变参数。参数化设计的本质是在可变参数的作用下,系统能够自动维护所有的不变参数。

参数化是实现机械设计自动化的前提和基础。一直以来参数化设计是 CAD 系统所追求的目标,参数化设计的应用能极大地提高机械设计效率和质量,对企业的经济效益与产品创新效率的提高有很大帮助。通过尺寸驱动,既能为用户提供设计对象的直观、准确的反馈,又能随时对设计对象加以修改。在先进的 CAD 软件中,设计过程中涉及的所有参数都可以当作变量,可以建立相互间的约束和关系式,增加程序逻辑。这些变量间的关系可以跨越 CAD 软件的不同模块,从而实现设计数据的全相关。

3. 智能化发展

随着世界制造业竞争的加剧,创新产品的开发已成为竞争的关键所在,而创新产品的竞争优势在于其所拥有的知识含量。基于知识的产品建模将专家的设计经验和设计过程的有关知识表示在产品信息模型中,为实现产品设计智能化、自动化提供有用的信息。因此,智能 CAD 是 CAD 发展的必然方向。当前各国对于制造业发展愈发重视,纷纷加快推动技术创新,促进制造业转型升级,智能制造可以缩短产品研制周期、降低资源能源消耗、降低运营成本、提高生产效率、提升产品质量,智能制造由此不断升温。科学技术的快速发展,使得人工智能技术被广泛应用于生产制造中,智能制造技术也日趋成熟。智能制造(intelligent manufacturing, IM)源于人工智能的研究成果,是一种由智能机器和人类专家共同组成的人机一体化智能系统。该系统在制造过程中可以进行分析、推理、判断、构思和决策等智能活动,同时基于人与智能机器的合作,扩大、延伸并部分地取代人类专家在制造过程中的脑力劳动。智能制造更新了自动化制造的概念,使其向柔性化、智能化和高度集成化扩展。智能制造包括智能制造技术与智能制造系统(intelligent manufacturing system,IMT)。

智能制造技术是指利用计算机模拟制造专家的分析、判断、推理、构思和决策等智能活动,并将这些智能活动与智能机器有机融合,使其贯穿应用于制造企业的各个子系统(如经营决策、采购、产品设计、生产计划、制造、装配、质量保证和市场销售等)的先进制造技术。该技术能够实现整个制造企业经营运作的高度柔性化和集成化,取代或延伸制造环境中专家的部分脑力劳动,并对制造业专家的智能信息进行收集、存储、完善、共享、继承和发展,从而极大地提高生产效率。

智能制造系统是由部分或全部具有一定自主性和合作性的智能制造单元组成,在制造活动全过程中表现出相当智能行为的制造系统,其最主要的特征是在工作过程中对知识的获取、表达与使用。根据其知识来源,智能制造系统可分为两类:一是以专家系统为代表的非自主式制造系统,该类系统的知识由人类的制造知识总结归纳而来;二是建立在系统自学习、自进化与自组织基础上的自主式制造系统,该类系统可以在工作过程中不断自主学习完善与进化自有的知识,因而具有强大的适应性以及高度开放的创新能力。随着以神经网络、遗传算法与遗传编程为代表的计算机智能技术的发展,智能制造系统正逐步从非自主式智能制造系统向具有自学习、自进化、自组织特征与持续发展能力的自主式智能制造系统过渡发展。

4. 网络化发展

自 20 世纪 90 年代以来,计算机网络技术飞速发展,使独立的计算机能按照网络协议进行通信,实现资源共享。CAD/CAM 技术日趋成熟,可应用于越来越大的项目,这类项目往往不是由一个人,而是由多个人、多个企业在多台计算机上协同完成,所以分布式计算机系统非常适用于 CAD/CAM 的作业方式。网络化可以充分发挥系统的总体优势,共享昂贵的设备,节省投资,借助现有的网络,用户可以用高性能的 PC 代替昂贵的工作站,不同设计人员可以在网络上方便地交换设计数据。基于 CAD 的创新设计通过网络与现代企业管理能力(ERP、PDM)的集成,已成为企业信息化的重点,它的集成不仅实现了产品 CAD、零件 CAPP、关键零部件的 CAE、数控加工工件 CAM 的信息一体化、集成化与网络化。同时还实现了产品开发部门与管理部门的双向信息传输。

随着 Web 技术的不断发展,支持 Web 协同设计方案的 CAD 软件已经出现并趋于成熟。借助于互联网的跨地域、跨时空的沟通特性和近乎无限的接入能力,CAD 软件可以直接利用互联网充分发挥团队协作能力。成熟的 5G 技术赋能于工业生产的网络化,工业领域使用的无线通信协议和传统通信行业相比,存在协议众多、标准缺失、兼容性差等弊端,制约了工业设备的全面互联互通。基于 5G 网络的工业移动专网具有大带宽、广连接、高可靠、低时延特性,同时能够实现私网部署、生产数据不外流的密闭性和安全性,成为支撑工业互联网的无线网络不二之选。将 5G 技术与工业 PON、MEC(移动边缘计算技术)等相结合,能够降低工业场景下的协议转换和设备接入难度,提升工业互联网异构数据接入能力,有效解决设备互联的问题。

通过实现工业网络化可以将分散在不同地区的智力资源和生产设备资源迅速组合,建立包括骨干核心单位和可能的参加者的动态联盟制造系统,以适应不同地区的现有智力资源和生产设备资源的迅速组合。建立动态联盟制造系统将成为全球化制造系统的发展趋势。

5. 标准化发展

随着社会、经济的发展,制造业对国民经济越来越重要。与制造业相关的标准也日益显示出巨大作用。如今,标准化与先进制造业在全球产业链中占据着重要的位置。与产品设计制造相关的 CAD/CAM 系统一般集成在一个异构的工作平台之上,只有依靠标准化技术才能解决各系统支持异构跨平台的环境问题。复杂机械产品的生产需要不同企业、部门分工协作来完成。产品信息在不同的地点、不同的计算机和不同的 CAD/CAM 系统中生成,造成同一产品的信息表达差异。产品信息在各系统之间的集成现在主要采用标准格式交换法,如 IGES (Initial Graphics Exchange Specification)标准、PDDI 标准、PDES 标准和 STEP(Standard for the Exchange of Product)标准等。但是在朝着集成化目标发展的过程中,尤其是在解决面向 CAD/CAE/CAPP/CAM、CIM、CE 等的集成(信息交换、语义集成、功能集成)问题方面,遇到了很大的困难。随着 CAD/CAM 技术的普及应用,为实现资源共享,便于信息交流,世界各国业界共同合作,推出了许多标准和规范,技术标准越来越成为产业竞争的制高点。对于先进制造业来说,经济效益更多地取决于技术创新和知识产权,技术标准逐渐成为专利技术追求的最高体现形式。在工业设计方面,面向应用的标准零部件库、标准化设计方法已成为 CAD/CAM 系统中的必备内容,且向合理化工程设计的应用方向发展。

6. 虚拟化发展

随着三维图形技术的发展,在计算机内部建立相应的三维实体模型能够更直观、更全面地反映设计意图。在三维模型的基础上可以进行装配、干涉检查、有限元分析、运动分析等高级的计算机辅助设计工作。虚拟设计是一种新兴的多学科交叉技术,其以虚拟现实技术为基础,以机械产品为对象,使设计人员能与多维的信息环境进行交互。利用虚拟设计技术可以极大地减少实物模型和样品的制作。虚拟设计系统是以 CAD 为基础,利用虚拟现实技术发展而来的一种新的设计系统,可分为增强的可视化系统和基于虚拟现实的 CAD 系统。

CAD/CAM 技术与 VR 技术的有机结合,能够快速地显示设计内容、设计对象的性能特性,以及设计对象与周围环境的关系,设计者可与虚拟设计系统进行自然的交互,灵活方便地修改设计,大大提高设计效果与质量。在大型工业项目中,将规划方案转换为虚拟场景,在虚拟场景中可以打破现实当中物理成本的限制,对各种设计思路进行模拟试验,从而保证方案的先进性和可靠性。再通过高精度的场景模型对已完成的设计方案进行全面的检查和评估,可以实现精确到细节的综合考量。同时,随着产品升级更新步伐的不断加快,产品本身的构造变得日益复杂,在将某一新技术应用于现有产品时,二维工程图和静态三维模型已无法形象地表达设计者的全部意图,利用 VR 技术以三维形式把产品的现实场景动态地演示出来,技术人员置身于尚无实物的设计概念中,借助 VR 设备感受新产品的合理性和操作的便捷性,从而全面评估新技术的稳定性和契合程度,避免了仓促使用某些新技术而带来的不可挽回的损失。虚拟现实技术对缩短产品开发周期、节省制造成本有着重要的意义,不少大公司,例如通用汽车公司、波音公司、奔驰公司、福特汽车公司等的产品设计中,都采用了这项先进技术。随着科技日新月异的发展,虚拟设计在产品的概念设计、装配设计、人机工程学等方面必将发挥更加重大的作用。

7. 绿色化发展

在当今世界,气候变化在全球范围内造成了规模空前的影响,极端天气给我们的日常生产生活带来了诸多不便,天气模式的改变导致粮食生产面临威胁,海平面上升造成发生灾难性洪灾的风险不断增加,临海城市和国家面临巨大生存危机,全球生态系统面临严峻的挑战。为控制二氧化碳排放总量,增加碳汇能力,实现碳循环平衡目标,我国将力争 2030 年前实现"碳达峰",2060 年前实现"碳中和",构建以新能源为主体的新型电力系统。

"碳达峰"和"碳中和"发展目标顺应我国可持续发展的内在要求,有利于构建绿色低碳、可持续的循环经济发展,助推绿色生产方式和生活方式,实现社会高质量发展。近年来,我国制造业节能减碳之所以取得显著成效,既得益于不断完善的顶层设计,也依托于针对不同重点领域形成的多维度、全覆盖的工业低碳发展体系。

实体经济和制造业的转型,需要靠一套新的绿色技术来驱动,绿色制造技术是指在保证产品的功能、质量、成本的前提下,综合考虑环境影响和资源效率的现代制造模式。它使产品从设计、制造、使用到报废整个产品生命周期中不产生环境污染或环境污染最小化,符合环境保护要求,对生态环境无害或危害极少,节约资源和能源,使资源利用率最高,能源消耗最低。

绿色化制造是人类社会可持续发展战略在制造业中的体现。制造业量大面广,是当前消耗资源的主要产业,也是环境污染的主要源头。制造业产品从构思开始,到设计、制造、销售、使用与维修,直至回收、再制造等各阶段,都必须充分顾及环境保护与改善。不仅要保护与改善自然环境,还要保护与改善社会环境、生产环境以及生产者的身心健康,在此前提下,制造出价廉、物美、供货期短、售后服务好的产品。绿色制造产品必须力求与用户的工作、生活环境相适应,给人以高尚的精神享受,体现物质文明与精神文明的高度交融。因此,发展与采用一项新技术时,必须树立科学发展观,使绿色制造模式成为制造业的基本模式。

绿色制造技术主要包括生态化设计技术、清洁化生产技术和再制造技术。目前的清洁化生产技术有以下几个方面:精密成形制造技术;无切削液加工技术;快速成型制造技术。这些技术不仅减少了原材料和能源的耗用量,缩短了开发周期,减少了成本,而且对环境起到保护作用。绿色制造的实现除了依靠过程创新外,还要依靠产品创新和管理创新等。

1.3　CAD/CAM 系统

1.3.1　CAD/CAM 系统的结构

1. 产品生产过程与 CAD/CAM 过程链

产品是市场竞争的核心。一般认为产品是指被生产的东西,所以从生产的角度来看,产品是从需求分析开始,经过设计过程、制造过程最后变成可供用户使用的成品,这一总过程也称为产品生产过程。产品生产过程具体包括:产品设计、工艺设计、加工检测和装配调试等过程。每一过程又划分为若干个阶段,例如产品设计过程可分为任务规划、概念设计、结构设计、施工设计四个阶段;工艺设计过程可划分为毛坯及定位形式确定、工艺路线设计、工序设计、刀/夹/量具设计等阶段;加工、装配过程可划分为 NC 编程、加工过程仿真、NC 加工、检测、装配、调试等阶段(见图 1-2)。

2. CAD/CAM 系统的组成

CAD/CAM 系统是指为一个共同目标组织在一起的相互联系部分的组合。一个完善的CAD/CAM 系统应该具有以下功能:①快速数字计算及图形处理能力;②大量数据、知识的存

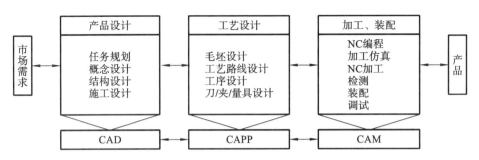

图 1-2　产品生产过程及 CAD/CAM 过程链

储及快速检索、操作能力；③人机交互通信的功能；④输入、输出信息及图形的能力。为实现这些功能，CAD/CAM 系统由人、硬件、软件三大部分组成。其中电子计算机及其外围设备称为 CAD/CAM 系统的硬件；操作系统、数据库、应用软件称为 CAD/CAM 系统的软件。人在 CAD/CAM 系统中起主导作用。CAD/CAM 系统在数据库技术的支持下，综合面向虚拟样机的几何建模、面向性能样机的工程分析、面向制造的产品加工工艺规划以及数控加工程序编制等技术，完成从产品设计到制造全过程中的各项工作。

　　根据系统功能要求不同，硬件和软件的配置可以有多种方案，规模也有大有小。硬件主要指各种档次的计算机及配套设备，如数字化仪、打印机、绘图机等，广义上说，硬件还包括用于数控加工的各种机械设备等。软件一般包括系统软件、支撑软件和专业性应用软件。系统软件主要负责管理硬件资源及各种软件资源，它面向所有用户，是计算机的公共底层管理软件，即系统开发平台；支撑软件运行在系统软件之上，是实现 CAD/CAM 各种功能的通用性应用基础软件，也是 CAD/CAM 系统专业性应用软件的开发平台；专业性应用软件则是根据用户具体要求，在支撑软件平台上进行二次开发的专用软件。

　　计算机系统的硬件为系统工作提供物质基础，而系统功能的实现由系统中的软件运行来完成。随着 CAD/CAM 系统功能的不断完善和性能的不断提高，软件成本在整个 CAD/CAM 系统中所占比重越来越大。从目前国外引进的一些高档软件，其价格已经远远高于系统硬件的价格。图 1-3 给出了 CAD/CAM 系统的基本组成。

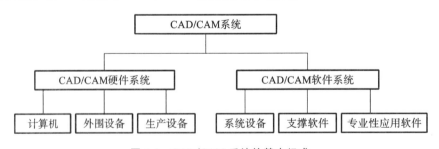

图 1-3　CAD/CAM 系统的基本组成

1.3.2　CAD/CAM 系统的类型

　　根据所采用的计算机类型，CAD/CAM 系统可分为由高性能计算机组成的系统、由工作站组成的系统及由 PC 组成的单机及网络化应用系统；根据系统功能，CAD/CAM 系统也可以分为通用系统及专用系统。通用的 CAD/CAM 系统适用范围广，其硬件和软件的配置也比较丰富。专用的 CAD/CAM 系统是为了实现某种专门产品生产的系统，其硬件配置比较简单，软件也比较单一。

从应用的角度而言,目前的趋势是从 CAD 和 CAM 串行、独立应用转变为 CAD/CAM 集成、并行应用。

(1) CAD 系统　这类系统是专门为完成设计任务而建立的,系统具备很强的几何造型、工程绘图、工程分析与计算、仿真与模拟、文档管理等功能。在硬件方面,往往不具备生产系统设备及相关接口;在软件方面,不具备数控编程、加工仿真、生产系统控制与管理等功能。该类系统的规模相对较小,构建成本也较低。

(2) CAM 系统　这类系统是专门面向生产系统的,具备数控加工编程、加工过程仿真、生产系统及设备的控制与管理、生产信息管理等功能,提供多种与其他 CAD 系统的接口。在硬件方面,图形输入输出设备相对较少,而大多数是与生产相关的设备;在软件方面,几何造型、自动绘图、工程分析与计算、运动学和力学分析与仿真等功能很弱或没有。该类系统的规模相对小一些。

(3) CAD/CAM 集成系统　这类系统是面向 CAD/CAM 一体化而建立的,功能齐全、规模较大、集成度较高,具备 CAD、CAM 的功能和 CAD 系统与 CAM 系统共享信息和资源的能力,硬件配置较全、软件规模和功能强大,是目前 CAD/CAM 发展的主流。

CAD/CAM 系统的类型随着计算技术的发展而表现出不同的形态,经历了从 20 世纪 70 年代的大型机和小型机系统、80 年代的工程工作站系统、90 年代的微机系统到当前的网络化系统的演变。随着当前高性能 CPU 技术、高带宽网络技术、协同集群技术的发展,在计算模式上体现了从单机集中计算到多机分布协同计算,甚至云计算的转变,传统的大型机和小型机已经逐步被基于高性能与协同的计算机所替换。

1. 高性能协同系统

高性能协同系统通常是指使用高性能计算机进行计算活动的系统,而高性能计算机的定义却随时代的不同而发展。随着计算机体系结构的发展,高性能计算机已从当初的单处理器、向量处理器的结构,发展为使用商业化的微处理器通过高速网络互连的集群形式。高性能与协同计算机系统取代传统的大型机系统已成事实,也是复杂、大型问题 CAD/CAM 系统的主要载体。国外主要厂商有 IBM、HP、SGI、SUN 等,我国高端计算机系统研制开始于 20 世纪 70 年代中后期,主要厂商有曙光、浪潮和联想等。目前基于高性能和协同计算的 CAD/CAM 系统主要应用于飞机、船舶等的研制,运行的系统主要有 CATIA、UG 等。高性能协同计算的 CAD/CAM 系统基本结构如图 1-4 所示。

图 1-4　基于高性能与协同计算的 CAD/CAM 系统基本结构

2．工作站系统

工作站系统是以个人计算机环境和分布式网络环境相结合的高性能价格比的一种特殊计算机系统,可为工程技术人员提供较理想的独立使用工作环境。它主要面向专业应用领域,具有较强的数据运算、图形图像处理和网络通信能力,能够方便地通过网络组成分布式计算机系统,是 CAD/CAM 系统较理想的主流硬件平台。

常用的工作站有 UNIX 工作站和 PC 工作站。UNIX 工作站采用 UNIX 操作系统,可以配置多个 CPU,具有 64 位或 128 位的计算能力,物理内存可达 16 GB,并可设置很大的虚拟内存空间,能满足高性能计算需求,常用品牌有 SGI、IBM 和 HP,但价格较贵。PC 工作站是具有较强图形图像处理能力的个人计算机,配置 32 位或 64 位 CPU,也可采用双 CPU 或双核系统,一般采用专业显示卡。随着硬件技术的发展,该类工作站的性能不断提高,逐步接近 UNIX 工作站水平,但价格便宜,应用日益广泛。图 1-5 所示为工作站系统的基本结构。

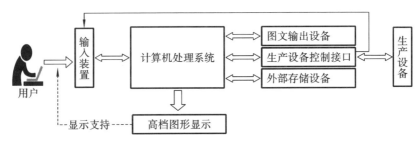

图 1-5　工作站系统的基本结构

3．微机系统

微机系统的优点是投资少,性能价格比极高,操作简易,对使用环境要求低,应用软件非常丰富。与工作站相比,微机 CPU 的处理能力相对较弱,但近年来,微机性能提高很多,高档微机的功能已接近低档工作站的水平,许多原来只能在工作站上运行的软件已被移植到微机平台上。过去以 PC 为主机的 CAD/CAM 系统一般只能进行二维拼图和绘图,而现在可以进行三维造型和复杂的分析计算。

近年来微机在速度、精度、内外存容量等方面已能满足 CAD/CAM 应用的要求,使一些大型工程分析、复杂三维造型、数控编程、加工仿真等作业在微机上运行不再有大的困难,且价格越来越便宜。因此,由微机组成的 CAD/CAM 系统越来越受到用户的欢迎,目前由微机组成的 CAD/CAM 系统已占主流地位。

4．网络化系统

随着高带宽网络通信技术和高性能单核 CPU、多核 CPU 等技术的发展,CAD/CAM 系统已经能够在网络环境以及单机环境下流畅运行,其计算能力得到了广泛的提高,也促进了其应用普及。网络化系统是计算系统的最新发展方向,这类系统利用计算机技术及通信技术将本地或异地分布的多台计算机以网络的形式连接起来。CAD/CAM 任务所需的全部软硬件资源分布在各个节点上,计算机和计算机之间可以进行信息通信和信息交互,如图 1-6 所示,可实现计算资源、数据资源、软件资源的共享。每个节点可以是独立的微机、工作站系统,使用速度不受网络上其他节点的影响。通过网络软件提供的通信功能,每个节点用户还可以利用其他节点的资源,例如大型绘图仪、打印机等硬件设备,也能够共享某些应用软件及数据文件。系统的配置和开发投资可以从小到大循序进行,易于扩展,有利于逐步提高 CAD/CAM 系统的技术性能,有利于各专业同时进行复杂的、需要处理大量信息的工作。

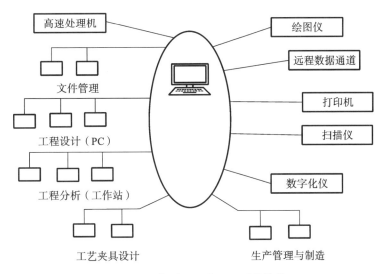

图 1-6　网络型 CAD/CAM 系统结构

网络化系统的形式有星型、环型、总线型等,总线型适用于将各种性能差别较大的设备联入网内,具有良好的开放性和可扩展性,是目前应用的主流形式。以太网(Ethernet)是一种典型的总线网,在以太网上,可以将各种不同类型的工程工作站、微机、外设及终端连接起来,使用非常方便,在 CAD/CAM 系统中得到了广泛的应用。

1.3.3　CAD/CAM 系统的功能

CAD/CAM 以计算机软硬件、外围设备、协议和网络为基础。在产品设计、制造过程中,人们利用 CAD/CAM 系统完成产品结构设计、工程信息描述与转化、结构分析与优化、信息管理与传输等工作。因此,CAD/CAM 系统应具备以下基本功能。

1. 人机交互

人机交互实际上是一个输入和输出的过程。用户通过人机界面向计算机输入指令,计算机经过处理后把输出结果呈现给用户。在 CAD/CAM 系统中,大量的信息是以人机交互方式输入系统的,人机交互用户界面是保证用户直接而有效地完成复杂设计任务的必要条件。CAD/CAM 系统的信息输出包括各种信息在显示器上的显示、工程图的输出、各种文档的输出和控制命令输出等。人机交互系统还必须有交互设备以实现人与计算机之间的通信。随着虚拟现实技术在产品设计制造中的应用,人机交互界面将产生根本性的变化。通过加入虚拟现实技术,推动虚拟世界与物理世界的融合。图 1-7 所示为人机交互示意图。

2. 图形处理

图形处理主要是对图形进行各种变换以改善视觉效果,即把图形转换成具有所希望的视觉与特性的另一幅图形的过程。在产品设计中利用 CAD/CAM 系统进行 2D 绘图和 3D 造型,涉及大量的图形处理任务,在设计结束后,为了加工制造和图纸管理方便,往往要求输出 2D 图形的工程图纸。这样就要求系统具有 2D 图形与 3D 图形的互相转换功能。

3. 产品建模

在 CAD/CAM 系统中,产品建模主要包括几何造型和产品装配建模。几何造型是 CAD/CAM 系统的核心,用于产品信息及其相关过程信息的描述,可以说是产品设计制造信息的源头。在产品设计阶段,需要应用几何造型系统来表达产品结构形状、大小及精度等。产品装配

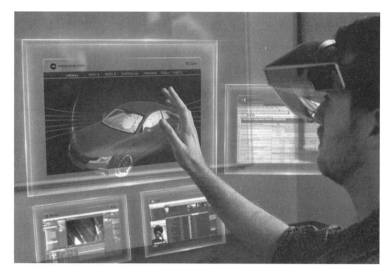

图 1-7　人机交互示意图

建模以零件实体模型为基础,通过零件之间的结构关联关系进行配合,建立与零件实体模型相关联的产品装配模型,实现产品的装配操作与显示。几何造型是产品设计的基本工具,通常包括曲线与曲面造型和实体造型。

(1)曲线与曲面造型。根据给定的离散点和工程问题的边界条件,构造所需要的曲线和曲面,如 Spline 曲线、昆式曲面(Coons surface)、贝塞尔曲面(Bezier surface)、B 样条曲面(B-spline surface)等。

(2)实体造型。具有定义和生成元素的能力,以及用构造实体几何方法 CSG、边界表示法 B-Rep 等构造实体模型的能力,并且各种表示方法之间能互相转换。几何运算是实体造型的核心,其运算能力和可靠性及效率对系统的性能影响较大。为实时地观察、检查设计对象是否正确,并真实地表示出设计对象的形态,造型系统必须具有真实感显示功能,如消隐线(面)、色彩明暗处理(shading)。另外,为了防止有关零部件之间发生干涉,系统需要具有空间布局和干涉检查功能。

4. 工程分析与优化

在产品计算机辅助设计制造过程中,涉及大量的分析计算,例如,基于产品几何形状进行其几何特性和物性计算,包括体积、表面积、质量、重心位置、转动惯量等。CAD/CAM 系统中结构分析常用的方法是有限元法,这是计算机辅助工程分析的主要功能。有限元法是一种数值近似解方法,用于结构形状比较复杂的零件的静态、动态特性分析,如强度、振动参数、热变形、应力分布状态等计算分析。一个较完善的有限元分析系统应该包括前处理、分析计算和后处理 3 个部分。前处理对计算的结果用图形(等应力线、等温度线等)或深浅不同的颜色来表示。如图 1-8 所示为模型分析示意图。

优化设计是现代设计方法学中的一个重要组成部分。一个产品(工程)的设计过程实际上就是寻优过程,即在某些条件的限制下使产品(工程)的设计达到最佳。CAD/CAM 系统应具有优化求解的功能,也就是在某些条件的限制下,使产品或工程设计中的预定指标达到最优。优化包括总体方案的优化、产品零件结构的优化、工艺参数的优化等。

5. 数控编程

数控编程是基于零件图形或实体模型获得数控加工程序的全过程,一般称为图形数控编

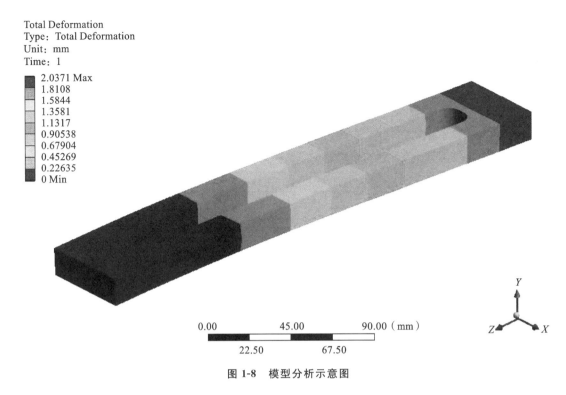

图 1-8　模型分析示意图

程。首先，对要加工的对象进行 NC 加工工艺分析，确定加工方案；在完成了加工位置选择，输入机床、刀具、加工参数等数据后，由计算机自动生成刀位轨迹；再利用 CAM 系统的后置处理功能得到适合于不同数控系统和机床的 NC 程序。

6. 模拟与仿真

在现代产品设计和制造过程中，模拟与仿真技术得到了更加广泛的应用。在 CAD/CAM 系统中利用仿真技术分析产品性能，通过运行仿真软件，代替、模拟真实系统的运行，用以预测产品的性能、产品的制造过程和产品的可制造性，力求设计和加工出的产品性能最优。近些年数字孪生（digital twin）技术被广泛应用于制造生产过程中，数字孪生是充分利用物理模型、传感器更新、运行历史等数据，集成多学科、多物理量、多尺度、多概率的仿真过程，在虚拟空间中完成映射，从而反映相对应的实体装备的全生命周期过程。通过创建和物理实体等价的虚拟体或数字模型，虚拟体能够对物理实体进行仿真分析，能够根据物理实体运行的实时反馈信息对物理实体的运行状态进行监控，能够依据采集的物理实体的运行数据完善虚拟体的仿真分析算法，从而为物理实体的后续运行和改进提供更加精确的决策。

7. 工程信息转换与传输

随着 CAD/CAM 技术的广泛、深入应用，根据实际需求，产生了各种系统，如：CAD、CAM 系统和 CAD/CAM 一体化系统。为了实现不同 CAD/CAM 系统之间的信息转换与传输，必须进行信息互联，即使是在 CAD/CAM 内部，各功能模块之间也要进行信息交换，因此，CAD/CAM 系统应具备良好的信息传输、管理和信息交互功能。在已有的商品化 CAD/CAM 系统中，开发者提供了一些基本的数据转换接口，常用的数据交换格式有 IGES、DXF、STEP、STL、PARASOLID 等，并且还提供了二次开发工具，便于用户根据实际需求编制用户程序，实现有关信息的提取、转换与传输。

8. 信息存储与管理

CAD/CAM系统生成和处理大量的产品设计、制造信息,这些信息具有数据量大、种类繁多的特点。这些数据包括静态标准数据、动态过程数据,如产品定义数据、几何图形数据、属性语义数据、加工数据和生产控制数据等,其数据结构非常复杂。通常,CAD/CAM系统采用工程数据库系统作为统一的数据环境,实现各种工程数据的管理与共享。

基于上述基本功能的分析,CAD、CAE、CAPP、CAM中各系统的具体功能和产品数据管理可用图1-9表示。

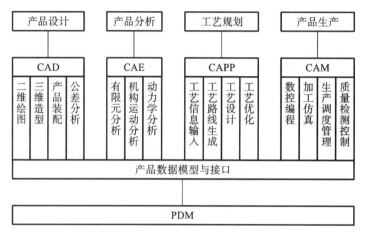

图1-9　信息存储与管理

1.3.4　CAD/CAM系统的硬件

CAD/CAM系统的硬件主要由主机、存储器、输入设备、输出设备、网络互联设备以及生产系统设备等几部分组成。硬件的配置与一般计算机系统有所不同,其主要差别是CAD/CAM系统要求有较完善的人机交互设备及图形输入输出装置。CAD/CAM系统对硬件的具体要求如下。

(1) 强大的图形处理和人机交互功能　在CAD/CAM系统的信息处理中,几何图形信息处理占较大比重,系统一般都配有高档的图形处理软件。为满足图形处理和显示的需要,CAD/CAM系统要求计算机具有大内存、快速及高分辨率显示等特点。另外,CAD/CAM系统的工作经常需要多次修改及人工参与决策才能完成,要求计算机具有方便的人机交互通道与较快的响应速度。

(2) 需要有相当大的内外存容量　CAD/CAM系统通常需要有足够大的硬盘存储容量,需要存储的内容包括各种不同的支撑软件、用户开发的图形库和数据库、大量的应用软件、各类产品的图样和技术文档等。

(3) 良好的通信联网功能　为达到系统的集成,使位于不同地点和不同生产阶段的各部门能够进行信息交换及协同工作,需要通过网络将异地的计算机联网,形成网络化CAD/CAM系统。在选择CAD/CAM系统硬件时,既要考虑满足当前所需要的系统功能,还要考虑系统今后发展的可扩充性,一般应选择符合公认标准的开放式系统。

常用的硬件设备类型如图1-10所示,不仅包括以计算机主机为核心的数字化仪、数码摄像机、投影仪、数据手套、三维鼠标、键盘、绘图仪、打印机、外存储器、终端计算机等外设,还延伸到搬运机械、NC 机床、机器人、自动测试装置等与生产过程控制有关的硬件设备。

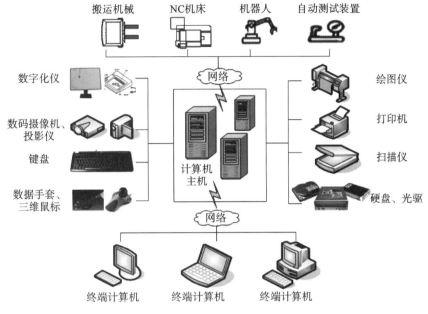

图 1-10　CAD/CAM 系统的硬件类型

1. 主机

主机是计算机的主体,由中央处理器(central process unit,CPU)、内存储器及其连接主板组成,是计算机系统硬件的核心。中央处理器的功能是处理数据,由控制器和运算器两部分组成,其中控制器按照从内存中取出的指令控制计算机工作,运算器负责对数据进行算术运算和逻辑运算。被处理的数据取自内存,处理的结果又存回内存。对主机工作性能的要求是:执行处理速度快及内存容量大。用于评价主机处理能力的指标主要有速度和字长。

由于不同类型的 CPU 具有不同的结构体系和指令系统,所以,即使是相同的运算指令执行次数,其运算能力也并不等同。现在,普通用户多习惯于根据主机的工作频率来比较其处理速度,但对不同结构的 CPU 来说,只以主机工作频率进行对比是不正确的。

字长是指中央处理器在一个指令周期内从内存提取并处理的二进制数据的位数。位数愈多表明一次处理的信息量愈大,CPU 工作性能愈好。市场上常见的计算机的字长有 32 位、64 位和 128 位等几种。

计算机结构有单个处理器和多个处理器之分。多处理器可以实现并行计算,提高运算速度,例如现代的图形工作站普遍采用多处理器结构,极大地提高了图形处理速度。为了减轻主 CPU 的负荷,提高工作效率,通常在主机内还配置有若干协处理器协助主处理器工作,如浮点运算处理器、图形协处理器等。

2. 内存储器

内存储器用于存储 CPU 工作程序、指令和数据。根据存储信息的功能,内存储器分为读写存储器(random access memory,RAM)、只读存储器(read only memory,ROM)及高速缓冲存储器(cache)。

RAM 是 CPU 用于存取信息的随机存储器,可以随意、不按顺序地存取信息。但如果断电,在 RAM 中所存储的信息就会丢失。

只读存储器 ROM 主要用于存储启动引导程序和基本输入输出程序等,CPU 只能从中读出信息。这种存储器中的信息是事先固化好的,即使断电也不会丢失。

随着高速处理器的出现,处理数据的速度大大提高,而作为内存储器的动态存储芯片的存取速度却跟不上,两者之间产生了"等待"现象。为弥补这种存取速度的不匹配,可在处理器或主板上分别加入小容量的高速缓冲存储器,在运算处理时,CPU 首先在高速缓冲存储器中提取数据,提高了读写速度,克服了内存读写速度比微处理器慢的缺陷。确定计算机内存容量就是选定 RAM 的大小。

3. 外部存储器

要想将计算机处理的 CAD/CAM 信息永久性保存,必须采用辅助的外存储器。采用虚拟内存管理技术,还可将外存储器的部分存储空间扩大为逻辑工作内存容量。外存储器不能直接被 CPU 访问,通常用于存储 CPU 暂时不用的程序和数据。CAD/CAM 系统中大量的应用程序、图形库、数据库以及用户设计界面均存储在外部存储器中。

1) 硬盘存储器

硬盘存储器是计算机系统中最主要的外存设备。反映硬盘工作质量的主要技术参数是硬盘存储容量、读写速度及传输数据的速度。磁盘存储器属于直接存取设备,只要给出信息所在的位置(即盘面、磁道、扇区),磁头就能直接找到相应的位置并存取信息。硬盘通过控制器与 CPU 连接,对于不同的硬盘控制器及其接口,数据传输速度差别很大,在微机上常用的接口有如下几种类型:

(1) IDE 接口。

IDE(intelligent drive electronics)接口是微机常用的标准接口,它既可以控制硬盘驱动器,也可以控制软盘驱动器。IDE 技术分为普通型 IDE 和增强型 EIDE(Enhanced IDE)两种标准,后者在硬盘速度、容量等方面性能均比前者有所增强。

(2) SCSI 接口。

SCSI(small computer system interface)是 1986 年推出的小型机和外部设备接口标准,是一种系统级的接口,可以同时接到配有 SCSI 接口的各种不同设备上,其数据传输速度比 IDE 接口的快。SCSI 接口能减轻 CPU 的负担,提高高档微机的灵活性。

(3) SATA 接口。

SATA(serial advanced technology attachment)是一种高速串行连接方式,它比传统并行 ATA 更具优势,采用点对点传输模式,传输速度快。第二、三代 SATA 接口速率分别可达 300 MB/s 和 600 MB/s,远超过并行 ATA 接口速度;具有热插拔功能,使用方便;具有循环冗余校验(cyclic redundancy check,CRC)错误校验功能,能检测 SATA 线缆两端的数据完整性;可连接数量更多的硬盘,不受 Master/Slave 的限制;接口及连接线缆针脚较少,易于连接和布线,成本较低。SATA 可以应用于硬盘、光驱和 IDE 阵列等存储设备,并将逐渐取代传统并行 ATA 连接方式。

(4) 光纤通道。

光纤通道(fiber channel)和 SCSI 接口一样,最初并非为硬件设计开发的接口技术,但随着存储系统对速度的需求,逐渐应用到硬盘系统。它的出现大大提高了多硬盘系统的通信速度,提供点对点的转换的环路接口。光纤通道的主要特性有:热插拔性、高速宽带、远程连接、连接设备数量大等。

(5) SAS 接口。

SAS(serial attached SCSI)即串行 SCSI,是一种电脑集成技术,由并行 SCSI 接口演化而来。SAS 由 3 种类型协议组成,根据连接设备的不同采用相应的协议进行数据传输,包括串行 SCSI 协议(SSP)、串行 ATA 通道协议(STP)、SCSI 管理协议(SMP)。第一代 SAS 为数组中的每个驱动器提供 3.0 Gbit/s(3000 Mbit/s)的传输速率,第二代 SAS 则为数组中的每个驱动器提供 6.0 Gbit/s(6000 Mbit/s)的传输速率。

2) 软盘存储器和 U 盘存储器

软盘存储器简称软盘,与硬盘存储器的存储原理相同,但在结构上存在一定差别,软盘相对存取速度慢。软盘存储器也由驱动器、控制器和软盘三部分组成。U 盘是 USB(universal serial bus)盘的简称(通常在 GB 级,有的已达 TB 级),它是一种使用 USB 接口的不需物理驱动器的微型高容量移动存储、写入电压低的 Flash ROM 产品,U 盘写入速度快、存储安全、携带方便、存储量大,可取代软盘。

3) 光盘存储器

光盘存储器(optical disk memory,ODM)利用光学方式进行信息读写。根据性能和用途不同,光盘存储器可分为 3 种类型:只读型光盘、只写一次型光盘和可擦写型光盘。可擦写光盘的工作方式与硬盘类似。

光盘的特点是容量大、可靠性高、信息存储成本低及随机存取速度快。光驱、控制器和电源构成一个独立的光盘系统部件。该部件通过总线接口与主机连接,并在主机操作系统管理下工作。常用的光驱与主机接口标准有 SCSI 及 IDE 等多种。图 1-11 为硬盘、光驱、软驱外观图。

光驱

硬盘

软驱

图 1-11　硬盘、光驱、软驱外观图

4. 输入设备

CAD/CAM 系统常用的输入设备有键盘、鼠标、图形扫描仪等。随着产品设计和制造领域反求工程和虚拟制造技术的引进和实现,三坐标测量仪、激光扫描仪、数据手套以及各种位移传感器也均成为现代 CAD/CAM 系统的重要输入设备。

1) 键盘

键盘(keyboard)是计算机最常用的输入设备,通过键盘,用户可以将字符类型数据输入计算机中,从而向计算机发出命令或输入精确数据等,键盘也能用来进行屏幕坐标的输入、菜单选择或图形功能选择。

2）鼠标

鼠标（mouse）是一种手动输入的屏幕指示装置，分为机械式和光电式两种，它用于移动光标在屏幕上的位置，以便在该位置上输入图形、字符，或激活屏幕菜单，非常适合于窗口环境下的工作。就形式而言，鼠标主要分为二维鼠标和三维鼠标，其中二维鼠标比较常见，图 1-12 所示为三维鼠标。

图 1-12　三维鼠标

3）数字化仪

数字化仪（digitizer）是绘画、着色或交互式选择坐标位置的常用设备，由一块尺寸为 A4～A0 的图板和一个类似于鼠标的定位器或触笔组成，这类设备可用来输入二维或三维空间的坐标值。人们常把小型（A3，A4）数字化仪称为图形输入板（tablet）。数字化仪用于输入图形、跟踪控制光标及选择菜单，大规格的数字化仪常用于将已有图样输入计算机。图 1-13 为数字化仪示意图。

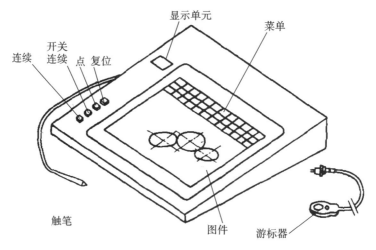

图 1-13　数字化仪示意图

4）光笔

光笔的结构和基本工作原理如图 1-14 所示。光笔输入技术的原理是基于显示器周期性刷新方式顺序显示设计图形的原理和光电效应。显示器内的电子束产生的光点在整个屏幕上往返移动，当光笔置于显示屏幕某点上接收到光信号后通过光电转换向计算机输送一个响应脉冲，计算机可通过 X、Y 轴的偏转寄存器获得这一点的 X、Y 坐标值，并获得显示该点的指令。通过检测的光笔信号与程序计数器内容之间的对应关系，确定点的位置，有选择地指向图元，可以改变图形的内容和更改刷新存储器的程序段。用户利用光笔从屏幕上确定点或图元素的位置,图元素属于一个含有图形设计元素的菜单,用户在菜单辅助下通过图形元素结构构造、增加、删除、移动或连接图形等。

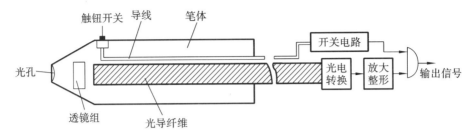

图 1-14　光笔的结构和基本工作原理

5）扫描仪

扫描仪(scanner)通过光电阅读装置,可快速将整张图纸信息转化为数字信息输入计算机,是很有发展前途的图形输入设备。扫描仪扫描到的图形信息往往是点阵式图形信息,占用的存储空间较大,且不能直接被常用的 CAD/CAM 系统所读取,因此需要将点阵式图形信息转换为矢量式图形信息。经过矢量化处理的图形信息,可应用交互式图形处理软件系统在屏幕上进行编辑和修改。这种图像扫描与矢量化处理相结合的图形输入方法不仅提高了图形的输入速度,同时极大地减少了图形输入的工作量。目前,国内外 CAD/CAM 用户都十分重视用扫描仪将纸质工程图样自动输入计算机并进行识别技术的研究和应用。

6）虚拟现实相关设备

(1) 数据手套。

数据手套是 VR 应用的主要交互设备,它作为一只虚拟手或控件用于 VR 场景的模拟交互,可进行物体抓取、移动、装配、操纵、控制。数据手套分有线和无线两种,而且还有左手和右手之分。数据手套利用光导纤维的导光量来测量手指角度。当光导纤维弯曲时,传输的光将会有所损失,弯曲越大,损失越多。数据手套可以帮助计算机测试人手的位置和转角方向,由此可以确定手部的动作,利用手部的动作控制计算机实现相应的功能。

(2) 头盔显示器。

头盔显示器(又称数据头盔)是虚拟现实应用中的 VR 图形显示与观察设备,可单独与主机相连以接收来自主机的 VR 图形信号,见图 1-15(a)。使用方式为头戴式,辅以空间跟踪定位器可进行 VR 输出效果观察,同时观察者可做空间上的自由移动,如自由行走、旋转等,VR效果以及沉浸感都很好。在 VR 效果的观察设备中,头盔显示器的沉浸感优于立体眼镜。

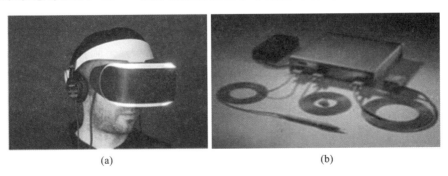

(a)　　　　　　　　　　　　　　　　(b)

图 1-15　头盔显示器和位置跟踪器示意图

（3）位置跟踪器。

在应用虚拟现实技术的 CAD/CAM 系统中，为了提高真实感，必须知道浏览者在三维空间中的位置，尤其是浏览者头部的位置与方向，位置跟踪器通过位置传感器获取空间位置信息，如图 1-15(b)所示。位置传感器用于检测和确定浏览者的位置和方向，通常包括电磁场式、超声波式、机电式、光学式等类型。

电磁场式位置传感器通过检测低频磁场的变化来确定运动对象的位置和方向，并据此跟踪运动对象的位置和方向。超声波式位置传感器的工作原理与电磁场式位置传感器的类似，也是采用接收器和发送器方式，只不过发送器是超声扬声器，接收器是超声麦克风，并且利用了三角形定位原理。

位置跟踪器的主要性能参数包括：刷新率（每秒的测量次数）、延迟（从物体对象动作到跟踪器检测出结果之间的时间间隔）、精确度（实际位置与测量位置的偏差）、分辨率（传感器可以检测到的物体最小的位置变化）等。位置跟踪器可与其他 VR 设备，如数据头盔、立体眼镜、数据手套等结合使用，使参与者在空间上能够自由移动、旋转，不局限于固定的空间位置，操作更加灵活、自如、随意。

（4）立体眼镜。

立体眼镜是用于 3D 模拟场景 VR 效果的观察装置，它利用液晶光阀高速切换左右眼图像原理，分为有线和无线两种，可支持逐行和隔行立体显示观察，也可用无线立体眼镜进行多人团体 VR 效果观察，是目前最为流行和经济适用的 VR 观察设备。图 1-16 所示为 3D 立体眼镜。

图 1-16　3D 立体眼镜

（5）力反馈器。

力反馈器是 VR 研究中的一种重要设备，该设备能使参与者实现虚拟环境中除视觉、听觉之外的第三感觉——触觉和力感，进一步增强虚拟环境的交互性，从而真正体会到虚拟世界中的交互真实感，该设备广泛应用于虚拟医疗、虚拟装配等诸多领域。图 1-17 所示为力反馈器。

（6）三维模型数字化仪。

三维模型数字化仪（又称三维扫描仪）是一种先进的三维模型信息获取设备。该设备利用 CCD(charge coupled device，CCD)成像、激光扫描等手段实现物体模型的取样，同时通过配套的矢量化软件对三维模型信息进行数字化处理，从而实现计算机系统对数字模型的控制，特别适合于一些不规则三维物体模型的建立工作，如人体器官和骨骼模型的建立、文物三维数字模

图 1-17　力反馈器

型的建立等,在医疗、动植物研究、文物保护等 VR 应用领域有广阔的应用前景。图 1-18 为应用三维模型数字化仪进行模型扫描的状况。

图 1-18　三维模型数字化仪的应用

5. 输出设备

输出设备是计算机实用价值的体现。CAD/CAM 系统中输出设备的作用主要是将计算机的数据、文件、图形、指令等显示、输出或者发送到相关的执行设备,主要有显示器、打印机、绘图机、影像设备、语音系统等几大类。

1）显示器

显示器是 CAD/CAM 系统的重要输出设备之一,用于文字、图形等各种信息的显示。显示器主要有阴极射线管(cathode ray tube,CRT)显示器、液晶显示器(liquid crystal display,LCD)和等离子显示器(plasma display panel,PDP)等类型。早期的图形显示器,图形与字符的生成都由主机或 CPU 完成,计算机硬件的负担较重。随着硬件技术的发展,显示系统增加了高性能的图形协处理器,能够自行处理图形,大大减轻了主机的负担,提高了图形生成与显示的质量。

(1) 阴极射线管(CRT)显示器。

通过控制三个电子枪发射电子束的强弱,激励并控制荧光屏上的荧光粉发出 R(红)、G(绿)、B(蓝)三基色就可混合形成不同的彩色光点,再进行扫描形成整个屏幕的图像,其工作原理如图 1-19 所示。

(2) 液晶显示器(LCD)。

液晶分子在不同电流电场作用下会按规则排列,并产生透光度的差别,依此原理控制每个

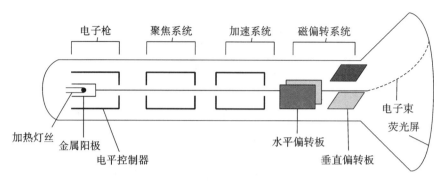

图 1-19   CRT 显示器工作原理

像素,便可构成所需图像。液晶显示器具有低压微功耗、平板型结构、被动显示(无眩光,不刺激和引起眼睛疲劳)、无电磁辐射(对人体安全,利于信息保密)、长寿命等特点。液晶显示器已得到广泛应用,但与 CRT 显示器相比,其响应时间较长。

(3) 等离子显示器(PDP)。

它利用惰性气体(Ne、He、Xe 等)放电时所产生的紫外线来激发彩色荧光粉发光,然后将这种光转换成人眼可见的光。等离子显示亮度均匀;不会受磁场的影响,具有更好的环境适应能力;屏幕不存在聚焦的问题;不会产生显像管的色彩漂移现象。

(4) 图形显示卡。

图形显示卡也叫显示适配卡,简称显示卡,它通过总线与 CPU 和显示器相连,是 CPU 与显示器之间的接口,即视频控制电路。显示卡将显示缓冲存储器送出的信息转换成视频控制信号,用于控制显示器的显示,其性能好坏直接影响图形显示的速度及效果。显示卡大都制作成独立的卡插在主机扩展槽里,也有集成到主板上的。为增强图形显示功能,通常显示卡中带有图形处理功能芯片,既有高分辨率的显示控制功能,又有高性能 2D/3D 图形处理功能,减轻了对主机 CPU 处理图形的要求,使显示器图形显示功能大为增强。

区分显示卡性能的重要标志是图形处理芯片型号、图形分辨率、色彩及速度。彩色显示卡的缓存容量决定了图形的分辨率和它的色彩数,若要求分辨率高、色彩多,则显示卡的存储器容量也要大,为实现高质量的 CAD/CAM 系统图形显示,内存容量为 64~256 MB。当显示卡的存储器容量一定时,若要求的色彩越多,则存储每个像素色彩描述数据所需要的位数就越多,而显示像素的总数就要相应减少,从而分辨率也就降低。图形处理芯片功能愈强、缓存读写速度愈快,则图形生成速度愈快。

2) 打印机与绘图仪

输出设备除显示器外,还有打印机(printer)和绘图仪(plotter)两类。打印机以打印文字为主,也能输出图形,绘图仪则以输出图形为主,文字为辅,两者都有单色型和彩色型之分。一般 CAD/CAM 系统中都配有一定数量的打印机和绘图仪。

(1) 激光打印机。

激光打印机具有打印速度快、质量高、噪声低等优点。主要由负责数据处理的控制器和激光扫描系统、电子照相系统和送纸机构等组成,当控制器接到计算机的打印指令后,激光扫描系统进行扫描,在光导鼓上形成要打印的文字和图形,再由电子照相系统进行显像处理,通过送纸机构将这些文字和图形转印到打印纸上,最后经定影,送出打印机,便可得到一份高质量的图形和文字。目前,高性能的激光打印机也都在朝着智能化、网联化的方向快速发展,实现了无线、高速及智能的功能服务。激光打印机打印速度已发展到 16～24 页/分钟,幅面支持也更加多样。高密度也是激光打印机目前非常明显的优势,普通的激光打印分辨率(以每英寸印点点数(dpi)计算)已经达到 1200～2400 dpi,有些甚至高达 4800 dpi,为 CAD/CAM 系统硬件提供良好的硬件支撑,如图 1-20(a)所示。

(a) 激光打印机　　　　　　　　　　(b) 绘图仪

图 1-20　激光打印机和绘图仪

(2) 喷墨绘图仪。

喷墨绘图仪具有清晰度高、工作可靠、噪声小、价格低及容易实现不同浓淡的彩色图形与图像等优点。一般有平板式与滚筒式两种。工作时,它利用特制的换能器将带电的墨水喷出,由聚焦系统将墨水滴微粒聚成一条射线,再由偏转系统控制喷嘴在打印纸上扫描,并附着在图纸上形成浓淡不一的各种单色或彩色图形、图像及文字符号。喷墨绘图仪目前正在朝着数字化装机及"碳平衡"的目标积极发展,同样支持无线化和网络化的扩展功能。主要技术指标与激光打印机相似,分辨率一般为 1200～4800 dpi。图 1-20(b)为惠普 DesignJet z6200 绘图仪。

3) 生产系统设备

对于广义 CAM 来说,在机械 CAD/CAM 系统中,生产系统设备主要包括加工设备(如各类数控机床、加工中心等)、物流搬运设备(如有轨小车、无轨小车、机器人等)、仓储设备(如立体仓库、刀库等)、辅助设备(如对刀仪等)等。这些设备与 CAD/CAM 系统中的计算机的连接通常采用 RS232 通信接口、DNC 接口或某些专用接口,主要用于计算机与设备间的通信,如获取设备上的状态信息、接收设备发送来的数据信息、向设备发送命令和控制程序(如数控加工程序、机器人控制程序)等。

1.3.5　CAD/CAM 系统的软件

在 CAD/CAM 系统中,根据执行任务和对象的不同,软件可分为系统软件、支撑软件及专业性应用软件三类,CAD/CAM 系统软件构成如图 1-21 所示。系统软件主要负责管理硬件资源及各种软件资源,它面向所有用户,是计算机的公共性底层管理软件,即系统开发平台;支撑软件运行在系统软件之上,是实现 CAD/CAM 各种功能的通用性应用基础软件,是 CAD/CAM 系统专业性应用软件的开发平台;专业性应用软件则是根据用户具体要求,在支撑软件基础上经过二次开发得到的专用软件。

1. 系统软件

系统软件是指直接配合硬件并对其他软件起支撑作用的软件,一般包括计算机操作系统和网络管理系统等,它为用户提供了一个使用各种系统软、硬件的平台和界面。操作系统是计算机运行工作的基础软件,包括资源管理和操作程序(包括计算机外设的驱动程序)、基本运算

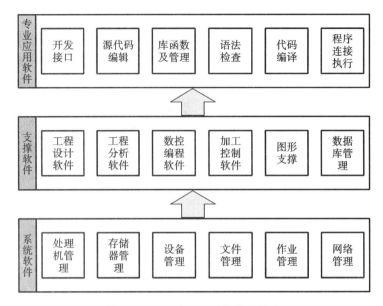

图 1-21　CAD/CAM 系统软件构成

程序、出错管理与维护程序和用户服务程序。操作系统处于 CAD/CAM 系统的最底层,构成了系统软件的核心,用于指挥和控制计算机的软件资源和硬件资源,其主要功能是硬件资源管理、任务队列管理、定时分时系统、硬件驱动程序、基本数学计算、错误诊断与纠正、日常事务管理、用户界面管理和作业管理等。操作系统密切依赖计算机系统的硬件,用户通过操作系统使用计算机,任何程序都需经操作系统分配必要的资源后才能执行。操作系统按其提供的功能及工作方式的不同可分为单用户、批处理、实时、分时、网络和分布式操作系统。

系统软件大都是由计算机制造商或软件公司开发,并作为商品软件出售,如目前流行的操作系统软件有 Windows XP、Windows 7、Windows 10、Unix、Linux、MAC 等。

2. 支撑软件

CAD/CAM 系统的支撑软件主要指那些直接支撑用户进行 CAD/CAM 工作的通用性功能软件,一般可分为集成型和单一功能型。集成型 CAD/CAM 系统的支撑软件提供了可集成的设计、分析、造型、数控编码及加工控制等多种模块,功能比较完备,包括各种设计软件、工具软件、高级语言开发平台和数据库系统等,如美国 PTC 公司的 Creo、德国 Siemens 公司的 UG NX、法国 Dassault Systems 公司的 CATIA 等系统;单一功能型支撑软件只提供用于实现 CAD/CAM 中某些典型过程的功能,如 AutoCAD 系统只是完整的桌面 CAD 机械设计系统,MSC 和 ANSYS 等主要用于分析计算,Oracle 则是专用的数据库系统。

CAD/CAM 系统的支撑软件通常是已商品化的软件,一般由专门的软件公司开发。用户在构建 CAD/CAM 系统时,要根据使用要求来选购配套的支撑软件,形成相应的应用开发环境,既可以以某个集成型系统为主来实现,也可以选取多个单一功能支撑软件后组合来实现,在此基础上进行专用应用程序的开发,以实现特定的 CAD/CAM 系统的功能。

CAD/CAM 系统的支撑软件常由以下不同功能软件组成。

1）图形支撑软件

图形支撑软件主要为三维 CAD/CAM 软件提供核心设计、分析造型支持,当今比较流行的 CAD/CAM 图形支撑软件很多,主要有 ACIS、PARASOLID、CAS. CADE、AutoCAD、

DESolieSIGNBASE 等。

2）三维造型软件

建立统一的产品模型、获得统一的产品定义，是实现 CAD/CAM 一体化的基础。通过三维立体造型软件，可以建立产品完整的几何描述及特征描述，并能随时提取所需要的信息，支持 CAD/CAM 全过程中的各个环节工作，如为有限元分析或 CAPP 提供相关数据等，从而实现系统的集成。

造型软件一般都应包括几何建模、特征建模、物性计算（如质量、重心计算）、真实感图形显示、干涉检查、二维图及二维剖面图生成等功能。

产品建模技术是 CAD/CAM 一体化的关键，传统的几何建模着眼于几何信息，难以提供公差、表面粗糙度、材料性能及加工要求等制造信息，使 CAD、CAM 不能有效地集成。特征建模则是在更高的层次上表达产品的功能信息和形状信息，它充分考虑了形状、精度、材料、信息管理及加工技术等方面的特征，为产品整个设计制造过程提供统一的产品信息模型。基于特征的造型设计是 CAD/CAM 技术发展中极有价值的研究方向，现在流行的三维造型软件有 SolidWorks、Solid Edge、Creo 等。

3）真实图形生成软件

基于立体图形软件包，利用高级语言编程生成三维立体图形，通过纹理渲染等操作建立具有真实感的实体与场景。

4）分析软件及优化设计软件

机械设计常用的分析软件主要包括：有限元分析软件、机械运动分析软件、动力学分析软件和优化设计软件等。通用性的商品化有限元分析软件是 CAD 应用系统中最重要的分析计算工具软件，配以面向 CAD 产品模型数据前处理和后处理接口，可构成实用、方便的专用性产品结构分析软件，如 ANSYS、ADAMS、RecurDyn 等。

产品的设计存在多种可能的设计方案，优化设计软件旨在运用数学优化理论和现代数值计算技术以寻找最优解。在 CAD/CAM 应用中，优化设计软件常和分析软件联合使用。

5）工程数据库管理软件

在 CAD/CAM 系统中，要建立工程数据库系统来实现整个设计过程和工程数据的管理，保证各个用户协调一致地共享数据。目前，CAD/CAM 工程数据库管理系统的开发一般都是在通用关系型数据库管理系统基础上，根据工程特点，对其功能进行适当补充或修改而建立的工程数据库系统。另外，也有一些专门的工程数据库管理系统可供选用。当前先进的集成型 CAD/CAM 支撑软件（如 Creo、UG NX 等）一般都包含有自己的数据管理模块，并且带有多种数据接口，可直接与典型的商品化数据库系统连接。

3．专业性应用软件

专业性应用软件是借助特定的开发程序和开发语言，针对用户的具体功能要求而开发的软件。由于在实际应用中，所选购的支撑软件难以满足多样化的用户设计和生产需求，因此，在具体的 CAD/CAM 软件基础上，进行二次开发形成客户化的应用程序，就成为日益重要的发展趋势。专业性应用软件的水平、质量及可靠性是 CAD/CAM 系统取得生产效益的关键。企业在产品设计等方面所开发研制的各类软件都属于专业性应用软件。

程序设计语言是开发专业性应用软件的基本工具，在 CAD/CAM 系统中，可采用多种语言，目前比较常用的编程语言及其特点如表 1-2 所示。

表 1-2 常用的编程语言及其特点

语　言	特　　点
C/C++	C 是 UNIX 系统下最基本的语言。它通用性好、易于移植、功能强、使用灵活,而 C++提供了强大的面向对象设计能力,基于 Windows 平台的很多软件都是采用 C 或 C++语言编写的。C/C++语言已积累有较多成熟的软件资源,是工程应用中的主流设计语言
Java	与 C++语言很相似的一种新型语言,采用一种人们称为 Java 虚拟机的虚拟微处理器规范,使其能够在各种类型计算机上跨平台运行。目前,Java 语言广泛用于 Web 项目管理与开发,已成为一种国际标准
Python	高效的数据结构,可面向对象编程,免费、开源,可移植性高,具有丰富的函数库
Basic	微型机基本语言,简单易学,能处理图形、声音等多媒体信息,多用于小型应用开发
Cobol	面向事务处理的通用语言,容易理解和掌握,利用它可十分方便地编写有关人事管理、工资发放、商品销售等应用程序
C#	面向对象编程,运行于. NET Framework 和. NET Core(开源、跨平台)框架的高级程序设计语言
Lisp	函数型表处理语言,适合逻辑推理和符号处理,多用于人工智能研究开发
汇编	介于机器指令与高级语言之间的低级编程语言,直接面向硬件,可直接调用机器指令,充分有效地操纵计算机硬件,实现高级程序语言所不具备的功能
Fortran	很接近人们的自然用语和数学公式,是为科学计算工作者而设计的,应用历史最长,是工程技术人员最熟悉的一种语言

由于编程语言在面向对象技术及可视化技术方面的发展与应用,CAD/CAM 专业性应用软件的开发变得更为简单、直观、实用。

4. 常用 CAD/CAM 软件系统简介

1) Creo

Creo 是一套功能强大、应用性强的机械三维 CAD/CAM/CAE 参数化软件系统,涵盖了产品从概念设计、工业造型设计、三维模型设计、分析计算、动态模拟与仿真、工程图输出到生产加工成产品的全过程,应用领域涉及航空航天、汽车、机械、数控(NC)加工以及电子等诸多领域。

Creo 是一个可伸缩的套件,集成多个可互操作的应用程序,功能覆盖整个产品的开发领域,对于企业的开发设计人员都可以在产品设计应用程序中找到最合适的工具,包括 Creo Parametric、Creo Direct、Creo Simulate、Creo Sketch、Creo Layout、Creo Schematics、Creo Illustrate、Creo ViewMCAD、Creo View ECAD 等。Creo 提供了四项突破性技术,克服了长期以来与 CAD 环境中的可用性、互操作性、技术锁定和装配管理关联的挑战,包括 Apps、Modeling、Adopting 以及 Assembly。Creo 在我国盾构机的研发、设计、建模及生产过程中都发挥了很大的作用。例如,经过我国自主二次开发的 Creo 软件在盾构机的模型设计、参数化协同设计以及模型仿真与分析中展现出强大的实用性和交互性,大大缩短了产品的研发、设计周期,为工程设计人员提供了操作性强、研讨性高、开放的操作界面。如图 1-22 所示为 Creo 系统操作界面。

图 1-22　Creo 系统操作界面

2）UG NX

UG NX CAD/CAM/CAE 系统提供了一个基于过程的产品设计环境,使产品开发从设计到加工真正实现了数据包的无缝集成,从而优化了企业的产品设计与制造。UG 面向过程驱动的技术是虚拟化产品开发的关键技术,在面向过程驱动技术的环境中,用户的全部产品以及精确的数据模型能够在产品开发全过程的各个环节保持相关,从而有效地实现了并行工程。UG 能够实现全相关的和数字化实体模型之间的数据共享,提供给用户一个灵活的复合建模模块,覆盖制造全过程,以及制造自动化、集成化和用户化,支持 PDM(IMAN)。它的应用范围基本和 Creo 相似,它以 Parasolid 几何造型核心为基础,采用集基于约束的特征建模技术和传统的几何建模技术为一体的复合建模技术。在基于约束的造型环境中支持各种传统的造型方法,如布尔运算、扫描、曲面缝合等。UG 具有统一的数据库,实现了 CAD、CAE、CAM 之间无数据交换的自由转换,实现了 2 轴、2.5 轴、3～5 轴联动的复杂曲面加工和镗铣加工。该软件的功能也非常强大,一般认为 UG 是业界最好、最具有代表性的数控软件,它提供了功能强大的刀具轨迹生成方法,还包括车、铣、线切割等完善的加工方法。

3）CATIA

CATIA 是一个全面的 CAD/CAM/CAE/PDM 应用系统,具有独特的装配草图生成工具,支持欠约束的装配草图绘制以及装配图中各零件之间的连接定义,可以进行快速的概念设计。它支持参数化造型和布尔操作等造型手段,支持绘图与数控加工的双向数据关联。CATIA 的外形设计和风格设计为零件设计提供了集成工具,而且该软件具有很强的曲面造型功能,集成开发环境也别具一格。同样,CATIA 也可进行有限元分析,特别的是,一般的三维造型软件都是在三维空间内观察零件,但是 CATIA 能够进行四维空间的观察,也就是说该软件能够模拟观察者的视野进入零件的内部去观察零件,并且它还能够模拟真人进行装配,使用者只要输入人的性别、身高等特征,就会出现一个虚拟装配的工人。

该软件的特点是:

①与 CAD/CAM 软件可以方便地联合使用,进行数据交换;

②三维造型曲面功能强大;

③能进行二维和三维图纸的转换;

④能输出二维工程图纸和数控加工信息；

⑤能进行机构的动态模拟等。

4）SolidWorks

SolidWorks 是一套有代表性的基于 Windows 的 CAD/CAE/CAM/PDM 桌面集成系统。该软件采用自顶向下的设计方法，具有碰撞检查、动态模拟装配过程、运动模拟、直观的干涉检查、照片级的产品处理效果、符合国家标准的二维图纸等功能。采用基于特征的实体建模，特征树结构使操作简便和直观。该软件完全采用 Windows 的窗口界面，操作非常简单，支持各种运算功能，可以进行实时的全相关性的参数化尺寸驱动，比如，当设计人员修改了任意一个零件尺寸，就会使得装配图、工程图中的尺寸均随之变动。另外该软件的界面友好，使用全中文的窗口式菜单操作，给使用者提供了便利。在计算机辅助制造方面，具有 CAMWORKS 模块，能够很快地将设计好的产品转换为能够进行数控加工的 G 代码、M 指令，使得 CAD 能和 CAM 有机结合。

5）国内 CAD/CAM 软件

我国在 CAD/CAM 系统的研究中主要依靠高等院校的开发研制，取得了很好的成绩，特别是针对某些专项功能方面已开发出具有自主版权的商品化软件。如具有自主版权的清华大学开发的 GHGEMSCAD(高华 CAD)；具有三维功能并与有限元分析、数控加工集成的浙江大学开发的 GS-CAD；具有参数化功能和装配设计功能的华中科技大学开发的开目 CAD，该软件也是 CAD/CAM/CAPP 结合的软件；北航海尔的 CAXA 系统是基于 STEP 的 CAD/CAM 集成制造系统，具有拖放式的实体造型并结合智能捕捉与三维球定位技术。以上各种国内的应用软件大都符合中国人的绘图习惯，符合中国的制图、制造标准，全中文的界面也更符合中国人的使用习惯，因此近几年国产软件也得到了应用者的广泛注意。

(1) PICAD。

PICAD 具有智能化、参数化和较强的开放性，对特征点和特征坐标可自动捕捉及动态导航，系统提供局部图形参数化、参数化图素拼装及可扩充的参数图符库，提供交互环境下开放的二次开发工具，用户可以任意增加功能或开发专业应用软件。PICAD 是国内商品化最早、市场占有率最大的 CAD 支撑平台及交互式工程绘图系统。

(2) 高华 CAD。

高华 CAD 系列产品包括计算机辅助绘图支撑系统 GHDrafting、机械设计及绘图系统 GHPDMS、工艺设计系统 GHCAPP、三维几何造型系统 GHGEMS、产品数据管理系统 GHPDMS 及自动数控编程系统 GHCAM。高华 CAD 也是基于参数化设计的 CAD/CAE/CAM 集成系统，目前，高华 CAD 软件已被 300 多家大中型企业及科研院所所采用。

(3) 清华 XTMCAD。

清华 XTMCAD 是基于 Windows 95 和 AutoCAD 而二次开发的 CAD 软件，具有动态导航、参数化设计及图库建立与管理功能，还具有常用零件优化设计、工艺模块及图纸管理模块。

5. 分析与优化设计软件简介

大型通用有限元程序以功能强、用户使用方便、计算结果可靠和效率高的优势而逐渐形成新的技术商品，成为结构工程强有力的分析工具。目前，有限元法在现代结构力学、热力学、流体力学和电磁学等许多领域都发挥着重要作用。当前，在我国工程界比较流行，被广泛使用的大型有限元分析软件有 MSC、Ansys、Abaqus、Marc、COSMOS、Adina 和 Algor 等。有限元法是建立在固体流动变分原理基础之上的，用有限元进行分析时，首先将被分析物体离散成为许多小单元,其次给定边界条件、载荷和材料特性,再者求解线性或非线性方程组,得到位移、应力、应变、内力等结果,最后在计算机上,使用图形技术显示计算结果。总之,目前的商用有限元程序不但分析功能几乎覆盖了所有的工程领域,其程序使用也非常方便,只要是有一定基础的工程师,都可以在较短时间内分析实际工程项目,这也是它能被迅速推广的主要原因之一。

1) MSC

MSC 的产品系列很多,不同的软件模块执行不同的分析功能。各软件模块功能特点见表 1-3。

表 1-3　MSC 软件模块功能特点

模 块 名 称	功 能 特 点
MSC. NASTRAN	可以解决各类结构的强度、刚度、屈曲、模态、动力学、热力学、非线性、(噪)声学、流体-结构耦合、气动弹性、超单元、惯性释放及结构优化等问题
MSC. PATRAN	集几何访问、有限元建模、分析求解及数据可视化于一体的新一代框架式软件系统,通过其"并行工程概念"及应用模块,可将大多数 CAD/CAE/CAM/CAT(测试)软件系统及用户自编程序融为一体
MSC. FATIGUE	专用的耐久性疲劳寿命分析软件系统,可用于零部件的初始裂纹分析、裂纹扩展分析、应力寿命分析、焊接寿命分析、随机振动寿命分析、整体寿命预估分析、疲劳优化设计等各种分析。同时该软件还拥有丰富的与疲劳断裂有关的材料库、疲劳载荷和时间历程库等,分析的最终结果具有可视化特点
MSC. Construct	该模块可根据设计性能预测改变结构材料分布,构造新的拓扑关系和几何特征,进而通过非参数形状优化、光顺拓扑优化模型降低应力级别,延长产品设计寿命
MSC. MARC	具有较强的单元技术和网格自适应及重划分能力,涵盖丰富的材料模型,适合解决高度非线性问题,被广泛应用于产品加工过程仿真、性能仿真和优化设计
MSC. DYTRAN	主要用于求解高度非线性、瞬态动力学、流体及流-固耦合等问题,可用于解决广泛复杂的工程问题,如:金属成形(冲压、挤压、旋压、锻压)、(水下)爆炸、碰撞、搁浅、冲击、发射、穿透、汽车安全气囊(带)、液-固耦合、晃动、安全防护等问题
MSC. MVISION	充当商品化材料数据信息系统,如材料的构成图像(含金相)、材料的成分含量、材料的各种特性数据、材料数据的测试环境信息、生产厂家及材料出厂牌号数据等,并可将材料特性作为设计变量用于设计、分析阶段的整个过程
MSC. Marc AutoForge	2D 和 3D 体成形过程仿真的专用软件,具有 2D 四边形和 3D 六面体网格自动重新划分功能。可广泛应用于冷热锻、挤压、轧制、摆碾、旋压、多道次体成形过程及焊接和热处理等工艺过程仿真
MSC. SuperForge	适用于模拟冷锻、热锻及多道次加工,同时可以考虑各类热传导效应、塑性摩擦和库仑摩擦的影响,提供描述材料硬化、应变率敏感特性和温度效应的材料模型和材料库

2）Ansys

Ansys 软件是融结构、流体、电场、磁场、声场分析于一体的大型通用有限元分析软件。它能与多数 CAD 软件接口，实现数据的共享和交换，如 Creo、NASTRAN、Alogor、I-DEAS、AutoCAD 等，是现代产品设计中的高级 CAD 工具之一。软件主要包括三个部分：前处理模块、分析计算模块和后处理模块。前处理模块提供了一个强大的实体建模及网格划分工具，用户可以方便地构造有限元模型；分析计算模块包括结构分析（可进行线性分析、非线性分析和高度非线性分析）、流体动力学分析、电磁场分析、声场分析、压电分析以及多物理场的耦合分析，可模拟多种物理介质的相互作用，具有灵敏度分析及优化分析能力；后处理模块包括通用后处理器和时间历程后处理器两种，可将计算结果以彩色等值线显示、梯度显示、矢量显示、粒子流迹显示、立体切片显示、透明及半透明显示（可看到结构内部）等图形方式显示出来，也可将计算结果以图表、曲线形式显示或输出。软件提供了 100 种以上的单元类型，用来模拟工程中的各种结构和材料。

3）Adina

Adina 是面向工程的自动化通用有限元分析软件系统。由美国 Adina R&D 公司研究开发，Adina 与 CAD 系统可无缝连接。Adina 集成环境包括自动建模、分析和可视化后处理。可进行线性、非线性，静力、动力、屈曲、热传导，压缩、不可压缩流体动力学计算，流-固耦合分析。适用于各种机械工业领域、土木建筑工程结构、桥梁、隧道、水利、交通能源、石油化工、航空、航天、船舶、军工机械和生物医学等领域，进行结构强度设计、可靠性分析评定、科学前沿研究。

4）Abaqus

Abaqus 是一套功能强大的工程模拟有限元软件，主要解决从相对简单的线性分析到许多复杂的非线性范围内的问题。拥有各种类型的材料模型库，用来模拟典型工程材料的性能，其中包括金属、高分子材料、橡胶、复合材料、可压缩超弹性泡沫材料以及土壤和岩石等地质材料，作为通用的模拟工具，在其他工程领域，如热传导、质量扩散、热电耦合分析、声学分析及压电介质分析等方面都展现出良好的性能。

习　　题

1-1　简述 CAD/CAM 的基本概念。

1-2　简述 CAD/CAM 系统的工作过程。

1-3　CAD/CAM 系统应具备哪些基本功能？

1-4　简述 CAD/CAM 技术的发展历程及其特点。

1-5　举例说明计算机辅助技术可以应用在制造业的哪些方面。

1-6　试述 CAD/CAM 技术的发展趋势。

1-7　CAD/CAM 系统中的输入/输出设备主要有哪几种？各有什么特点？

1-8　CAD/CAM 系统的软件由哪几个层次组成？各个层次的软件的基本功能是什么？

第2章　CAD/CAM 系统常用数据结构

本章要点

本章对 CAD/CAM 系统中数据结构的理论、常用数据结构、数据库系统及应用等基础知识做了较全面的介绍。重点介绍了 CAD/CAM 系统数据的重要性、CAD/CAM 系统的数据管理方法、数据的线性结构、树状结构和二叉树、网状结构、常用数据库、数据库系统的基本概念及分类，以及产品数据管理（PDM）等。

2.1　概　　述

数据是对客观世界、实体对象的性质和关系的描述，而数据结构则能全面地描述数据之间的联系。计算机辅助设计与制造过程中涉及大量不同类型的信息和数据，如数字、字符、表格、图形、图像、声音、动画等，信息和数据之间往往存在着相互的关系。设计或制造一个零件都需要大量的数据支持，如性能参数、几何尺寸数据、工艺过程数据、图样数据和事务处理数据等，这些数据联系在一起组成了对一个机械产品信息的描述。如何组织这些数据，建立它们之间的联系，就是数据结构所要解决的问题。在计算机辅助机械设计中会使用大量的设计资料，这些资料最终要通过数据的形式存储在计算机中。现代计算机辅助机械设计充分利用计算机的高速处理能力，实现了对设计资料和数据的自动化处理。

2.1.1　CAD/CAM 系统数据的重要性

计算机软硬件系统的迅速发展，使得 CAD/CAM 应用领域的范围也在不断地扩大，产品方案设计、结构设计、绘制工程图、制作文档等工作几乎可以全部由计算机完成。在产品计算机辅助设计与制造过程中产生的已不只是简单、孤立的数据，而是存在某种关系的批量数据。这些数据包括数字、文字、表格、图像、图形和语音等。为了实现这些工程数据的计算机管理，就需要对这些数据进行组织构造，即确立它们的数据结构。一个合理的数据结构可以大大提高 CAD/CAM 系统的运行效率和系统资源的利用率。

2.1.2　CAD/CAM 系统数据管理方法

CAD/CAM 系统产品设计中所涉及的数据种类很多，包括产品的物理特征、材料性能、数学模型、零件规格、形体几何描述、测试数据、各种设计标准和规范等。在传统的设计中，这些数据往往是以工程手册的形式提供的，设计者需要手工查询。随着现代计算机技术的发展，人们把各种各样的信息数据存储在计算机中，通过计算机来处理和管理。

工程数据管理是指建立一个以技术为中心的工程数据管理系统，实现文档、图样的协同设计，以及涉及最终选型方案的审阅、标注和批准的数字化。当前对工程数据的管理模式主要包括文件管理和数据库管理等。

1. 文件管理模式

文件是数据管理的一种形式,它能独立于应用程序单独存储。在 CAD/CAM 系统中,文件常常作为管理数据、交换数据的方法而被广泛采用。同一文件的逻辑结构可以有多种物理组织方法,主要包括顺序文件、索引文件以及多重链表文件,也可对文件进行相应的操作(如查找、排序等)。文件管理系统一般由计算机操作系统直接提供,具有简单方便、使用灵活、效率高等优点,但也存在如下制约性的缺陷。

(1) 数据冗余度大。由于文件管理系统不能实现以记录和数据项为单位的数据共享,各用户就必须建立各自的数据文件,这势必会造成数据的大量冗余,不仅浪费大量存储空间,还容易形成数据的不一致性。

(2) 缺乏数据独立性。由于用户程序与数据结构密切相关、相互依存,若需要修改数据结构,必须随之修改相关的应用程序参数,这使系统的维护和扩展相当困难。

(3) 没有集中的数据管理系统,难以保证数据的完整性和安全性。

2. 数据库管理模式

1) 数据库管理系统

数据库是一个数据独立性高、冗余度小的若干相互联系的数据文件的集合。除了必要的硬件和系统软件之外,数据库管理技术的核心是数据库管理系统(data base management system,DBMS)。DBMS 是用于对数据库及系统资源进行统一管理和控制的软件系统。它提供了对数据库的定义、建立、检索和编辑修改等操作功能,对数据的安全性和保密性进行统一的管理和控制,起着应用程序与数据库之间的接口作用。

与数据的文件管理系统相比,数据库管理系统具有如下的特点:

(1) 数据的结构性。数据库按照所定义的存储结构进行数据的存储,结构性好,可避免数据模型的复杂化,便于数据的操作运算。

(2) 数据的独立性。数据的物理存储独立于应用程序,数据的修改和扩充不会影响应用程序,应用程序的改变也不会影响数据的存储结构。

(3) 数据的共享性。不同应用程序可通过 DBMS 检索、调用数据库中同一数据,每个数据在理论上仅需存储一次,因而能有效减少数据的冗余,实现数据的共享。

(4) 数据的安全性。数据库系统通过 DBMS 实现对数据的统一管理和控制,可防止不合理的操作和使用,保证了数据的安全性。

2) 常用数据库的结构模型

随着计算机的发展,数据库先后经历了层次模型、网状模型、关系模型、面向对象模型以及关系对象模型等不同的模型结构。最常见的数据库模型为层次模型、网状模型和关系模型。层次模型的数据库是一种有序的树状结构,各节点分层布置,体现了节点间的"一对多"的关系;网状模型的数据库是一种网状连通图的结构形式,体现了事物间的"多对多"的关系;关系模型是以集合论中的关系概念为基础发展起来的一种数据库模型,具有数据结构简单、数据独立性高、符合工程习惯以及有严密的数学基础等优点,是当前数据库系统的主流结构,如 Oracle、DB2、SQL Server 等。

2.2　常用数据结构

2.2.1　数据结构的概念

1. 基本概念与术语

在 CAD/CAM 系统中所处理的数据代表着各种各样的信息,而信息又代表着客观事物的物理性质或状态。例如,用 45 钢制造的齿轮,经热处理后,齿面硬度可达 40~50 HRC,这个数据反映了齿轮的一个力学性能,这种表示信息的数据是自然的。另一种表示信息的数据却是人为的,例如,为了表示物体的颜色而又要使计算机能够识别和处理,就要用数字来代表各种颜色。因此,世界上许多事物的信息都可以用数字来表示,这也正是计算机被广泛应用于各个领域处理现实世界中各种事物的原因。

实际上,从事物的物理状态到表示信息的数据,具体可分为三个领域。

(1) 现实世界。它是客观存在的事物及其相互联系,客观存在的事物分为"对象"和"性质"两个方面,同时事物之间有着广泛的联系。

(2) 信息世界。它是客观存在的现实世界在人们头脑中的反映。人们对客观世界经过一定的认识过程,进入信息世界形成关于客观事物及其相互联系的信息模型。在信息模型中,客观对象用实体表示,而客观对象的性质用属性表示。

(3) 数据世界。对信息世界中的有关信息经过加工、编码、格式化等处理,便进入了数据世界。数据世界中的数据既能代表和体现信息模型,同时又向计算机世界前进了一步,便于用计算机来进行处理。在这里,每一实体用记录表示,响应于实体的属性用数据项(或称字段)来表示,现实世界中的事物及其联系用数据模型来表示。三个领域间的关系可用图 2-1 表示。

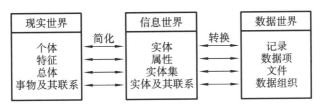

图 2-1　三个领域的映射

图中所涉及的术语含义如下:

①实体。客观存在并可以相互区别的事物。实体可以是可触及的人或某些具体的事物,也可以是不可触及的抽象概念,如一件事、一个活动等。

②属性。实体具有属性,每个属性所能测量或者记录的值为属性值,属性值的变化范围称作域。若干个属性的属性值组成的集合即可表征一个实体。

③数据。描述实体的数值、字符及其他物理符号。

数据按其组成内容又可以分为若干个层次:

a. 字符。它是数据的最小单位。可以是数字、字母或专用符号,如＋、－、√、＊、＆ 等。

b. 数据项。它是具有确定逻辑意义(即可描述信息内容)的数据的最小单位。一般数据项用于说明事物的某方面性质,由一组字符组成,且代表某一数据量。如表 2-1 所示的深沟球轴承参数表中,轴承型号、额定动载荷、额定静载荷、尺寸等各个数据,其字符组合只有作为一组出现时才有意义。

　　c. 组合项。它由若干个数据项组成。如表 2-1 中的尺寸包含四个数据项 d、D、B、r,安装尺寸和极限转速也分别含有多于一个的数据项。因此,尺寸、安装尺寸和极限转速均为组合项。

　　d. 记录。它是具有一定关系的数据项的有序集合。将描述某事物有关性质的组合项或数据项按一定的方式组织起来就形成了记录。记录常用于说明一个客观存在的事物(或事物之间的联系)。如表 2-1 中每一行各项的全体构成了某种型号轴承的一个记录。记录又称为数据元素。

　　e. 文件。文件是同类记录的有序集合。如表 2-1 中的全体就是一个文件。

　　f. 数据库。它是存储起来的相关数据的集合。相关数据无论其记录类别是否相同,均可存储在一起形成一个数据的有机整体。因此数据库可以描述更加复杂的信息结构,可以充分地反映客观事物之间的相互关系。数据库是目前数据组织的最高形式,也是应用最广泛的数据组织的管理方法与技术。

　　g. 关键字。关键字指可以用来标识一个记录的数据项的值。能够唯一标识一个记录的关键字称为主关键字,不能够唯一标识一个记录的关键字称为次关键字或辅助关键字。

表 2-1　深沟球轴承轻 3 系列(部分)

轴承型号	尺寸 /mm				安装尺寸 /mm		额定动载荷 /kN	额定静载荷 /kN	极限转速/(r/min)	
	d	D	B	r	D_1	D_2			脂润滑	油润滑
6300	10	35	11	0.5	15	30	7.65	3.48	18000	24000
6301	12	37	12	1	18	31	9.72	5.08	17000	22000
6302	15	42	13	1	21	36	11.5	5.42	16000	20000
6303	17	47	14	1	23	41	13.5	6.58	15000	19000
6304	20	52	15	1.1	27	45	15.8	7.88	13000	17000

　　2. 数据结构

　　数据结构是指描述物体数据元素之间关系的组织形式。这种关系反映了现实世界中实体之间的一种必然联系,因此数据元素是彼此相互关联的。某些情况下,多个数据元素之间构成一个数据结构,而该结构也可能是另一个数据结构的数据元素。制造工艺资源通常由制造资源数据和工艺数据组成,如图 2-2 所示,而制造资源数据又由设备数据和工装数据组成,其中工装数据又包括刀具、夹具、辅具等数据。

　　数据结构包含两方面内容:数据的逻辑结构——数据元素之间的逻辑关系;数据的物理结构——数据元素及其关系在计算机中的存储形式。

　　1) 数据的逻辑结构

　　逻辑结构描述了数据元素之间的逻辑关系,与计算机的具体实现无关,它从客观的角度组织和表达数据。通常可以将数据的逻辑结构归纳为两大类型:线性结构与非线性结构。

　　(1) 线性结构。这种数据结构可以用数表的形式表示。数据间的关系很简单,只是顺序排列的位置关系,而且这种位置关系是线性的,因而称这类数据结构为线性结构。在这种结构中,每一个数据元素与它前面的一个或者后面的一个数据元素相联系,因而仅能用于表达数据

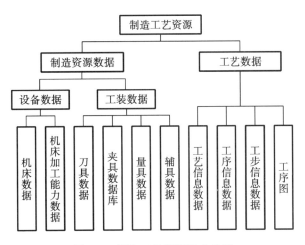

图 2-2　制造工艺资源组成关系

之间的简单顺序关系。线性结构示意图见图 2-3。

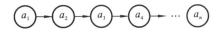

图 2-3　线性结构示意图

（2）非线性结构。这种结构的数据间逻辑关系比较复杂。图 2-2 所示的制造工艺资源间的关系是一种层次式的逻辑关系，其数据结构是非线性结构，用树状结构来描述，如图 2-4(a)所示。另外，常见的非线性数据结构还有网状结构，如图 2-4(b)所示。

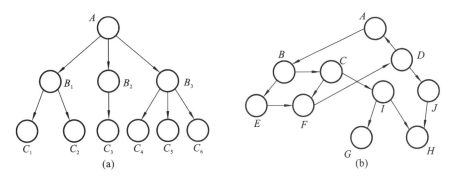

图 2-4　树状结构和网状结构示意图

2）数据的物理结构

数据的物理结构指的是数据在计算机内的存储方式，它从物理存储的角度来描述数据以及数据间的关系。常用的物理结构有顺序存储结构与链接存储结构两种。这就是说，对于给定某逻辑结构的一个数据集合，其存储结构有可能不同，它在计算机存储介质上可用不同的存储形式进行存储。

2.2.2　线性数据结构

2.2.2.1　线性表

线性表是一种最常用且最简单的数据结构，是 $n(n \geqslant 0)$ 个数据元素的有限序列 $(a_1, a_2, \cdots, a_n)$。除第一个和最后一个元素外，表中的其他数据元素仅有一个直接前驱和一个直接后继。数据元素可以是一个数、一个符号，也可以是一个线性表，甚至是更复杂的数据结构。表 2-2 所示减速箱明细表是线性表的一个实例。

表 2-2　减速箱明细表

序　　号	名　　　称	数　　量	材　　　料
1	箱体	1	HT100
2	箱盖	1	HT100
3	齿轮轴	2	45
4	轴	1	45
5	齿轮	4	35
6	端盖	1	HT100
7	透盖	1	HT100
8	套筒	6	15
…	……	…	…

从上面的例子可以看出，尽管线性表中的数据元素可能是各种各样的，但同一表中的数据元素的类型必须是相同的。线性表中数据元素的个数定义为线性表的长度。

1. 线性表的顺序存储结构

顺序存储就是用一组连续的存储单元，按照数据元素的逻辑顺序依次存放。假定每个数据元素占用 m 个存储元素的存储位置，第 1 个单元的存储位置为该数据元素的存储位置，第 1 个数据元素的存储位置为 b，则第 i 个数据元素的存储位置为

$$\text{Loc}(a_i) = b + (i-1) \times m$$

线性表的顺序存储结构如图 2-5 所示。

图 2-5　线性表的顺序存储结构示意图

线性表顺序存储结构具有两个显著特点。

（1）有序性。各数据元素之间的存储顺序与逻辑顺序一致。

（2）均匀性。每个数据元素所占存储空间的长度相等。

由上述可知，程序设计语言中的数组是典型的顺序存储结构的线性表。数组名是线性表的地址，也是线性表的第 1 个元素的地址。因此，通过对数组的说明和运算可以实现线性表的顺序存储和运算。

线性表中各数据元素在顺序存储结构中是均匀有序的，只要知道线性表的地址和数据元素的长度和序号，就能知道每个数据元素的实际地址。因此，对表内数据元素进行访问、修改运算的速度快。在删除或插入运算时，由于产生大量数据元素的移动，从而增加了运算时间。所以，这种存储结构多用于查找频繁、很少增删的场合，例如工程手册中的数据表。

2. 线性表的链式存储结构

1）链式存储结构的特点

用一组任意的存储单元存放表中的数据结构，由于存储单元可以是不连续的，因此还要存

储这个元素直接前驱或直接后继的位置。这两种信息组成数据元素的映像称为节点。节点有两种域:存放数据元素本身的域称为数据域;存放其直接前驱或直接后继的域称为指针域。指针域中存储的信息称为指针,如图 2-6(a)所示。

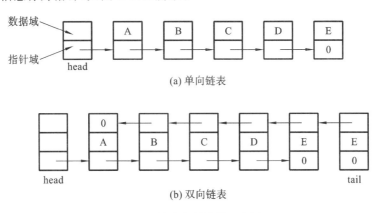

(a) 单向链表

(b) 双向链表

图 2-6　链式存储结构示意图

2) 单向链表

单向链表节点的指针域只有一个,通常存放直接后继的地址。第一个元素的地址需要专门存放在指定的指针型变量中,或者设置一个与链表节点相同的节点,它的数据结构域可以是空的,也可以存放表长等附加信息,指针域存放第一个元素的地址,见图 2-6(a)。对单向链表可以进行访问、修改、删除或插入运算。

(1) 建立单向链表。

首先定义节点的数据类型,它有两个成员:data 和 next。data 用来存放数据元素本身,本例是字符型的;next 存放该节点直接后继的地址,所以它必须是指针型的,而且是指向字符型变量的指针。链表不必指出它的长度(通常难以事前确定),而是根据需要动态地申请存储空间。建立单向链表的程序见例 2-1。

【例 2-1】　建立单向链表的 C 语言程序清单如下:

```c
# include<stido.h>
/* 定义节点的数据结构*/
struct link{char data;    /* 数据域*/
        struct link* next;    /* 指向直接后继的指针*/
        }* head;    /* 链头节点指针,是全局变量*/
/* 函数说明*/
void create(void);    /* 建立一个单向链表*/
char visit(int);    /* 访问第 i 个数据元素*/
int search(char);    /* 按数据元素的值查找节点*/
void delete(int);    /* 删除第 i 个节点*/
void insert(char,int);    /* 在第 i 个数据元素后插入一个新的数据元素*/
/* 主函数*/
main()
  {int i;
   char c;
```

```
    creat();  /* 建立一个单向链表* /
    c=visit(3);  /* 访问第 3 个数据元素* /
    i=search('C');  /* 查找数据元素为'C'的节点* /
    delete(3);  /* 删除第 3 个节点* /
    insert('T',3);  /* 在第 3 个数据元素后面插入一个新的数据元素* /
    }
/* 建立一个单向链表* /
void create(void)
  {int i,LEN=5;  /* 链表初始的长度为 5* /
  struct link* node,* temp;
  for(i=0;i<LEN;i++)
    {node= (struct link* )malloc(sizeof(struct link));
    node-> data='A'+i;
    node-> next=NULL;
    if(i==0)head=temp=node;
  else{temp-> next=node;
        temp=node;
      }
    }
  }
```

（2）删除数据元素。

若要删除第 i 个数据元素,需找到第 $i-1$ 和第 i 个数据元素的节点,然后将第 $i-1$ 个节点的指针指向第 $i+1$ 个节点,再释放第 i 个节点的存储空间即可,如图 2-7 所示。

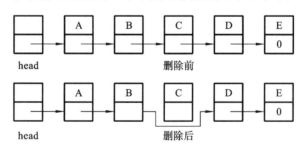

图 2-7　删除一个节点的示意图

（3）插入数据元素。

在第 i 个数据元素之后插入一个新的数据元素时,首先为该数据元素申请一个存储空间,得到一个新节点。在新节点的数据域存放数据元素的值,然后找到第 i 个节点。令新节点指针域的指针等于第 i 个节点指针域的指针,第 i 个节点的指针域存放新节点的地址即可,如图 2-8 所示。

3）双向链表

以上讨论的链式存储结构的节点只有一个存放直接后继的指针域,因此从某个节点出发只能向后寻找其他节点。如果节点再增设一个指针域,存放它的直接前驱的地址,就可以方便地从每个节点向前寻找其他节点。这样的链表称为双向链表,如图 2-6(b)所示。

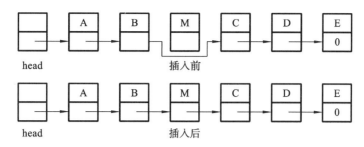

图 2-8　插入一个节点的示意图

（1）建立双向链表。

首先定义节点的数据类型，它有三个成员，data、next 和 last。data 存放数据元素本身的值，next 存放节点直接后继的地址，last 存放节点直接前驱的地址。head 和 tail 分别存放链头和链尾的地址。程序清单见例 2-2。

【例 2-2】　建立双向链表的 C 语言程序清单如下：

```
# include<stido.h>
/* 定义节点的数据结构 */
struct link{struct link last;   /* 指向直接前驱的指针 */
        char data;   /* 数据域 */
        struct link* next;   /* 指向直接后继的指针 */
        }* head,* tail;   /* head、tail:链头、链尾节点,全局变量 */
/* 函数说明 */
void create(void);   /* 建立一个双向链表 */
char visit(int);   /* 从链尾访问双向链表的节点 */
/* 主函数 */
main()
  {int c;
   char c;
   struct link* node,* temp;
   create();   /* 建立一个双向链表 */
   c=visit(2);   /* 访问链表的倒数第 2 个节点 */
   }
/* 建立一个双向链表 */
void create(void)
{int i;LEN=5;   /* 双向链表的初始长度为 5 */
struct link* node,* temp;
for(i=0;i<LEN;i++)
{node= (struct link* )malloc(sizeof(struct link));
node->last=NULL;
node->data='A'+I;
node->next=NULL;
if(i==0)head=tail=temp=node;
```

```
else{temp->next=node;
    node->last=temp;
    temp=node;
    }
}
tail=temp;
}
```

（2）删除数据元素。

若删除第 i 个数据元素，首先找到第 i 个节点；通过该节点的直接前驱指针找到第 $i-1$ 个节点，令第 $i-1$ 个节点的直接后继指针等于第 i 个节点的直接后继指针，找到第 $i+1$ 个节点，令第 $i+1$ 个节点的直接前驱指针等于第 i 个节点的直接前驱指针；最后释放第 i 个节点所占存储空间。如图 2-9 所示。

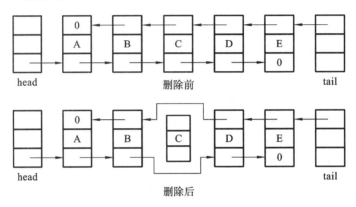

图 2-9　从双向链表中删除一个节点的示意图

（3）插入数据元素。

若在第 i 个数据元素之后插入一个数据元素，首先为该数据元素申请存储空间，得到一个新节点，新节点的数据域存放该数据元素的值。然后找到第 i 个节点，令新节点的直接后继等于第 i 个节点的直接后继，新节点的直接前驱指向第 i 个节点。通过第 i 个节点的直接后继找到第 $i+1$ 个节点，令第 $i+1$ 个节点的直接前驱指向新节点，第 i 个节点的直接后继指向新节点即可，如图 2-10 所示。

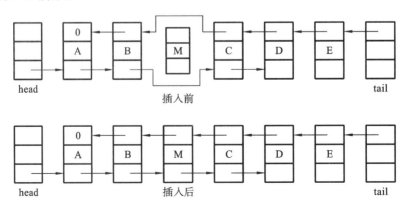

图 2-10　向双向链表中插入一个结点的示意图

4）环链结构

环链结构的特点在于存取时可以从环的任何一个数据元素入口，按指针逐个存取各个记录，直到再遇到入口记录位置。对于双向环链结构，可以自入口处按较短路径的方向存取记录，提高存取效率。当某个指针因意外损坏时，不致影响整个结构，容易修复。

线性表的链式存储与顺序存储比较，有以下几个特点：

①删除或插入运算速度快，因为删除或插入运算过程中数据并不移动。

②不需要先分配存储空间，以免有些空间不能充分利用。

③表的容量易于扩充。

④按逻辑顺序进行查找的速度慢。

⑤比相同长度的顺序存储占用作为指针域的存储空间要多。

链式存储刚好弥补了顺序存储的不足，它多用作事先难以确定容量或增删运算频繁的线性表的存储结构。例如图 2-11 所示的折线，它是由有序的顶点确定的复杂实体。从逻辑结构看它是典型的线性表。由于它的顶点数量事先不能确定，并且在编辑过程中可能要修改、删除任意的顶点或在任意的顶点之后插入新的顶点，因此用链式存储结构是非常合适的。

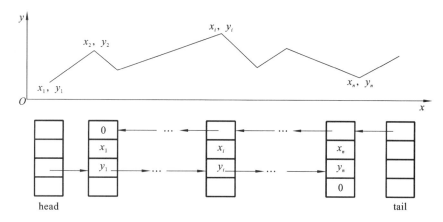

图 2-11 折线及其数据结构

2.2.2.2 栈

1. 栈的结构

1）栈的逻辑结构

从逻辑结构上看，栈也是线性表。它与普通线性表的区别在于它的运算仅限定在表尾的一端。假如栈 $s=(a_1,a_2,\cdots,a_n)$，则称 a_1 为栈底元素，a_n 为栈顶元素。进栈的顺序是 $a_1,a_2,\cdots,a_n$，出栈的顺序是 $a_n,a_{n-1},\cdots,a_1$。它的显著特点是后进先出，如图 2-12(a)所示。

2）栈的存储结构

和线性表一样，顺序存储结构或链式存储结构都可以作为栈的存储结构。但由于栈的容量一般是可以预见的，而且运算仅限于栈顶，所以通常采用顺序存储作为栈的存储结构。

2. 栈的运算

1）建栈

用数组作为栈的存储结构，例如 int s[10]。说明这个栈的名称为 s，它的深度为 10，栈内的数据元素是整型的。令 top 为栈顶指针。由于在 C 语言中第一个元素的下标是 0，因此 top ＝－1 时表示栈空，top＝9 时表示栈满。

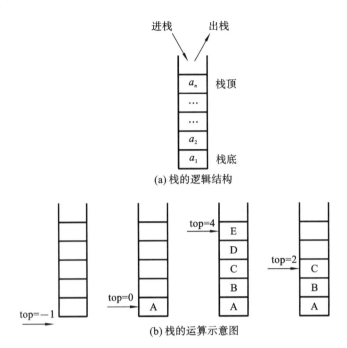

(a) 栈的逻辑结构

(b) 栈的运算示意图

图 2-12 栈的逻辑结构与运算示意图

2）进栈

首先检查栈顶指针 top。若 top＝9，表明栈满，显示"栈满"信息，此时进栈将发生上溢。如果 top＜9，令 top＝top＋1，再令 s[top]等于要进栈的数据元素。

3）出栈

首先检查栈顶指针 top。若 top 等于－1，表明栈空，显示"栈空"信息，此时出栈将发生下溢。如果 top＞－1，引用栈顶元素 s[top]，再令 top＝top－1。栈的运算过程如图 2-12(b)所示。

栈作为一个工具，是应用很广的一种数据结构。例如，在交互式图形系统中建立存放显示区域的栈，每当确定新的显示区域时当前的显示区域进栈。这样可以方便地恢复前几次的显示区域。在菜单控制上，利用栈可恢复前一页或更前面的菜单。

2.2.2.3 队列

1. 队列的定义

队列是一种受限的线性表：它限定所有的插入操作只能在表的一端（队尾 rear）进行，而所有删除操作只能在表的另一端（队头 front）进行。

（1）允许删除的一端称为队头。

（2）允许插入的一端称为队尾。

（3）当队列中没有元素时称为空队列。

（4）队列亦称作先进先出(first in first out)的线性表，简称为 FIFO 表。

队列的修改是依先进先出的原则进行的。新来的成员总是加入队尾（即不允许加塞），每次离开的成员总是队列头上的（不允许中途离队），即当前最老的成员离队。

用向量（一维数组）存储队列，要设置两个指针，指示当前队头元素和队尾元素在向量中的位置。例如在队列中依次加入元素 $a_1, a_2, \cdots, a_n$ 之后，a_1 是队头元素，a_n 是队尾元素。退出

队列的次序只能是 $a_1,a_2,\cdots,a_n$。队列示意图如图 2-13 所示。

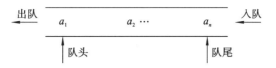

图 2-13　队列示意图

2. 队列的链式存储结构

采用链式存储结构的队列称为链式队列,仅在表头删除节点及在表尾插入节点。在链式队列中,头指针指示删除位置,尾指针指示插入位置。链式队列示意图如图 2-14 所示。

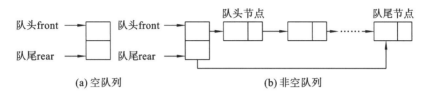

图 2-14　链式队列示意图

2.2.3　树状和二叉树数据结构

1. 树状结构

1）树的逻辑结构

图 2-15 为一棵树的逻辑结构。A,B,$\cdots$,L 为这棵树的 12 个节点。其中 A 是树根,称为根节点;节点 E、K、G、H、I、L 是树叶,也称终端节点;节点间的连线称为边。从图中可以明显看出:除根节点外,每个节点有且只有一个直接前驱;除终端节点外,每个节点可以有不止一个直接后继。节点的直接前驱称为该节点的双亲,节点的直接后继称为该节点的孩子,同一双亲的孩子间称兄弟。树是具有层次关系的数据结构,层次的数量称为树的深度或高度。节点孩子数量称为度。树的所有节点中最大的度数称为这棵树的度数。例如,图 2-15 所示的树的深度为 4,度数也为 4。

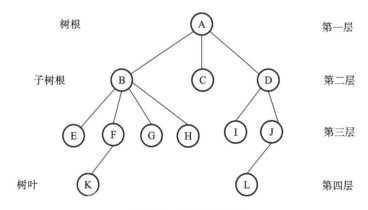

图 2-15　树的逻辑结构

相关术语:

（1）节点。节点是包含一个数据元素及若干指向其他节点的分支信息的结构。

（2）节点的度。节点所拥有的子树的个数称为该节点的度。

（3）叶子节点。度为 0 的节点称为叶子节点，或者称为终端节点。

（4）分支节点。度不为 0 的节点称为分支节点，或者称为非终端节点。一棵树的节点除叶子节点外，其余都是分支节点。

（5）孩子节点、双亲节点。树中一个节点的子树的根节点称为这个节点的孩子节点，该节点称为其孩子节点的双亲节点。具有同一个双亲节点的孩子节点互为兄弟节点。

（6）路径、路径长度。设 $n_1, n_2, \cdots, n_n$ 为一棵树的节点序列，若节点 n_i 是 n_{i+1} 的双亲节点（$1 \leqslant i < k$），则把 $n_1, n_2, \cdots, n_k$ 称为一条由 n_i 至 n_k 的路径，这条路径的长度为 $k-1$。

（7）节点的层次。规定树的根节点的层数是 1，其余节点的层数等于其双亲节点的层数加 1。

（8）树的深度（高度）。树中所有节点的层次的最大数称为树的深度。

（9）树的度。树中所有节点的度的最大值称为该树的度。

2）树的存储结构

由于树的逻辑结构为非线性的，所以其存储只能采用链式存储结构。可采用定长或不定长两种方式确定树的节点。

（1）定长方式。

以具有最大度数的节点的结构作为该树所有节点的结构。如图 2-16 所示，每个节点都具有相同数量的子树域。

| 数据域 | 子树1地址 | 子树2地址 | …… | 子树n地址 |

图 2-16　定长方式的节点

对于图 2-15 所示的树，用定长节点作为它的存储结构，结果如图 2-17 所示。

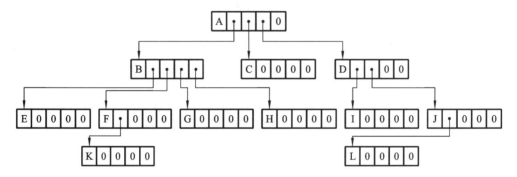

图 2-17　定长节点表示的树

（2）不定长方式。

每个节点增加一个存放度数的域，节点的长度随着度数的增加而增加，如图 2-18 所示。

| 数据域 | 度数n | 子树1地址 | 子树2地址 | … | |

图 2-18　不定长方式的节点

对于图 2-15 所示的树、用不定长节点作为它的存储结构，结果如图 2-19 所示。

采用定长方式存储结构，所有的节点是同构的，运算方便，但浪费一定的存储空间。采用不定长方式存储结构，可节省一些存储空间，但运算不方便。

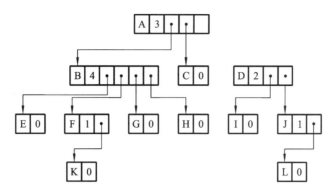

图 2-19　不定长节点表示的树

2. 二叉树

1）二叉树的逻辑结构

二叉树是一种不同于树的数据结构，它的每个节点至多有两棵子树，子树有左右之分，不能颠倒，二叉树可以是空的。二叉树的深度和度的定义与树的相同。二叉树的基本形态如图 2-20 所示。二叉树是有序的，即若将其左、右子树颠倒，就成为另外一棵不同的二叉树。

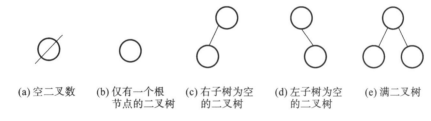

(a) 空二叉数　　(b) 仅有一个根　　(c) 右子树为空　　(d) 左子树为空　　(e) 满二叉树
　　　　　　　　节点的二叉树　　　的二叉树　　　　的二叉树

图 2-20　二叉树的五种基本形态

2）几种特殊的二叉树

（1）深度为 k 的有 2^k-1 个节点的二叉树称为满二叉树，如图 2-21(a)所示。

（2）深度为 k、节点为 n 的二叉树，它从 1 到 n 的序号如果与深度为 k 的满二叉树的节点序号一致，就称之为顺序二叉树，如图 2-21(b)所示。

（3）节点的度数为 0 或者为 2 的二叉树称为完全二叉树，如图 2-21(c)所示。

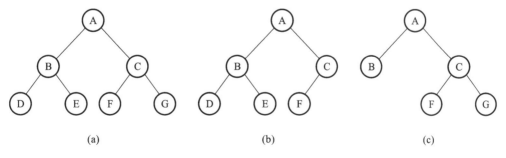

(a)　　　　　　　　　　　(b)　　　　　　　　　　　(c)

图 2-21　几种特殊的二叉树

3）二叉树的存储结构

对于满二叉树或者顺序二叉树，可用顺序存储结构。对于节点 i，如果 $i=1$，此节点是根节点；如果 $i=k$，$k/2$ 是节点 i 的双亲节点，节点 $2k$ 是节点 i 的左孩子，节点 $2k+1$ 是节点 i 的右孩子。这种存储结构的特点是节省存储空间,可利用公式随机地访问每个节点和它的双亲及左、右孩子,但不便于删除和插入运算,如图 2-22 所示。

对于一般二叉树,通常采用链式存储结构。每个节点设三个域:值域存放节点的值,左子树域存放左子树的地址,右子树域存放右子树的地址,如图 2-23 所示。这种存储结构会多占一些存储空间,但便于删除和插入运算。

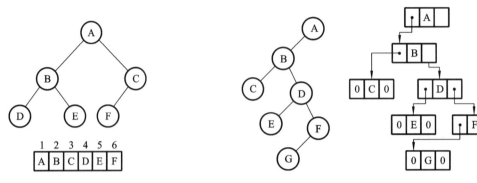

图 2-22　满二叉树或顺序二叉树的　　　　图 2-23　二叉树的链式存储结构
　　　　　　顺序存储结构

4）二叉树的遍历

遍历二叉树是指按一定的规律搜索遍历二叉树的每个节点,使每个节点都被访问且只被访问一次。也就是按一定规则将二叉树的节点排成一个线性序列。由于二叉树是由根节点、左子树、右子树三个基本单元组成的,因此若能依次遍历这三部分信息,就能遍历整个二叉树。

按照根节点(D)、左子树(L)、右子树(R)三者不同的先后次序,可得到三种常用的遍历方式,即 DLR、LDR、LRD。

(1) 先序遍历。

先序遍历的次序是:若二叉树为空,则退出;否则,访问根节点,遍历左子树,遍历右子树,退出。先序遍历图 2-24 所示二叉树的过程如图 2-25。

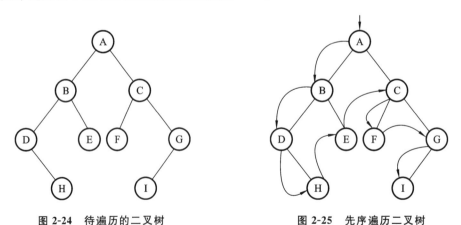

图 2-24　待遍历的二叉树　　　　　　　　图 2-25　先序遍历二叉树

(2) 中序遍历。

中序遍历的次序是:若二叉树为空,则退出;否则,遍历左子树,访问根节点,遍历右子树,退出。中序遍历图 2-24 所示二叉树的过程如图 2-26。

（3）后序遍历。

后序遍历的次序是：若二叉树为空，则退出；否则，遍历左子树，遍历右子树，访问根节点，退出。后序遍历图 2-24 所示二叉树的过程如图 2-27(a)。

（4）层次遍历。

二叉树的层次遍历是指从二叉树的第一层（根节点）开始从上至下逐层遍历，在同一层中则按从左至右的顺序对节点逐个访问。层次遍历图 2-24 所示二叉树的过程如图 2-27(b)。

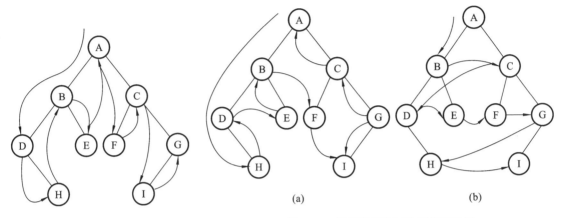

图 2-26　中序遍历二叉树　　　　　　　图 2-27　后序遍历和层次遍历二叉树

2.2.4　网状数据结构

网状结构的数据元素之间存在多对多的关系。如图 2-4(b)所示为数据的网状结构，它可以表示某个零件的加工工艺线路方案图：每个节点分别代表某部件的装配操作，连线表示具有一定装配工作内容和工作成本的装配工序。从第一道装配工序 A 到最后一道装配工序 H，可以产生多种不同的装配过程方案。

2.3　数据库系统及应用

2.3.1　常用数据库简介

1. Oracle

Oracle 是美国 Oracle 公司的数据库产品，它以结构化查询语言（structured query language，SQL）为基础，以分布式数据库为核心，具有良好的性能，是目前流行的大型关系数据库之一。

Oracle 具有良好的可移植性、可兼容性和可连接性，能在多种软硬件平台上运行；支持大数据库、多用户的高性能的事务处理；遵守数据库存取语言、操作系统、用户接口和网络通信协议的工业标准；实施完全性控制和完整性控制；支持分布式数据库和分布处理，可通过网络方便地读写远端数据库里的数据，并具有对称复制技术。同时 Oracle 提供了新一代集成软件生命周期开发环境，可以实现高生产率、大型事务处理及客户机/服务器结构的应用系统；提供了与第三代高级语言接口软件 PRO* C 系列，能在 C、C＋＋等主语言中嵌入 SQL 语句及过程化（PL/SQL）语句，对数据库中的数据进行操作；提供了基于角色（role）分工的安全保密管理；支持大量多媒体数据,如二进制图形、声音、动画以及多维数据结构等。其最新版本 Oracle 11g 是业界第一个为网络计算而设计的数据库。网络计算通过将服务器集成在一起作为一个单一的大型计算机,降低了整体成本,在应用程序之间动态地按需分配服务器资源,使 Oracle 更具有可管理性和高可用性。

2. SQL Server

Microsoft SQL Server 是一个全面的、集成的、端到端的数据库平台,使用集成的商业智能工具提供企业级的数据管理。Microsoft SQL Server 数据库引擎为关系型数据和结构化数据提供了更安全可靠的存储功能,使用户可以构建和管理用于业务的高可用和高性能的数据应用程序。具有良好的数据库设计、管理与网络功能,又与 Windows、Linux、Docker 及 Azure 云紧密集成。目前最主流的版本 SQL Server 2019 不仅是高级数据库系统软件的典范,同时也是融合了大数据、网络云、人工智能、Python 等跨平台开发的数据库系统。

SQL Server 数据库的主要特点是操作简单,以 Client/Server 为设计结构,支持多个不同的开发平台,支持企业级的应用程序,支持 XML,支持数据库、虚拟根,支持用户自定义函数和全文搜索,以及具有文档管理功能、索引视图、存储过程、触发器、事务和分布式查询功能等。

SQL Server 与 Windows 操作系统集成紧密,便于充分利用主流微机系统所提供的特性。采用二级安全验证、登录验证以及数据库用户账号和角色的许可验证;使用了 Windows 平台内建的网络功能组件,支持多种不同类型的网络协议如 TCP/IP、IPX/SPX、Apple Talk 等。另外,它还支持数据复制、数据仓储、分布式事务处理,并且具有易于创建、管理和配置,便于与微软产品集成等优点。

较常用的大型数据库还有 DB2、Sybase 以及 Informix 等,而对于一些小规模的应用还有 MySQL、MS Access 等数据库系统,如一些 Windows 平台的 CAD 系统用 Access 来存储数据。

2.3.2　工程数据库系统的基本概念及分类

1. 工程数据库的概念

工程数据库,也可称为 CAD 数据库、设计数据库或技术数据库等,是指能满足人们在工程活动中对数据处理的要求的数据库。理想的 CAD/CAM 系统,应该是在操作系统支持下,以图形功能为基础,以工程数据库为核心的集成系统。从产品设计、工程分析直到制造过程活动中所产生的全部数据都应在同一个工程数据库环境中存储、维护。

工程数据库的数据模型超越了传统的层次数据模型、网状数据模型和关系数据模型。它有待更深入的开展研究。这种研究需要借助于传统数据模型,使工程数据库的数据模型更好地反映工程应用环境的客观世界的本来面貌,不仅在静态结构上而且在动态的操作和变更上更贴近客观事物的描述,包括工程数据库的数据模型、工程数据库的体系结构、几何元素在数据库中的表示,以及相关理论和实现技术。

2. 工程数据库的分类

数据库一般按照数据库内部数据的不同组织方式来分类,一般分为三种:层次数据库、网状数据库、关系数据库。

(1) 层次数据库。层次数据库中最基本的数据关系是层次关系,采用的树状结构表示数据之间的联系关系,能够描述一对多的关系。层次模型中每个节点只有一个双亲节点,任何一个叶子节点到根节点的映像是唯一的,所以对每一个记录型(除根节点外)只需要指出它的双亲,就可以表示出层次模型的整体结构。层次数据库也是按记录来存取数据的。层次数据库管理系统是紧随网络型数据库而出现的,最著名的层次数据库系统是 IBM 公司的信息管理系统,这是最早的大型数据库系统程序产品。

(2)网状数据库。网状数据库用网状数据结构描述数据库的总体逻辑结构,描述的是多对多的关系。网状数据库的数据项可以是多值的和复合的数据。每个记录有唯一的标识,它的内部标识符称为码(data base key,DBK),它在记录存入数据库时,由 DBMS(数据库管理系统)自动赋予。DBK 可以看作是记录的逻辑地址,可作为记录的"替身",或用于寻找记录。网状数据库是导航式数据库,用户在操作数据库时,需要对查找对象和规定的存取路径进行详细说明。网状数据库模型对于层次和非层次结构的事物都能比较自然地进行模拟,在关系数据库出现之前,网状数据库要比层次数据库使用更加普遍。在数据库发展史上,网状数据库占有重要地位。

(3)关系数据库。关系数据库用二维表结构表示数据之间的联系。关系数据库具有数据结构简单、符合工程习惯、数据独立性高及数学基础严谨等优点,也是当前数据库应用的主流。

3. 工程数据库的特点

工程数据库是存储和管理工程所需数据的数据库,包含有几何的、物理的、技术的、工艺的数据以及其他技术实体特性及其相互间的关系,与一般商用数据库的主要区别在于对复杂数据类型和结构的支持,对工程数据的动态定义和管理,以及对数据进行动态修改的能力。工程数据库具有如下显著特点:

(1)具有复杂工程数据的存储和管理能力。工程数据库能够存储和处理非结构化的变长工程数据和特殊类型数据,支持文字、图形、图像、语音等多媒体信息的存储和集成管理,支持多种媒体数据的编辑处理以及不同媒体数据类型格式的转换与控制等。

(2)具有动态建模的能力。工程数据库能够动态地进行模型的建立、修改和扩充,支持反复改进的工程设计过程。

(3)支持多库操作和多版本管理。工程设计涉及的信息多种多样,需要在各设计模块之间进行数据信息的传递,要求数据库提供多库操作和通信能力。工程事务的复杂性和反复试验的实践性,要求工程数据库具有良好的多版本管理和存储功能,以正确地反映工程设计的动态过程和最终状态。

(4)支持工程数据的长记录存取和文件兼容处理。有些工程数据不适合在数据库中直接存储,若以文件系统为基础来设计其存储方式,会更为方便、有效,例如工程图一般以文件形式进行存储,而在工程数据库中仅存储该图形文件的路径和地址。

2.3.3　产品数据管理

产品数据管理是一种管理所有与产品相关的信息和过程的技术。与产品相关的信息包括 CAD/CAM 文件、物料清单(BOM)、产品结构配置、产品规范、电子文档、产品订单、供应商清单、存取权限、审批信息等;与产品相关的过程包括加工工序、加工指南、工作流程、信息的审批和发放过程、产品的变更过程等。

目前,PDM 系统在文档管理、产品配置管理、工作流程管理以及项目管理等方面已得到广泛的应用。利用 PDM 这一信息传递的桥梁,可方便地进行 CAD、CAE、CAPP、CAM 以及 ERP 系统之间的信息交换和传递,实现设计、制造和经营管理信息的集成化管理。当前主流的几大厂商包括西门子、达索、美国参数技术公司(PTC)等。

1. PTC

PTC 的产品数据管理软件可以嵌入所有主要的 MCAD 系统中,让用户无须离开其原生 MCAD 环境即可管理和编辑 CAD 数据和相关文档(如 Word、PDF 等)。对远程工作者的数据访问进行了优化;它基于 Web 开发,用户可从 Windows 桌面访问,并可在 PTC 云中使用。

PTC 的 Windchill 是产品信息的集中来源,提供了有关整个产品和服务生命周期中的所有产品内容和业务过程的完整信息。Windchill 中的部分功能如下:

(1) 快速开发基于角色和任务的应用程序:ThingWorx Navigate 9.0 使客户能够利用具有可重用组件的快速应用程序开发环境构建自己独特的自定义应用程序。

(2) 实施闭环质量:系统集成提供可追溯性证明,以便及早发现并修复问题。此功能是通过将开放式生命服务周期(open service for lifecycle collaboration,OSLC)与 PTC 工具链和第三方需求管理工具(即 IBM Doors Next Gen)紧密集成来提供的。

(3) 可视化管理关键质量(critical to quality,CTQ)特征:嵌入在 PTC 产品生命周期管理软件中的 Creo View 7 提供通过基于模型的定义(model based definition,MBD)实践创建的流程制造信息(product manufacturing information,PMI)的可视化比较。通过允许用户识别 CAD 设计中捕获的视图状态的变化,Windchill 现在可以更好地管理 CTQ 特征。

Windchill 是一款用于数据治理和追溯的综合 PLM 软件,提供开箱即用的功能。此外,它还提供核心 PDM、配置和变更、BOM 管理和项目管理功能,有助于跨学科、地域、部门和外部合作伙伴安全地共享一致的数据。Windchill 的开放式架构支持无缝集成,以管理、关联、协调和灵活地跨价值链交付数据。当需要更改产品时,Windchill 利用捕获问题和增强功能,记录和实施相关更新,将信息发送给所有利益相关者以获取早期产品的可见性。其中,蓝电集团借助 PTC 解决方案,建立了统一的 PLM 平台,对数据进行集中管理,使得以产品结构为基础的数字文档管理系统成为可能。同时,借助 Windchill 和 Creo,蓝电集团加快了研发部门工作流程的标准化和数字化,建立统一的 PDM 和 CAD 的产品开发流程,实现了流程标准化、设计协调和知识共享,以提高质量、效率和准确性。目前,产品交付的准确率已经提高到 98% 以上。借助统一的 CAD 和 PDM 系统,他们正在推动新一代技术转型升级,并为跨产品、设备和管理的持续改进奠定基础。

2. Siemens

西门子 PLM 工业套件是由一系列工业软件组合而成的产品研发数据协同解决方案,这一系列工业软件主要包括 Teamcenter(PDM、协同产品研发管理)、NX(CAD/CAE/CAM)、LMS(仿真与测试)、Tecnomatix(DM-数字化制造)。西门子 PLM 的主要功能模块包括:设计、文档管理、BOM 管理、流程、需求、服务、制造(工艺)、供应链、质量、成本、系统工程等。目前国内企业常用的主要功能模块以 Teamcenter 为支撑平台,实现文档管理、BOM 管理、流程以及制造(工艺)管理等。此外,日本松下公司过去的销售系统与住宅系统业务产品开发系统没有联系。产品信息,如图纸、物料清单(BOM)、规格和成本,在没有集成管理系统的情况下被分散。因此,当公司有规范或工程变更时,需要手动将数据从一个系统输入到另一个系统,耗时且容易发生错误。为解决上述问题,借助 Teamcenter 技术,迅速实现了集成的工程数据管理环境,通过管理多 CAD 数据并将 PDM 系统与关键任务销售配置系统相连接,提高了知识利用率、降低了总运营成本。

目前,遗憾的是通用工程数据库系统还不完善,大多都是根据企业需求定制。实践表明,以现有商用数据库为基础进行有针对性的增补修改,或利用大型 CAD/CAM 软件中数据管理模块与商用数据库结合,是当前实现工程数据库管理的有效途径。近年来,为适应远程多用户需要而发展起来的分布式数据库管理系统,为工程数据库管理系统的设计与应用提供了新的环境。另外,多媒体、面向对象等技术的发展使工程数据库管理更加完善。随着计算机技术和软件工程方法的发展,工程数据库技术必将更加完善、适用。

习　　题

2-1　数据结构的基本概念有哪些?

2-2　简要介绍数据库系统数据的管理方法。

2-3　比较常用逻辑结构和物理结构的类型和特点。

2-4　线性表的物理结构有几种类型? 它们在计算机中的存储方式有什么不同?

2-5　简述栈和队列这两种数据结构的概念及其特点。

2-6　什么是数据库系统的数据模型? 各种数据模型有哪些特点?

2-7　简述数据库系统在 CAD/CAM 系统中的地位和作用。

2-8　简述常用数据库类型及其特点。

第3章　计算机图形显示及建模技术

本章要点

本章对计算机图形显示的基本原理、基本图形元素的生成、图形的几何变换、图形真实感处理方法、几何建模方法、图形裁剪技术和图形消隐技术等基础知识做了较全面的介绍。重点介绍了图形变换的数学基础，表面建模，窗口-视区变换，二维、三维图形几何变换，二维、三维图形的裁剪，消隐算法中的基本检验方法和常用的消隐算法等。

3.1　计算机图形显示基本原理

计算机图形显示技术对计算机的发展和应用有着极大的推动作用。用彩色图示技术研制的彩色屏幕显示装置现已成为计算机系统人机联系的重要设备，其广泛应用于科研和生产之中。CAD/CAM系统中输出设备的作用主要是将计算机的数据、文件、图形、指令等显示、输出或者发送到相关的执行设备。本书简述计算机图形显示的基本原理。

图形显示系统主要包括显示器、显示处理单元(DPU)及被称为帧缓存的内存存储区。计算机将生成的图形或图像转化为位图像素值送入帧缓存，帧缓存中存储单元的排列与屏幕上像素位置一一对应。显示处理单元从帧缓存取出像素亮度值，将数字量转换为模拟量，用以控制显示生成强度，从而在显示器对应像素位置生成相应亮度的图像。

图3-1为一个简单的彩色光栅显示器的逻辑图，对应红(R)、绿(G)、蓝(B)三基色，有三个位面的帧缓存和三个电子枪。如果每种基色具有0和1两种状态，则显示屏幕上的像素点可以具有$2^3 = 8$种颜色。

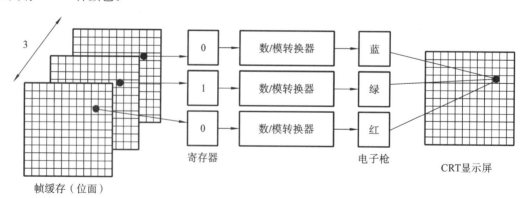

图3-1　简单彩色光栅显示器的逻辑图

显示器及其与显示卡的接口都采用模拟方式处理色彩，具有连续可调的色彩显示和传输能力。但主机与显示卡只能用数字方式来表示和处理色彩，如果要获得多层次的色彩就需要增加表示色彩的数据位数，这就需要大容量的显示存储器。

一般用24位和16位来定义每个像素点的颜色，当采用24位时，则各由三个8位寄存器记录红、绿、蓝三基色，可实现的色彩数目为 $2^{24}=166777216$。采用 24 位定义像素点颜色的模式通常称为真彩色工作模式，如图 3-2 所示。

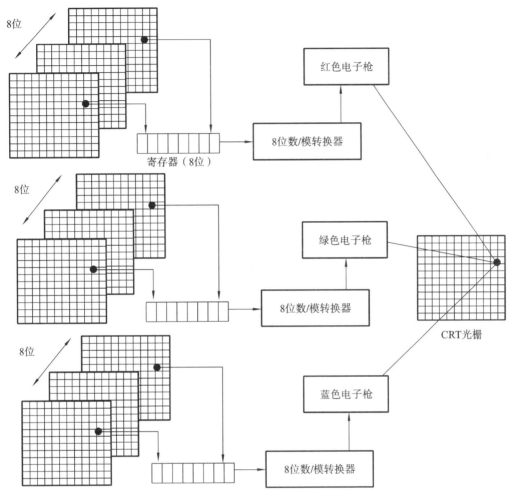

图 3-2 24 个位平面的彩色帧缓冲存储器

24 位真彩色模式已达到 CRT 色彩显示能力的极限，某些计算机图形系统中所谓 32 位色彩表示，实际仍然采用 24 位描述颜色，另外 8 位用来描述其他属性。

目前最普及的商用显示器从技术原理上分成两大类，分别是 LCD（liquid crystal display）和 OLED（organic light-emitting diode）。这两类显示器的显示原理都是基于三基色组合成像素点的光学原理，如图 3-3 所示，但 LCD 和 OLED 的组成最小发光单元的原理却有着本质的不同。

LCD 显示面板的结构如图 3-4 所示。LCD 面板的发光原理是：在显示面板最下方的一层背光板发射白光，光线透过显示面板的多层结构，照亮整

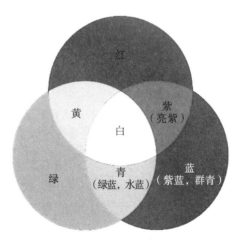

图 3-3 三基色示意图

个显示面板来实现发光。每一个物理像素点,由红、绿、蓝三个颜色的子像素组成,每一个子像素都是一个可以被单独控制的透光单元。子像素本身不带颜色,透过背光板发出来的白光,通过最外层红、绿、蓝三种颜色的涂层时,被白光照亮而显示颜色。在这个过程中,通过三个基色的子像素分别控制进光量,实现三基色不同亮度的组合,从而组合出特定颜色的像素点。

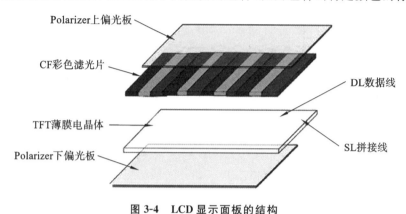

图 3-4 LCD 显示面板的结构

LCD 技术相对成熟,所以价格低廉是其一大优势。LCD 的主要作用是以电流刺激液晶分子产生点、线、面,配合背部灯管构成画面,所以它的体积相对较小,画面比较柔和,不伤眼。但其在过滤光的时候,不可能 100% 过滤掉,所以不能显示绝对的黑色,其显示的黑色看起来会有一些发灰。

OLED 的原理是在两电极之间存在有机发光层,正负极电子在此有机材料中相遇时就会发光,其结构比 LCD 简单,它不需要背光板,可以自身发光,这样可以省掉灯管的重量、体积及耗电量,所以可以做得更薄。由于它的自发光属性,在显示黑色时不用过滤光,只要不发光就可以了,所以它可以显示真正的黑色。也正是因为这一特点,OLED 的屏幕会更加省电,尤其是在黑夜模式下。因为它能显示真正的黑色,显示高亮的区域又是自发光,那么就使得其显示的对比度远远高于 LCD 显示的对比度。

OLED 可以做成柔性屏,尤其在可穿戴设备上,具有明显优势。但由于制作原料成本高、制作环境要求较高,因此 OLED 屏主要用作小屏。OLED 屏幕存在烧屏现象,其实质是OLED 显示屏不同部分老化不同步。屏幕如果长时间显示某个静止的图像画面,会造成OLED 显示屏的不同部分磨损程度不同,该影响是永久性的,无法消除。故 OLED 屏幕应经常更换屏幕壁纸,控制一下屏幕的亮度,以避免烧屏。

3.2 图形元素生成的基本原理

计算机图形学的实质就是通过计算机将数据转换为图形,并在计算机显示器上进行实时显示。计算机图形学已广泛运用在生产和生活的各个领域。以下对计算机图形学基础知识进行简单介绍。

3.2.1 图形元素生成的基本算法

1. 基本图形元素的生成

(1)线段的生成。在计算机图形设计中,最基本的也是遇到最多的图形是直线,平面上的矩形、正多边形等就是最典型的直线图形。从理论上说,不管什么样的曲线,在计算机图形系统中,都可以用一系列极短的线段组合来表示。

要在光栅扫描式图形显示器上显示图形,只要指定屏幕上与图形位置相对应的像素的明暗、颜色就可以了。因此,指定了两端点的像素及两端点之间的像素列的明暗和颜色,就能够在屏幕上画出一条线段。确定发光像素的算法有多种,如 DDA(digital differential analy-ser)法、Bresenham 法、逐点比较法等。这些算法一般都采用增量法,即产生 x 和 y 轴方向上"走步"的信号,确定发光像素点的地址。

(2)圆弧生成的算法主要有 DDA 法、逐点比较法、正负法等。

(3)区域填充是指在一个封闭区域内填充某种图案或颜色,其算法一般有简单递归填充算法和扫描线区域填充算法两种。

2. 自由曲线和曲面生成

自由曲线和曲面是指那些不能用简单的数学模型进行描述的线和面,通常需要通过离散数据采用插值法或曲线拟合法加以构造。完全通过或比较贴近给定点来构造曲线或曲面的方法,称之为曲线或曲面的拟合,求在曲线或曲面上给定点之间的点称为曲线或曲面插值。除此之外,还包括曲线或曲面的拼接、分解、过渡、光顺、整体修改和局部修改等。

3.2.2　图形的几何变换方法

计算机图形处理是 CAD/CAM 的重要组成部分。CAD/CAM 系统不仅要能用图元的集合构成复杂的静态图形,而且要通过三维的几何体来定义零件的空间模型,并能使这些模型进行旋转、缩小和放大等变换,以利于从某一最有利的角度去观察它,对它进行修改。软件的这些功能是基于图形变换的基本原理实现的。图形变换是计算机绘图和实体建模的基础内容之一。

1. 图形变换的数学基础

在学习计算机图形处理技术时,需要使用几种重要的数学方法,包括:线性代数、矢量、矩阵方法、行列式、集合论、多项式插值和数值逼近等。这里重点介绍齐次坐标和坐标系统。

1)齐次坐标

引入齐次坐标的目的是使图形的一些变换变得简便可行,特别是对于投影变换,齐次坐标很有用。

齐次坐标是指用 $n+1$ 个分量 $(hp_1, hp_2, \cdots, hp_n, h)$ 表示 n 维空间的位置矢量 $\boldsymbol{p}(p_1, p_2, \cdots, p_n)$,在齐次坐标中附加的分量 h 起附加坐标的作用。在三维情况下,用四个分量 (hx, hy, hz, h) 的矢量表示通常的位置矢量 (x, y, z)。普通坐标与齐次坐标的关系为

$$\begin{cases} x = hx/h \\ y = hy/h \\ z = hz/h \end{cases} \tag{3-1}$$

值得注意的是,一个点的齐次坐标的表示并不是唯一的。例如,在三维空间中,齐次坐标 $(12, 8, 4, 4)$、$(6, 4, 2, 2)$ 和 $(3, 2, 1, 1)$ 在普通笛卡儿空间表示同一点 $(3, 2, 1)$,为了计算方便,通常选取 $(x, y, z, 1)$ 表示点 (x, y, z),齐次坐标用 P_h 表示,笛卡儿坐标用 P 表示。

齐次坐标有以下几个突出的优点。

(1)可使任何数量连续的个别变换,统一为单一的矩阵。例如,平移变换要求矩阵相加,这在常规变换中是无法实现的。

(2) 提供了用矩阵运算把二维、三维甚至更高维空间中的一个点集从一个坐标系变换到另一坐标系的有效方法。例如,三维齐次坐标变换矩阵是一个 4×4 矩阵:

$$\boldsymbol{T}_h = \begin{bmatrix} a & b & c & d \\ d & e & f & g \\ h & i & j & k \\ l & m & n & s \end{bmatrix} \tag{3-2}$$

(3) 可以表示无穷远点。例如,在 $n+1$ 维中,$h=0$ 的齐次坐标实际上表示了一个 n 维的无穷远点。现以二维为例,当 $h \to 0$ 时,齐次坐标 (a,b,h) 表示了直线 $y=-(a/b)x$ 上的连续点 (x,y) 逐渐趋近于无穷远,但其斜率不变。

齐次坐标在计算机图形处理和 CAD/CAM 中有着广泛的应用。

2) 坐标系统

从定义一个零件的几何外形到在图形设备上生成图形,通常都需要建立相应的坐标系来描述,并通过坐标变换来实现图形的表达。在图形系统中,为描述物体的几何尺寸、图形的大小及位置,往往要引用下述坐标系统。

(1) 世界坐标系。

世界坐标系(world coordinate system,WCS)是在实物所处的空间(二维或三维空间)中,用以协助用户定义图形所表达的物体几何尺寸的坐标系,也称用户坐标系,多采用右手直角坐标系。图 3-5(a)是定义二维图形的直角坐标系,图 3-5(b)是定义三维图形的直角坐标系。理论上世界坐标系是无限大且连续的,即它的定义域为实数域 $(-\infty, +\infty)$。

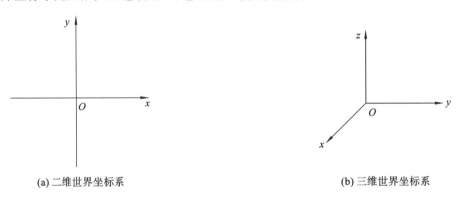

(a) 二维世界坐标系   (b) 三维世界坐标系

图 3-5 世界坐标系

(2) 设备坐标系。

设备坐标系(device coordinate system,DCS)是与图形输出设备相关联的,是定义图形几何尺寸位置的坐标系,也称物理坐标系。设备坐标系是二维平面坐标系,通常采用左手直角坐标系(见图 3-6)。它的度量单位是像素(显示器)或步长(绘图仪),例如显示器通常为 1024×768、1280×1024 像素,绘图仪的步长为 $1\ \mu m$、$10\ \mu m$ 等,可见设备坐标系的定义域是整数域,而且是有界的。

(3) 规格化设备坐标系。

规格化设备坐标系(normalization device coordinate system,NDCS)是与设备无关的坐标系,是人为规定的假想设备坐标系,其坐标轴方向及原点与设备坐标系的相同,但其最大工作范围的坐标值则规范化为 1。以屏幕坐标为例,其规格化设备坐标系的原点仍是左上角(或左下角),坐标为(0.0,0.0),距原点最远的屏幕右下角(或右上角)的坐标为(1.0,1.0)。对于给定的图形输出设备,其规格化设备坐标系与设备坐标系相差一个固定倍数,即相差该设备的分辨率。当开发应用不同分辨率设备的图形软件时,首先要将输出图形转换为规格化设备坐标系,以控制图形在设备显示范围内的相对位置。当转换到不同输出设备时,只需将图形的规格化坐标再乘以相应的设备分辨率即可。这样使图形软件与图形设备隔离开,增加了图形软件的可移植性。

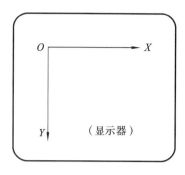

图 3-6　设备坐标系

(4) 局部坐标系。

局部坐标系(local coordinate system)又称模型坐标系(modeling coordinate system),也就是坐标系以物体的中心为坐标原点,物体的旋转、平移等操作都是围绕局部坐标系进行的,当物体模型进行旋转或平移等操作时,局部坐标系也执行相应的旋转或平移操作。

2. 窗口-视区变换

1) 用户域和窗口区

(1) 用户域。

用户域是指程序员用来定义草图的整个自然空间。人们所要描述的图形均在一自然空间中进行定义。用户域是一个实数域,如用 $R \otimes W$ 表示该实数域的集合,则用户域 $WD = R \otimes W$。理论上说自然空间是连续无限的。

(2) 窗口区。

在进行图形处理时,常常对整幅图形的某个部分表示关注,希望将这部分图形尽量清晰地显示出来。图形系统中往往采用"窗口"的方法把指定的局部图形正确地分离出来,即用户在所需要的图形区域部分选定一个观察框,这个观察框被称为窗口。然后,经过图形软件的图形变换和图形处理,窗口内的图形便在屏幕上显示出来。

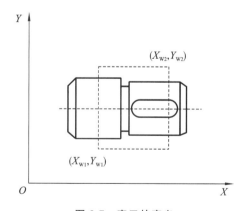

图 3-7　窗口的定义

如图 3-7 所示,通常将窗口定义为一个矩形框,它的位置和大小在用户坐标系中一般用矩形的左下角(X_{w1},Y_{w1})和右上角(X_{w2},Y_{w2})表示。在图形处理时,系统将矩形框内的图形认为是可见的,而矩形框外的图形是不可见的。通过改变窗口的大小和位置以控制图形的大小,用户可方便地观察到感兴趣的局部图形。除了矩形窗口之外,还可以定义圆形窗口、多边形窗口等异形窗口,不过矩形窗口定义方便,处理也较为简单,是人们常用的窗口形式。如果需要,窗口还可以嵌套,即在第一层窗口内再定义第二层窗口,在第 i 层窗口内定义第 $i+1$ 层窗口等。

2) 屏幕域和视图区

(1) 屏幕域。

屏幕域是设备输出图形的最大区域,是有限的整数域。如某图形显示器有 1024×1024 个可编地址的光点(也称像素(pixel)),则屏幕域 DC 可定义为

$$DC \in [0:1023] \times [0:1023]$$

（2）视区。

视区是在图形设备（如图形显示器）上定义的矩形区域，用于输出所要显示的图形和文字。若将窗口中的图形显示在屏幕视区范围内，则视区决定了窗口内的图形在屏幕上显示的位置和大小。

视区是一个有限的整数域，它小于或等于屏幕区域。如果在同一屏幕上定义多个视区，则可同时显示不同的图形信息，如在绘图时常将图形屏幕分为四个视区，其中三个视区用于显示零件的三视图，另一个用于显示零件的轴测图。

图 3-8　视区分区

在交互式图形系统中，通常把一个屏幕分成几个区，有的用作图形显示，有的作为菜单项选择，有的作为提示信息区，如图 3-8 所示。

3）窗口与视区的变换

一般而言，窗口与视区的大小和位置都不同，为了把所选定的窗口内的图形内容在希望的视区上显示出来，必须进行坐标变换。如图 3-9 所示，窗口与视区的变换可以归结为坐标点的变换，设窗口内某一点坐标为 (X_w, Y_w)，映射到视区内坐标为 (X_v, Y_v)，则它们之间的变换关系为

$$\begin{cases} X_V = X_{V1} + \dfrac{X_{V1} - X_{V2}}{X_{W1} - X_{W2}}(X_W - X_{W1}) \\ Y_V = Y_{V1} + \dfrac{Y_{V1} - Y_{V2}}{Y_{W1} - Y_{W2}}(Y_W - Y_{W1}) \end{cases} \tag{3-3}$$

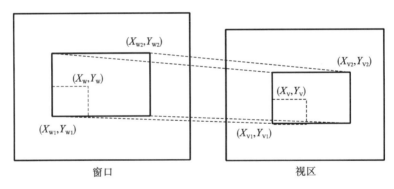

图 3-9　窗口与视区的变换

从上述变换关系可见：

①当视区大小不变，窗口缩小或放大时，则显示的图形会相反地放大或缩小；

②当窗口大小不变，视区缩小或放大时，则显示的图形会跟随缩小或放大；

③当窗口与视区大小相同时，则显示的图形大小比例不变；

④若视区纵横比不等于窗口的纵横比时，则显示的图形会有伸缩变化。

3．二维图形几何变换

1）二维图形的基本变换

（1）点的向量表示。

在进行工程设计时，需要用三视图、轴测图、透视图等把设计对象表示出来，有时还需要对图形进行旋转、平移、缩小、放大、投影、透视等变换。任何工程图形都可视为点的集合，这些变

换实质上是改变组成图形的各个点的坐标。

在二维空间里,点的坐标(x,y)可表示为行向量$[x\ \ y]$或列向量$[x\ \ y]^T$。同样,在三维空间里也可以用行向量$[x\ \ y\ \ z]$或列向量$[x\ \ y\ \ z]^T$表示点(x,y,z)。这些向量统称为点的位置向量。二维图形或三维实体可以用点的集合(简称点集)来表示,每个点对应一个行向量,则点集为$n\times2$或$n\times3$阶的矩阵如下。

$$\begin{bmatrix} x_1 & y_1 \\ x_2 & y_2 \\ \vdots & \vdots \\ x_n & y_n \end{bmatrix} \quad 或 \quad \begin{bmatrix} x_1 & y_1 & z_1 \\ x_2 & y_2 & z_2 \\ \vdots & \vdots & \vdots \\ x_n & y_n & z_n \end{bmatrix}$$

如图 3-10 所示的四边形 $abcd$ 用矩阵表示为

$$\begin{bmatrix} x_1 & y_1 \\ x_2 & y_2 \\ x_3 & y_3 \\ x_4 & y_4 \end{bmatrix} = \begin{bmatrix} 1 & 1 \\ 3 & 1 \\ 3 & 2 \\ 1 & 2 \end{bmatrix}$$

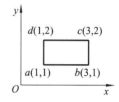

图 3-10　点的向量表示

这样便建立了二维图形或三维实体的数学模型。在计算机内,表示点的坐标位置的矩阵都是用数组形式定义和存储的。

(2) 点的齐次坐标表示。

齐次坐标是将一个 n 维空间的点用 $n+1$ 维坐标,即附加一个坐标来表示。在普通坐标与齐次坐标的关系式(3-1)中,由于 h 的取值是任意的,任何一个点可用许多组齐次坐标来表示,如二维点$(3,2)$可表示为$(3,2,1)$、$(6,4,2)$、$(9,6,3)$等。当取 $h=1$ 时,点的表示方法称为齐次坐标的规格化形式。图 3-10 所示四边形 $abcd$ 用齐次坐标可表示为

$$\begin{bmatrix} x_1 & y_1 & 1 \\ x_2 & y_2 & 1 \\ x_3 & y_3 & 1 \\ x_4 & y_4 & 1 \end{bmatrix} = \begin{bmatrix} 1 & 1 & 1 \\ 3 & 1 & 1 \\ 3 & 2 & 1 \\ 1 & 2 & 1 \end{bmatrix}$$

2) 变换矩阵

设一个几何图形的齐次坐标矩阵为 A,另有一个矩阵为 T,如有矩阵 $B=A\cdot T$,则矩阵 B 是矩阵 A 经变换后的图形坐标矩阵,矩阵 T 被称为变换矩阵,它是用来对原图形实行坐标变换的工具。根据矩阵运算原理可知,二维图形变换矩阵 T 为 3×3 阶矩阵,而三维图形变换矩阵 T 为 4×4 阶矩阵。通过这种矩阵的乘法可以对图形进行诸如比例、对称、旋转、平移、投影等各种变换。

3) 二维图形的几何变换

二维图形的几何变换主要有比例变换、对称变换、旋转变换、错切变换、平移变换等。无论进行哪种变换,齐次变换矩阵都可以统一表示为

$$\boldsymbol{T} = \begin{bmatrix} a & b & \vdots & p \\ c & d & \vdots & q \\ l & m & \vdots & s \end{bmatrix} \tag{3-4}$$

T 是 3×3 阶齐次矩阵,其各元素取值不同时,可实现不同的图形变换。其中:左上角的 4 个元素$(a、b、c、d)$实现比例变换、对称变换、旋转变换、错切变换等;右上角的 2 个元素$(p、q)$实现透视变换;左下角的 2 个元素$(l、m)$实现平移变换;右下角的 1 个元素(s)实现全图的等比例

变换,当 $s>1$ 时,图形等比例缩小,当 $0<s<1$ 时,图形等比例放大,当 $s=1$,图形大小保持不变。下面介绍这些变换的基本过程。

（1）比例变换。

图形中的每一个点以坐标原点为中心,按相同的比例进行放大或者缩小所得到的变换称为比例变换。设图形在 x、y 两个坐标方向放大或缩小的比例分别为 a 和 d（见图 3-11）,则各个坐标点的比例变换为

$$[x'\ \ y'\ \ 1] = [x\ \ y\ \ 1]\begin{bmatrix} a & 0 & 0 \\ 0 & d & 0 \\ 0 & 0 & 1 \end{bmatrix} = [ax\ \ dy\ \ 1] \tag{3-5}$$

①若 $a=d=1$,$[x'\ \ y'\ \ 1]=[x\ \ y\ \ 1]$,即变换后图形的坐标与原来的坐标相等。这是比例变换中的特殊变换,称为恒等变换,如 3-11(a)所示。

②若 $a=d\neq1$,图形将在 x、y 方向以相同的比例放大（$a=d>1$）或缩小（$a=d<1$）,称为等比例变换,如图 3-11(b)所示。

③若 $a\neq d$,图形将在 x、y 方向以不同的比例变换,称为畸变,如图 3-11(c)所示。

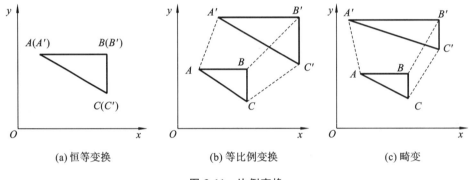

　　(a) 恒等变换　　　　　　　　(b) 等比例变换　　　　　　　　(c) 畸变

图 3-11　比例变换

（2）对称变换。

对称变换也称反射变换,即变换前后,点对称于 x 轴、y 轴、某一直线或点。其变换矩阵为

$$[x'\ \ y'\ \ 1] = [x\ \ y\ \ 1]\begin{bmatrix} a & b & 0 \\ c & d & 0 \\ 0 & 0 & 1 \end{bmatrix} = [ax+cy\ \ bx+dy\ \ 1] \tag{3-6}$$

①当 $b=c=0$,$a=1$,$d=-1$ 时,有$[x'\ \ y'\ \ 1]=[x\ \ -y\ \ 1]$,产生与 x 轴对称的图形,如图 3-12(a)所示。

②当 $b=c=0$,$a=-1$,$d=1$ 时,有$[x'\ \ y'\ \ 1]=[-x\ \ y\ \ 1]$,产生与 y 轴对称的图形,如图 3-12(b)所示。

③当 $b=c=0$,$a=d=-1$ 时,有$[x'\ \ y'\ \ 1]=[-x\ \ -y\ \ 1]$,产生与原点对称的图形,如图 3-12(c)所示。

④当 $b=c=1$,$a=d=0$ 时,有$[x'\ \ y'\ \ 1]=[y\ \ x\ \ 1]$,产生与$+45°$线（即直线 $y=x$）对称的图形,如图 3-12(d)所示。

⑤当 $b=c=-1$,$a=d=0$ 时,有$[x'\ \ y'\ \ 1]=[-y\ \ -x\ \ 1]$,产生与$-45°$线（即直线 $y=-x$）对称的图形,如图 3-12(e)所示。

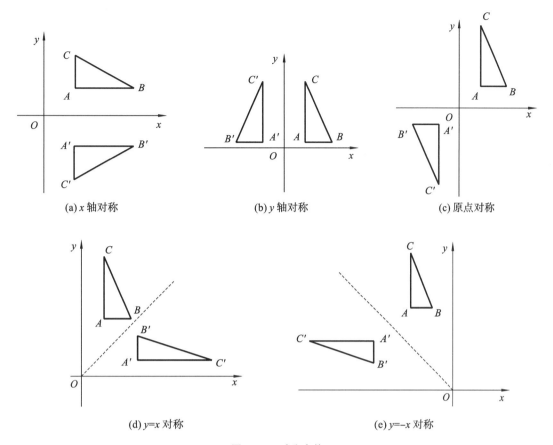

(a) x 轴对称　　　　　　　　(b) y 轴对称　　　　　　　　(c) 原点对称

(d) $y=x$ 对称　　　　　　　　　　　　　　(e) $y=-x$ 对称

图 3-12　对称变换

（3）旋转变换。

旋转变换指图形绕坐标原点旋转 θ 角的变换,逆时针为正,顺时针为负,如图 3-13 所示。则图形对坐标原点的旋转变换可表示为

$$[x' \quad y' \quad 1] \begin{bmatrix} \cos\theta & \sin\theta & 0 \\ -\sin\theta & \cos\theta & 0 \\ 0 & 0 & 1 \end{bmatrix} = [x\cos\theta - y\sin\theta \quad x\sin\theta + y\cos\theta \quad 1] \tag{3-7}$$

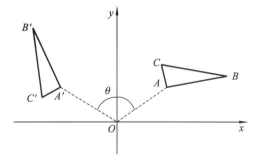

图 3-13　旋转变换

（4）错切变换。

图形的每一个点在某一个方向上的坐标保持不变,而在另一坐标方向上进行线性变换,或

在两个坐标方向上都进行线性变换,这种变换称为错切变换。图形的错切变换可表示为

$$[x' \quad y' \quad 1] = [x \quad y \quad 1]\begin{bmatrix} 1 & b & 0 \\ c & 1 & 0 \\ 0 & 0 & 1 \end{bmatrix} = [x+cy \quad bx+y \quad 1] \tag{3-8}$$

式中:c、b分别为x、y坐标的错切系数;

cy、bx分别为x坐标、y坐标的错切位移量。

①当$b=0$和$c \neq 0$时,$[x' \quad y' \quad 1] = [x+cy \quad y \quad 1]$,此时图形的$y$坐标不变。若$c>0$,图形沿$+x$方向作错切位移,如图3-14(a)所示;若$c<0$,图形沿$-x$方向作错切位移,如图3-14(b)所示。

②当$c=0$和$b \neq 0$时,$[x' \quad y' \quad 1] = [x \quad bx+y \quad 1]$,此时图形的$x$坐标不变。若$b>0$,图形沿$+y$方向作错切位移,如图3-14(c)所示;若$b<0$,图形沿$-y$方向作错切位移,如图3-14(d)所示。

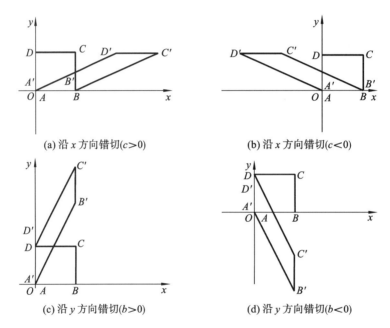

图 3-14 错切变换

(5) 平移变换。

图形的每一个点在给定的方向上移动相同的距离所得的变换称为平移变换。如图3-15所示,图形在x轴方向的平移量为l,在y轴上的平移量为m,则坐标点的平移变换为

$$[x' \quad y' \quad 1] = [x \quad y \quad 1]\begin{bmatrix} 1 & 0 & 0 \\ 0 & 1 & 0 \\ l & m & 1 \end{bmatrix} = [x+l \quad y+m \quad 1] \tag{3-9}$$

4) 二维图形的组合变换

上述图形变换都是相对于坐标轴或坐标原点的基本变换,而CAD/CAM系统所要完成的图形变换要复杂得多。工程应用中的图形变换通常是多种多样的,如要求图形绕任意坐标点(非坐标原点)旋转、图形对任意直线(直线不通过坐标原点)做对称变换等。在许多情况下,仅

用前面介绍的基本变换是不能实现的,而必须采用
两种或两种以上的基本变换组合起来才能实现,称
之为组合变换,即将一个复杂的变换,分解为几个基
本变换,给出各个基本变换矩阵,然后将这些基本变
换矩阵按照分解顺序相乘得到相应的变换矩阵,称
之为组合变换矩阵。不管多么复杂的变换,都可以
分解为多个基本变换的组合来完成。下面通过一个
具体实例来说明。

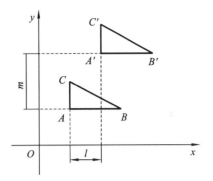

图 3-15　平移变换

　　设有平面△abc,如图 3-16 所示。△abc 的三个
顶点的坐标分别为 $a(6,4)$,$b(9,4)$,$c(6,6)$。欲将
△abc 绕 $A(5,3)$ 点逆时针旋转 $\alpha=90°$,变换可理解为三个基本变换的组合。

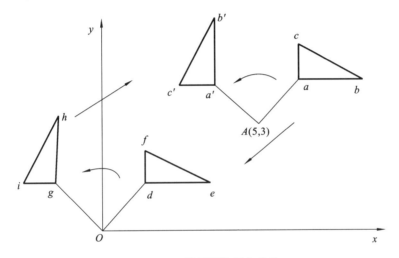

图 3-16　二维图形的组合变换

　　(1) 将三角形连同旋转中心点 A 一起平移,使点 A 与坐标原点重合。这步变换实际就是
将三角形沿 x 轴负方向平移 $l=5$,沿 y 轴负方向平移 $m=3$。其变换矩阵可写为

$$\boldsymbol{T}_1 = \begin{bmatrix} 1 & 0 & 0 \\ 0 & 1 & 0 \\ -l & -m & 1 \end{bmatrix}$$

　　(2) 按要求将三角形旋转 $\alpha=90°$。显然此变换是图形旋转的基本变换,变换矩阵可写

$$\boldsymbol{T}_2 = \begin{bmatrix} \cos\alpha & \sin\alpha & 0 \\ -\sin\alpha & \cos\alpha & 0 \\ 0 & 0 & 1 \end{bmatrix}$$

　　(3) 将旋转后的三角形连同旋转中心一起向回平移,使点 A 回到初始位置。变换矩阵可
写为

$$\boldsymbol{T}_3 = \begin{bmatrix} 1 & 0 & 0 \\ 0 & 1 & 0 \\ l & m & 1 \end{bmatrix}$$

　　(4) 三步基本变换的综合效果是△abc 绕点 A 逆时针旋转了一个角度(见图 3-16)。其组

合变换矩阵为

$$\boldsymbol{T} = \boldsymbol{T}_1 \cdot \boldsymbol{T}_2 \cdot \boldsymbol{T}_3 = \begin{bmatrix} \cos\alpha & \sin\alpha & 0 \\ -\sin\alpha & \cos\alpha & 0 \\ -l\cos\alpha+m\sin\alpha+l & -l\sin\alpha-m\cos\alpha+m & 1 \end{bmatrix} \quad (3\text{-}10)$$

$\triangle abc$ 通过 $\boldsymbol{T}$ 的组合变换，到了 $\triangle a'b'c'$ 的位置，即

$$\begin{bmatrix} x'_a & y'_a & 1 \\ x'_b & y'_b & 1 \\ x'_c & y'_c & 1 \end{bmatrix} = \begin{bmatrix} x_a & y_a & 1 \\ x_b & y_b & 1 \\ x_c & y_c & 1 \end{bmatrix} \cdot \boldsymbol{T}$$

将 $l=5, m=3, \alpha=90°$ 代入组合变换矩阵 $\boldsymbol{T}$，连同 $\triangle abc$ 的顶点坐标代入上式，得

$$\begin{bmatrix} x'_a & y'_a & 1 \\ x'_b & y'_b & 1 \\ x'_c & y'_c & 1 \end{bmatrix} = \begin{bmatrix} 6 & 4 & 1 \\ 9 & 4 & 1 \\ 6 & 6 & 1 \end{bmatrix} \cdot \boldsymbol{T} = \begin{bmatrix} 4 & 4 & 1 \\ 4 & 7 & 1 \\ 2 & 4 & 1 \end{bmatrix}$$

从而求得变换后 $\triangle a'b'c'$ 分顶点坐标为

$$a'(4,4), \quad b'(4,7), \quad c'(2,4)$$

由此可见，复杂的变换是通过基本变换的组合完成的。由于矩阵乘法运算中不能应用交换律，即 $\boldsymbol{A} \cdot \boldsymbol{B} \neq \boldsymbol{B} \cdot \boldsymbol{A}$，因此，组合变换的顺序一般不能颠倒，顺序不同则变换结果不同，读者可通过图 3-17 的两种变换情况体会其中的差别。

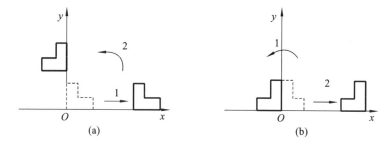

图 3-17　组合变换不同顺序的变换结果比较

4. 三维图形几何变换

1）三维图形变换矩阵

三维图形的几何变换是二维图形几何变换的扩展。在进行二维图形的几何变换时，应用二维空间点的三维齐次坐标及其相应的变换矩阵。同样，在进行三维图形的几何变换时，可用四维齐次坐标 $(x,y,z,1)$ 来表示三维空间点 $(x,y,)$，其变换矩阵 $\boldsymbol{T}$ 为 4×4 阶方阵，通过变换得到新的齐次坐标点，即：

$$[x' \quad y' \quad z' \quad 1] = [x \quad y \quad z \quad 1] \cdot \boldsymbol{T} \quad (3\text{-}11)$$

三维图形变换矩阵为

$$\boldsymbol{T} = \left[\begin{array}{ccc:c} a & b & c & p \\ d & e & f & q \\ h & i & j & r \\ \hdashline l & m & n & s \end{array} \right]$$

从上式可以看出，三维基本变换矩阵 $\boldsymbol{T}$ 可以分成四块，即四个子矩阵。每个子矩阵对图

形的变换作用如下：

$\begin{bmatrix} a & b & c \\ d & e & f \\ h & i & j \end{bmatrix}$ 可对图形进行比例、对称、错切、旋转等基本变换；

$\begin{bmatrix} l & m & n \end{bmatrix}$ 可对图形进行平移变换；

$\begin{bmatrix} p \\ q \\ r \end{bmatrix}$ 可对图形进行透视变换；

$\begin{bmatrix} s \end{bmatrix}$ 可对图形进行全比例变换。

2）三维图形的基本变换

（1）比例变换。

空间立体顶点的坐标按规定比例放大或缩小的变换称为三维比例变换。变换矩阵 T 主对角线上的元素 a、e、j、s 使图形产生比例变换。

①令 T 中非主对角线元素为 0，$s=1$，则变换矩阵为

$$T_s = \begin{bmatrix} a & 0 & 0 & 0 \\ 0 & e & 0 & 0 \\ 0 & 0 & j & 0 \\ 0 & 0 & 0 & 1 \end{bmatrix}$$

变换后点的坐标为

$$\begin{aligned} \begin{bmatrix} x' & y' & z' & 1 \end{bmatrix} &= \begin{bmatrix} x & y & z & 1 \end{bmatrix} \cdot T_s \\ &= \begin{bmatrix} x & y & z & 1 \end{bmatrix} \begin{bmatrix} a & 0 & 0 & 0 \\ 0 & e & 0 & 0 \\ 0 & 0 & j & 0 \\ 0 & 0 & 0 & 1 \end{bmatrix} = \begin{bmatrix} ax & ey & jz & 1 \end{bmatrix} \end{aligned} \tag{3-12}$$

式中：a、e、j 分别为沿 x、y、z 坐标方向的比例因子。当 $a=e=j>1$ 时图形将等比例放大；当 $a=e=j<1$ 时图形将等比例缩小。

②令 T 中主对角元素 $a=e=j=1$，非主对角元素为 0，则变换矩阵为

$$T_s = \begin{bmatrix} 1 & 0 & 0 & 0 \\ 0 & 1 & 0 & 0 \\ 0 & 0 & 1 & 0 \\ 0 & 0 & 0 & s \end{bmatrix}$$

变换后点的坐标为

$$\begin{aligned} \begin{bmatrix} x' & y' & z' & 1 \end{bmatrix} &= \begin{bmatrix} x & y & z & 1 \end{bmatrix} \cdot T_s = \begin{bmatrix} x & y & z & 1 \end{bmatrix} \begin{bmatrix} 1 & 0 & 0 & 0 \\ 0 & 1 & 0 & 0 \\ 0 & 0 & 1 & 0 \\ 0 & 0 & 0 & s \end{bmatrix} \\ &= \begin{bmatrix} x & y & z & s \end{bmatrix} = \begin{bmatrix} \dfrac{x}{s} & \dfrac{y}{s} & \dfrac{z}{s} & 1 \end{bmatrix} \end{aligned}$$

由此可见,元素 s 可使整个图形按相同的比例放大或缩小。当 $s>1$ 时图形将等比例缩小;当 $0<s<1$ 时图形等比例放大。

(2) 对称变换。

三维对称变换包括对原点、坐标轴和坐标平面的对称变换,在此仅讨论常用的对坐标平面的对称变换。

①对 xOy 平面的对称变换。

令 $\boldsymbol{T}$ 中非主对角线元素为 $0,a=1,e=1,j=-1,s=1$,则变换矩阵为

$$\boldsymbol{T}_{\mathrm{m},xOy}=\begin{bmatrix}1&0&0&0\\0&1&0&0\\0&0&-1&0\\0&0&0&1\end{bmatrix}$$

变换后点的坐标为

$$\begin{aligned}\begin{bmatrix}x'&y'&z'&1\end{bmatrix}&=\begin{bmatrix}x&y&z&1\end{bmatrix}\cdot\boldsymbol{T}_{\mathrm{m},xOy}\\&=\begin{bmatrix}x&y&z&1\end{bmatrix}\begin{bmatrix}1&0&0&0\\0&1&0&0\\0&0&-1&0\\0&0&0&1\end{bmatrix}\\&=\begin{bmatrix}x&y&-z&1\end{bmatrix}\end{aligned}\tag{3-13}$$

②对 xOz 平面的对称变换。

令 $\boldsymbol{T}$ 中非主对角线元素为 $0,a=1,e=-1,j=1,s=1$,则变换矩阵为

$$\boldsymbol{T}_{\mathrm{m},xOz}=\begin{bmatrix}1&0&0&0\\0&-1&0&0\\0&0&1&0\\0&0&0&1\end{bmatrix}$$

变换后点的坐标为

$$\begin{aligned}\begin{bmatrix}x'&y'&z'&1\end{bmatrix}&=\begin{bmatrix}x&y&z&1\end{bmatrix}\cdot\boldsymbol{T}_{\mathrm{m},xOz}\\&=\begin{bmatrix}x&y&z&1\end{bmatrix}\begin{bmatrix}1&0&0&0\\0&-1&0&0\\0&0&1&0\\0&0&0&1\end{bmatrix}\\&=\begin{bmatrix}x&-y&z&1\end{bmatrix}\end{aligned}\tag{3-14}$$

③对 yOz 平面的对称变换。

令 $\boldsymbol{T}$ 中非主对角线元素为 $0,a=-1,e=1,j=1,s=1$,则变换矩阵为

$$\boldsymbol{T}_{\mathrm{m},yOz}=\begin{bmatrix}-1&0&0&0\\0&1&0&0\\0&0&1&0\\0&0&0&1\end{bmatrix}$$

变换后点的坐标为

$$[x' \quad y' \quad z' \quad 1] = [x \quad y \quad z \quad 1] \cdot \boldsymbol{T}_{m,yOz}$$

$$= [x \quad y \quad z \quad 1] \begin{bmatrix} -1 & 0 & 0 & 0 \\ 0 & 1 & 0 & 0 \\ 0 & 0 & 1 & 0 \\ 0 & 0 & 0 & 1 \end{bmatrix} \quad (3\text{-}15)$$

$$= [-x \quad y \quad z \quad 1]$$

（3）错切变换。

错切变换是指空间立体沿 x、y、z 坐标方向都产生错切变形的变换。错切变形是画轴测图的基础，其变换矩阵为

$$\boldsymbol{T}_{sh} = \begin{bmatrix} 1 & b & c & 0 \\ d & 1 & f & 0 \\ h & i & 1 & 0 \\ 0 & 0 & 0 & 1 \end{bmatrix}$$

变换后点的坐标为

$$[x' \quad y' \quad z' \quad 1] = [x \quad y \quad z \quad 1] \cdot T_{sh} = [x \quad y \quad z \quad 1] \begin{bmatrix} 1 & b & c & 0 \\ d & 1 & f & 0 \\ h & i & 1 & 0 \\ 0 & 0 & 0 & 1 \end{bmatrix} \quad (3\text{-}16)$$

$$= [x+dy+hz \quad bx+y+iz \quad cx+fy+z \quad 1]$$

式中：d、h 为沿 x 方向的错切系数；

b、i 为沿 y 方向的错切系数；

c、f 为沿 z 方向的错切系数。由变换结果可以看出，任何一个坐标方向的变化均受另外两个坐标方向变化的影响。

（4）平移变换。

平移变换是使立体在三维空间移动位置而形状保持不变的变换，其变换矩阵为

$$\boldsymbol{T}_t = \begin{bmatrix} 1 & 0 & 0 & 0 \\ 0 & 1 & 0 & 0 \\ 0 & 0 & 1 & 0 \\ l & m & n & 1 \end{bmatrix}$$

变换后点的坐标为

$$[x' \quad y' \quad z' \quad 1] = [x \quad y \quad z \quad 1] \cdot \boldsymbol{T}_t = [x \quad y \quad z \quad 1] \begin{bmatrix} 1 & 0 & 0 & 0 \\ 0 & 1 & 0 & 0 \\ 0 & 0 & 1 & 0 \\ l & m & n & 1 \end{bmatrix} \quad (3\text{-}17)$$

$$= [x+l \quad y+m \quad z+n \quad 1]$$

式中：l、m、n 分别为沿 x、y、z 坐标方向上的平移量。

（5）旋转变换。

三维旋转变换是将空间立体绕坐标轴旋转角度 θ 的变换。θ 角的正负按右手定则确定：

右手大拇指指向旋转轴的正向,其余四个手指的指向即为 θ 角的正向。

①绕 x 轴旋转 θ 角。

空间立体绕 x 轴旋转 θ 角后,各顶点的 x 坐标不变,只是 y 和 z 坐标发生变化。其变换矩阵为

$$\boldsymbol{T}_{\text{rx}} = \begin{bmatrix} 1 & 0 & 0 & 0 \\ 0 & \cos\theta & \sin\theta & 0 \\ 0 & -\sin\theta & \cos\theta & 0 \\ 0 & 0 & 0 & 1 \end{bmatrix}$$

②绕 y 轴旋转 θ 角。

空间立体绕 y 轴旋转 θ 角后,各顶点的 y 坐标不变,只是 x 和 z 坐标发生变化。其变换矩阵为

$$\boldsymbol{T}_{\text{ry}} = \begin{bmatrix} \cos\theta & 0 & -\sin\theta & 0 \\ 0 & 1 & 0 & 0 \\ \sin\theta & 0 & \cos\theta & 0 \\ 0 & 0 & 0 & 1 \end{bmatrix}$$

③绕 z 轴旋转 θ 角。

空间立体绕 z 轴旋转 θ 角后,各顶点的 z 坐标不变,只是 x 和 y 坐标发生变化。其变换矩阵为

$$\boldsymbol{T}_{\text{rz}} = \begin{bmatrix} \cos\theta & \sin\theta & 0 & 0 \\ -\sin\theta & \cos\theta & 0 & 0 \\ 0 & 0 & 1 & 0 \\ 0 & 0 & 0 & 1 \end{bmatrix}$$

5. 投影变换

在工程设计中,产品的几何模型通常是用三面投影图来描述的,即用二维图形表达三维物体。可以说投影是产生三维立体的二维图形表示的变换。投影变换是各类变换中最重要的一种。投影就是把 n 维坐标系中的点变成小于 n 维坐标系的点。各种形式的平面投影分类如图 3-18 所示。

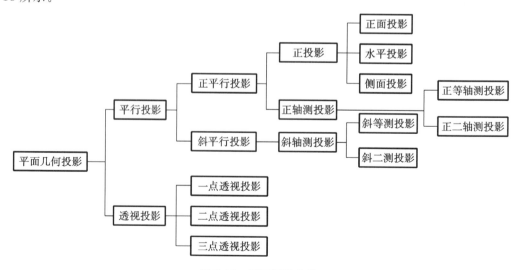

图 3-18　平面投影分类

下面介绍几个有关的术语。

①平面几何投影:投影面是平面,投影线是直线,对于直线段,只对其端点作投影变换。

②投影线:物体发出的光线与投影中心的连线。

③投影中心:投影线的会聚点。

④投影图:通过形体每一点的投影线与投影面相交,依次连接这些交点就形成了该形体在投影面上的投影图。

根据投影中心与投影平面之间距离的不同,平面投影又可以分为平行投影和透视投影两类。

⑤平行投影:投影中心与投影面之间的距离是无限的(见图 3-19)。

⑥透视投影:投影中心与投影面之间的距离是有限的(见图 3-20)。

在图 3-19 和图 3-20 中,AB 表示形体,$A'B'$ 是 AB 在投影面上的投影。

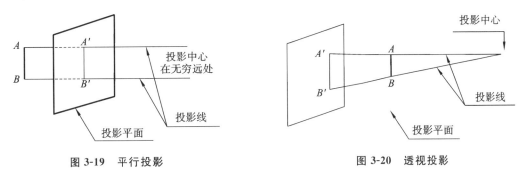

图 3-19　平行投影　　　　　　　　　　图 3-20　透视投影

1) 平行投影

根据投影方向是否垂直于投影面,又可以把平行投影分为正平行投影和斜平行投影。

(1) 正平行投影。

投影方向垂直于投影面的一类投影称为正平行投影,简称正投影。点在投影面上的正投影求法相当简单。例如,考虑空间任一点 P 对任意面的正投影,如图 3-21 所示。通过点 P 画一条垂直于平面的直线,该直线与平面的交点就是点 P 在平面的投影 P'。

至于求点 P 在三个坐标平面中任意一个面的正投影,只需令点 P 与投影面相应的坐标等于 0 就可以了。例如点 $(3,6,9)$ 在 $z=0$ 平面上的投影是 $(3,6,0)$,而在 $x=0$ 和 $y=0$ 平面上的投影分别是 $(0,6,9)$ 和 $(3,0,9)$。

正投影由于可测量形体棱边的距离、角度,能反映实形,可度量性好,因此在工程制图中得到广泛应用。

通常我们把正投影图称为视图。考虑三视图的形成,在空间设置三个互相垂直的投影面。正面的投影面用 V 表示,水平的投影面用 H 表示,侧面的投影面用 W 表示。三个投影面的三条交线分别为 x 轴、y 轴和 z 轴,它们构成了右手坐标系,如图 3-22 所示。

将物体置于三个投影面之间(见图 3-22),从不同方向向三个投影面投影便得三个视图。正面 V 上的投影称为主视图,水平面 H 上的投影称为俯视图,侧面 W 上的投影称为左视图。

(2) 正平行投影的视图。

①主视图。

主视图又称正立面图、正视图、前视图和立视图。主视图的投影线平行于 y 轴,xz 平面上

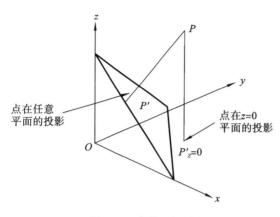

图 3-21 点的正投影

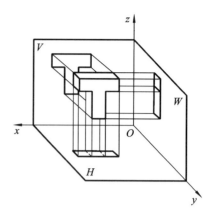

图 3-22 三面投影体系

的 y 坐标为 0,因此,主视图的投影变换矩阵为

$$T_V = \begin{bmatrix} 1 & 0 & 0 & 0 \\ 0 & 0 & 0 & 0 \\ 0 & 0 & 1 & 0 \\ 0 & 0 & 0 & 1 \end{bmatrix}$$

三维形体上的点经主视图投影变换后为

$$[x' \quad y' \quad z' \quad 1] = [x \quad y \quad z \quad 1] \cdot T_V = [x \quad 0 \quad z \quad 1] \tag{3-18}$$

②俯视图。

俯视图又称平面图。俯视图的投影线平行于 z 轴,xy 平面上的 z 坐标为 0。为使俯视图与主视图同画在 xz 平面上,并与主视图有一距离 d,需先绕 x 轴旋转 $-90°$,再沿 $-z$ 方向平移 d,得到俯视图的变换矩阵为

$$T_H = \begin{bmatrix} 1 & 0 & 0 & 0 \\ 0 & 1 & 0 & 0 \\ 0 & 0 & 0 & 0 \\ 0 & 0 & 0 & 1 \end{bmatrix} \begin{bmatrix} 1 & 0 & 0 & 0 \\ 0 & \cos\left(-\dfrac{\pi}{2}\right) & \sin\left(-\dfrac{\pi}{2}\right) & 0 \\ 0 & -\sin\left(-\dfrac{\pi}{2}\right) & \cos\left(-\dfrac{\pi}{2}\right) & 0 \\ 0 & 0 & 0 & 1 \end{bmatrix} \begin{bmatrix} 1 & 0 & 0 & 0 \\ 0 & 1 & 0 & 0 \\ 0 & 0 & 1 & 0 \\ 0 & 0 & -d & 1 \end{bmatrix}$$

$$= \begin{bmatrix} 1 & 0 & 0 & 0 \\ 0 & 0 & -1 & 0 \\ 0 & 0 & 0 & 0 \\ 0 & 0 & -d & 1 \end{bmatrix}$$

三维形体上的点经俯视图投影变换后为

$$[x' \quad y' \quad z' \quad 1] = [x \quad y \quad z \quad 1] \cdot T_H = [x \quad 0 \quad -y-d \quad 1] \tag{3-19}$$

③左视图。

左视图又称左侧立面图、侧视图。左视图投影线平行于 x 轴,yz 平面上的 x 坐标为 0。为使左视图与主视图同画在 xz 平面上,并与主视图有一距离 l,需先绕 z 轴旋转 $+90°$,再沿 $-x$ 方向平移 l,得到左视图的变换矩阵为

$$T_W = \begin{bmatrix} 1 & 0 & 0 & 0 \\ 0 & 1 & 0 & 0 \\ 0 & 0 & 0 & 0 \\ 0 & 0 & 0 & 1 \end{bmatrix} \begin{bmatrix} \cos\left(\dfrac{\pi}{2}\right) & \sin\left(\dfrac{\pi}{2}\right) & 0 & 0 \\ -\sin\left(\dfrac{\pi}{2}\right) & \cos\left(\dfrac{\pi}{2}\right) & 0 & 0 \\ 0 & & 0 & 1 & 0 \\ 0 & 0 & 0 & 1 \end{bmatrix} \begin{bmatrix} 1 & 0 & 0 & 0 \\ 0 & 1 & 0 & 0 \\ 0 & 0 & 1 & 0 \\ -l & 0 & 0 & 1 \end{bmatrix} = \begin{bmatrix} 0 & 0 & 0 & 0 \\ -1 & 0 & 0 & 0 \\ 0 & 0 & 1 & 0 \\ -l & 0 & 0 & 1 \end{bmatrix}$$

三维形体上的点经主视图投影变换后为

$$[x' \quad y' \quad z' \quad 1] = [x \quad y \quad z \quad 1] \cdot T_H = [-y-l \quad 0 \quad z \quad 1] \tag{3-20}$$

以上推导的三视图变换矩阵是与机械制图的坐标系设定一致的,但无论显示屏还是绘图仪的台面都定义为 xy 平面,因此要在计算机上实现三视图的绘制,要把 V 面设置为 xy 平面,这是很容易做到的,不再赘述。

2)轴测投影

CAD/CAM 系统中所涉及的对象大多数是三维的,因此讨论三维图形的组合变换更具有工程意义。工程实践中应用比较普遍的组合变换是轴测变换,许多 CAD/CAM 系统都支持轴测图显示。

(1)轴测投影变换。

轴测投影变换是一种约定的组合变换,它是由依次绕两个坐标轴旋转,再向一个平面投影共三个基本变换组合实现的。例如先绕 y 轴旋转 ϕ 角,再绕 x 轴旋转 θ 角,最后向 $z=0$ 的平面投影,其组合变换矩阵为

$$T = \begin{bmatrix} \cos\phi & 0 & -\sin\phi & 0 \\ 0 & 1 & 0 & 0 \\ \sin\phi & 0 & \cos\phi & 0 \\ 0 & 0 & 0 & 1 \end{bmatrix} \begin{bmatrix} 1 & 0 & 0 & 0 \\ 0 & \cos\theta & \sin\theta & 0 \\ 0 & -\sin\theta & \cos\theta & 0 \\ 0 & 0 & 0 & 1 \end{bmatrix} \begin{bmatrix} 1 & 0 & 0 & 0 \\ 0 & 1 & 0 & 0 \\ 0 & 0 & 0 & 0 \\ 0 & 0 & 0 & 1 \end{bmatrix}$$

$$= \begin{bmatrix} \cos\phi & \sin\phi\sin\theta & 0 & 0 \\ 0 & \cos\theta & 0 & 0 \\ \sin\phi & -\cos\phi\sin\theta & 0 & 0 \\ 0 & 0 & 0 & 1 \end{bmatrix}$$

(2)正二轴测投影变换。

工程制图中采用正二轴测投影,即两个坐标轴的轴向伸缩系数为 1,第三个坐标轴的轴向伸缩系数为 0.5,依次计算出绕 y 轴的旋转角度 $\phi=19°28'$,绕 x 轴的旋转角度 $\theta=20°42'$。变换矩阵为

$$T = \begin{bmatrix} 0.935 & 0.118 & 0 & 0 \\ 0 & 0.943 & 0 & 0 \\ 0.354 & -0.312 & 0 & 0 \\ 0 & 0 & 0 & 1 \end{bmatrix}$$

(3)正等轴测投影变换。

如果采用正等轴测投影,各轴向的伸缩系数均为 0.82,轴间角为 120°,可计算出绕 y 轴的旋转角度 $\phi=45°$,绕 x 轴的旋转角度 $\theta=35°16'$。变换矩阵为

$$T = \begin{bmatrix} 0.707 & 0.408 & 0 & 0 \\ 0 & 0.816 & 0 & 0 \\ 0.707 & -0.408 & 0 & 0 \\ 0 & 0 & 0 & 1 \end{bmatrix}$$

3）透视投影

（1）基本概念。

场景的平行投影视图易生成并且能保持对象的相对比例，但它不提供真实感的表达。如果要模仿照片，则必须要考虑场景中会聚到照相机胶片平面的对象反射光线。可以通过将对象会聚到投影参考点（projection reference point）或投影中心（center of projection）的路径投影到观察平面来逼近这种几何-光学效果。对象按透视缩短效果显示，距离远的对象比相同大小的距离近的对象的投影小。透视投影属于中心投影，它比轴测图更富有立体感和真实感。这种投影的投影面置于投影中心与投影对象之间。下面以图 3-23 为例，介绍相关术语。

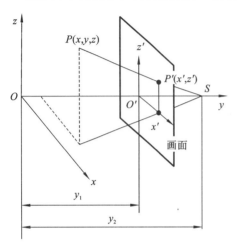

图 3-23　透视投影

视点 S：观察点的位置，亦即投影中心。

画面：即投影面。

点 P 的透视：PS 与画面的交点 P'。

直线的灭点：直线上无穷远点的透视。一组平行线有一个共同的灭点，若该组平行线与某坐标轴平行，则此灭点称为主灭点。根据主灭点的个数，透视投影可分为：一点透视，只有一个主灭点，此时画面平行于投影对象的一个坐标平面，因此也称为平行透视；二点透视，有两个主灭点，此时画面平行于投影对象的一个坐标轴（例如 z 轴），而与其余两个坐标轴成一定的角度（一般为 $20°\sim30°$），因此也称为成像透视；三点透视，有三个主灭点，此时画面与投影对象的三个坐标轴均不平行，因此也称为斜透视。

（2）一点透视。

如图 3-23 所示，空间一点 $P(x,y,z)$，设点 S 为视点且在 y 轴上，画面垂直 y 轴且与 y 轴交于点 O'，即画面平行于 xOz 平面。显然，画面在一个二维坐标系中，该坐标系用 $x'O'z'$ 表示。画面距坐标系原点的距离为 y_1，视点距原点的距离为 y_2，由相似三角形的关系可得

$$\begin{cases} x' = \dfrac{y_2 - y_1}{y_2 - y}x \\ z' = \dfrac{y_2 - y_1}{y_2 - y}z \end{cases}$$

如令点 O、点 O' 重合，则画面就是 xOz 平面（V 面），即 $y_1=0$，问题可简化为

$$\begin{cases} x' = \dfrac{y_2}{y_2 - y}x = \dfrac{x}{1 - y/y_2} \\ z' = \dfrac{y_2}{y_2 - y}z = \dfrac{z}{1 - y/y_2} \end{cases}$$

对物体上的每个顶点都作上述处理，在画面上就可得到这些顶点的透视点，顺序连接这些点，即得到物体的一点透视图。

把这种简单的透视投影变换写成矩阵的形式：

$$
[x'\ \ y'\ \ z'\ \ 1] = [x\ \ y\ \ z\ \ 1]
\begin{bmatrix}
1 & 0 & 0 & 0 \\
0 & 1 & 0 & -\dfrac{1}{y_2} \\
0 & 0 & 1 & 0 \\
0 & 0 & 0 & 1
\end{bmatrix}
\begin{bmatrix}
1 & 0 & 0 & 0 \\
0 & 0 & 0 & 0 \\
0 & 0 & 1 & 0 \\
0 & 0 & 0 & 1
\end{bmatrix}
$$

透视投影　　　　　向 V 面投影

$$
= [x\ \ y\ \ z\ \ 1]
\begin{bmatrix}
1 & 0 & 0 & 0 \\
0 & 1 & 0 & -\dfrac{1}{y_2} \\
0 & 0 & 1 & 0 \\
0 & 0 & 0 & 1
\end{bmatrix}
$$

一点透视投影变换矩阵

$$
= \left[x\ \ 0\ \ z\ \ 1\ -\dfrac{y}{y_2}\right] \xrightarrow{\text{规格化}} \left[\dfrac{x}{1-(y/y_2)}\ \ 0\ \ \dfrac{z}{1-(y/y_2)}\ \ 1\right]
$$

令 $q = -1/y_2$，则主灭点在 y 轴上且满足 $y = 1/q$，画面为 xOz 平面的一点透视投影变换矩阵为

$$
\boldsymbol{T}_1 =
\begin{bmatrix}
1 & 0 & 0 & 0 \\
0 & 1 & 0 & q \\
0 & 0 & 1 & 0 \\
0 & 0 & 0 & 1
\end{bmatrix}
\begin{bmatrix}
1 & 0 & 0 & 0 \\
0 & 0 & 0 & 0 \\
0 & 0 & 1 & 0 \\
0 & 0 & 0 & 1
\end{bmatrix}
=
\begin{bmatrix}
1 & 0 & 0 & 0 \\
0 & 0 & 0 & q \\
0 & 0 & 1 & 0 \\
0 & 0 & 0 & 1
\end{bmatrix}
$$

对点进行一点透视投影变换：

$$
[x'\ \ y'\ \ z'\ \ 1] = [x\ \ y\ \ z\ \ 1] \cdot \boldsymbol{T}_1
$$

$$
= [x\ \ 0\ \ z\ \ 1+qy] \xrightarrow{\text{规格化}} \left[\dfrac{x}{1+qy}\ \ 0\ \ \dfrac{z}{1+qy}\ \ 1\right]
$$

为了增强透视效果，通常将物体置于画面（V 面）后、水平面（H 面）下，如物体不在该位置，应首先把物体平移到该位置，然后再进行透视投影变换。

q 的选择，决定了视点的位置，一般选择视点位于画面（V 面）前。

（3）二点透视。

首先改变物体与画面的相对位置，即使物体绕 z 轴旋转 γ 角，以使物体上的主要平面（xOz、yOz 平面）与画面成一定的角度，然后进行透视投影变换即可获得二点透视投影图。变换矩阵如下：

$$
\boldsymbol{T}_2 =
\begin{bmatrix}
\cos\gamma & \sin\gamma & 0 & 0 \\
-\sin\gamma & \cos\gamma & 0 & 0 \\
0 & 0 & 1 & 0 \\
0 & 0 & 0 & 1
\end{bmatrix}
\begin{bmatrix}
1 & 0 & 0 & 0 \\
0 & 0 & 0 & q \\
0 & 0 & 1 & 0 \\
0 & 0 & 0 & 1
\end{bmatrix}
$$

$$
=
\begin{bmatrix}
\cos\gamma & 0 & 0 & q\sin\gamma \\
-\sin\gamma & 0 & 0 & q\cos\gamma \\
0 & 0 & 1 & 0 \\
0 & 0 & 0 & 1
\end{bmatrix}
$$

如果物体所处位置不合适，则需对物体进行平移，为使旋转变换不受平移量影响，平移变

换矩阵应放在旋转变换矩阵与透视变换矩阵之间。

（4）三点透视。

首先把物体绕 z 轴旋转 γ 角，再绕 x 轴旋转 α 角，使物体上的三个坐标平面与画面都倾斜，然后进行透视投影变换，即可获得三点透视投影图。变换矩阵如下：

$$T_3 = \begin{bmatrix} \cos\gamma & \sin\gamma & 0 & 0 \\ -\sin\gamma & \cos\gamma & 0 & 0 \\ 0 & 0 & 1 & 0 \\ 0 & 0 & 0 & 1 \end{bmatrix} \begin{bmatrix} 1 & 0 & 0 & 0 \\ 0 & \cos\alpha & \sin\alpha & 0 \\ 0 & -\sin\alpha & \cos\alpha & 0 \\ 0 & 0 & 0 & 1 \end{bmatrix} \begin{bmatrix} 1 & 0 & 0 & 0 \\ 0 & 0 & 0 & q \\ 0 & 0 & 1 & 0 \\ 0 & 0 & 0 & 1 \end{bmatrix}$$

$$= \begin{bmatrix} \cos\gamma & \sin\gamma\cos\alpha & \sin\gamma\sin\alpha & 0 \\ -\sin\gamma & \cos\gamma\cos\alpha & \cos\gamma\sin\alpha & 0 \\ 0 & -\sin\alpha & \cos\alpha & 0 \\ 0 & 0 & 0 & 1 \end{bmatrix} \begin{bmatrix} 1 & 0 & 0 & 0 \\ 0 & 0 & 0 & q \\ 0 & 0 & 1 & 0 \\ 0 & 0 & 0 & 1 \end{bmatrix}$$

$$= \begin{bmatrix} \cos\gamma & 0 & \sin\gamma\sin\alpha & q\sin\gamma\cos\alpha \\ -\sin\gamma & 0 & \cos\gamma\sin\alpha & q\cos\gamma\cos\alpha \\ 0 & 0 & \cos\alpha & -q\sin\alpha \\ 0 & 0 & 0 & 1 \end{bmatrix}$$

如果需要把物体平移到合适的位置，则应把平移变换矩阵放在旋转变换矩阵与透视变换矩阵之间。

3.2.3　图形真实感处理简介

图形真实感处理是计算机图形学中一个重要的组成部分，其要求在计算机中生成三维场景的真实感图形或图像。真实感图形学在多媒体教育、VR 系统、科学计算可视化、动画制作、电影特技模拟、计算机游戏等许多方面都发挥了重要的作用。

图形真实感处理技术主要包括消隐处理、光照处理、纹理映射、阴影处理、透明处理等。

1. 消隐处理

当我们观察空间任何一个不透明的物体时，只能看到该物体朝向我们的那些表面，其他的表面由于被遮挡而看不到。若把可见的和不可见的线都画出来，会造成视觉的多义性。要消除多义性，就必须在绘制时消除被遮挡的不可见的线或面，习惯上称为消除隐藏线和隐藏面，简称消隐。消隐处理按消隐对象分类可分为线消隐和面消隐，按消隐空间分类可分为物体空间的消隐和图像空间的消隐。常见的消隐算法有区域子分割算法、z 向缓冲区算法、扫描线算法等。

2. 光照处理

光照射到物体表面时，光线可能被吸收、反射和折射。被物体吸收的部分转化为热，反射、折射的光部分进入人的视觉系统，使人能看见物体。为模拟这一现象，可建立一些数学模型来替代复杂的物理模型。这些模型就称为明暗效应模型或者光照模型。三维形体的图形经过消隐后，再进行明暗效应的处理，可以进一步提高图形的真实感。目前，国内外大多数主流 CAD/CAM 系统都能对产品三维实体模型进行多种光源类型的处理，并能实现各光源的参数调整与控制，以增强光照效果。

3. 纹理映射

现实世界中的物体表面存在丰富的纹理细节，人们依据这些纹理细节来区分各种具有相同形状的物体。颜色纹理:通过颜色变化表现出来的表面细节,称为颜色纹理。颜色纹理难以直接构造,常采用函数纹理或图像纹理来描述表面细节。为了使映射在物体表面的颜色纹理不因物体位置的改变而漂移,需要将颜色纹理绑定到物体的表面上。一般采用物体表面的参数化方法来确定表面的纹理坐标。纹理处理的对象主要有图像纹理、几何纹理、凹凸纹理等。图像纹理改变的是物体材质的漫反射率,而几何纹理改变的是物体表面的法矢量方向。凹凸纹理通过改变在光照计算中的法矢量方向来生成凹凸不平的视觉效果。

4. 阴影处理

阴影有许多不同类型。一种是目标自身的部分位置因没有光照而产生的阴影,称为自阴影(self-shadow);另外一种是光照在对象的周围产生的阴影,称为投影阴影(cast-shadow)。本书只考虑后者。通常,去除阴影的方法可分为基于模型的方法和无模型的方法两种。基于模型的方法是对场景中的目标根据先验知识,建立特征模型以区分阴影和目标,该方法效果较好,但建模的过程复杂耗时,通常应用在特定的场合。无模型的方法则是从人们的视觉印象出发,利用目标和阴影的光照特性、颜色、几何特征来区别,该方法的计算量少。

5. 透明处理

有些物体是透明的,如水、玻璃等。一个透明物体的表面会同时产生反射光和折射光。当光线从一种传播介质进入另一种传播介质时,会由于折射而产生弯曲。光线弯曲的程度由折射率决定。光的透射分为规则透射和漫透射。透明处理可以用于显示复杂物体或空间的内部结构。透明度的初始值均取为 1,绘制出物体的外形消隐图。有选择地将某些表面的透明度改为 0,即将它们当做透明的面处理,这样再次绘制画面时,就会显示出物体的内部结构。

3.3　几何建模方法

CAD/CAM 系统大多采用几何建模方法。几何建模主要处理零件的几何信息和拓扑信息。几何建模系统可分为二维几何建模系统和三维几何建模系统。而三维几何建模系统一般常用三种建模方式:线框建模、表面建模和实体建模。

3.3.1　线框建模

线框建模是 CAD/CAM 系统发展中应用最早的三维建模方法,线框模型是二维图的直接延伸,即把原来的平面直线、圆弧扩展到空间,使其产生立体感,所以点、直线、圆弧和某些二次曲线是线框模型的基本几何元素。

线框模型在计算机内部是以边表、点表来描述和表达物体的,如图 3-24 所示。图 3-24(a)所示物体是一四面体的线框模型,它由 4 个顶点、6 条边、4 个面组成,图中 V_i 表示顶点,E_i 表示边,F_i 表示面。几何信息可以用顶点来表示,表示顶点与顶点之间关系的拓扑信息可以用边表实现,故可得到线框模型在计算机内存储的数据结构如图 3-24(b)所示。图 3-24(c)、(d)分别为顶点表(记录各顶点坐标值)和边表(记录每条边上各点坐标值)。由此可见三维物体可以用它的全部顶点及边的集合来描述。

三维线框模型所需信息量最少,因此具有数据结构简单、对硬件要求不高、显示响应速度快等优点。但从图 3-24 中的数据结构可见,边与边之间没有关系,即没有构成关于面的信息,因此不存在内、外表面的区别,甚至有些情况下,信息存在多义性。图 3-25 所示为线框建模的多义性实例。另外由于没有面的概念,无法识别可见边,也就不能自动进行可见性检验及消

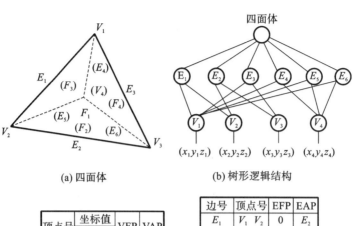

(a) 四面体　　　　　　　(b) 树形逻辑结构

顶点号	坐标值			VFP	VAP
	x	y	z		
V_1	x_1	y_1	z_1	0	V_2
V_2	x_2	y_2	z_2	V_1	V_3
V_3	x_3	y_3	z_3	V_2	V_4
V_4	x_4	y_4	z_4	V_3	0

(c) 顶点表

边号	顶点号		EFP	EAP
E_1	V_1	V_2	0	E_2
E_2	V_2	V_3	E_1	E_3
E_3	V_3	V_1	E_2	E_4
E_4	V_1	V_4	E_3	E_5
E_5	V_4	V_2	E_4	E_6
E_6	V_4	V_3	E_5	0

(d) 边表

VFP—顶点循环链表的前指针　　VAP—顶点循环链表的后指针
EFP—边循环链表的前指针　　　EAP—边循环链表的后指针

图 3-24　三维线框建模的数据结构

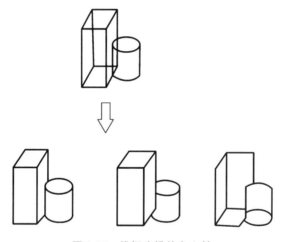

图 3-25　线框建模的多义性

隐。由此可见,线框模型不适用于对物体需要进行完整信息描述的场合。但是在有些情况下,例如评价物体外部形状、布局、干涉检验或绘制图纸等,线框模型提供的信息已经足够。同时由于它具有较好的时间响应特性,所以对于实时仿真技术或中间结果显示很适用。因此在实体建模的 CAD 系统中常采用线框模型显示中间结果。

3.3.2　表面建模

1. 表面建模的基本原理

表面建模(surface modelling)又称曲面建模,是将物体分解为组成物体的表面、边线和顶点,用顶点、边线和表面的有限集合来表示和建立物体的计算机内部模型。它常常利用线框功能,先构造一线框图,然后用曲面图素来建立各种曲面模型,可以看作是在线框模型上覆盖一层薄膜所得到的。因此,曲面模型可以在线框模型上通过定义曲面来建立。其建模原理如图3-26 所示,仍然以四面体(见图 3-26(a))为例,将物体分解为组成该物体的面、面分解为组成该面的边线、棱边分解为顶点,得到表面建模的树形逻辑结构,见图 3-26(b)。顶点表和棱边表与图 3-24 所示的线框模型相同,与线框模型相比,多了一个面表,见图 3-26(c),它记录了边、面间的拓扑关系,但仍旧缺乏面、体间的拓扑关系,无法区别面的哪一侧是体内、哪一侧是体外,依然不是实体模型。

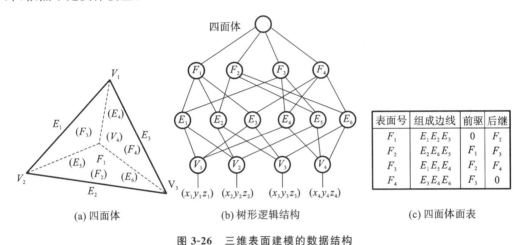

图 3-26　三维表面建模的数据结构

表面建模通常用于复杂的曲面物体,如汽车、飞机、船舶、水利机械和家用电器等产品外观设计以及地形、地貌、石油分布等资源描述中,图 3-27 所示为表面建模实例。工程上的很多曲线和曲面不可能像常规曲线、曲面(如圆锥、圆柱、球面等)那样可以用二次函数来描述,通常是给出曲线或曲面上的许多离散点的数据,然后由这些点构造光滑过渡的曲面,这些曲线和曲面通常被称为自由曲线或自由曲面。曲面建模方法的重点是由给出的离散点数据构成光滑过渡的曲面,使这些曲面通过或逼近这些离散点。

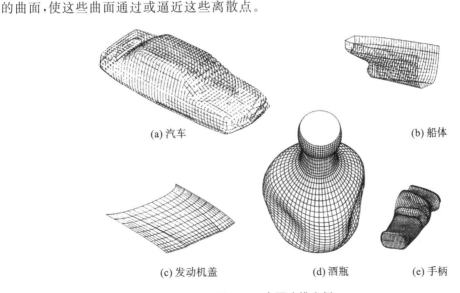

图 3-27　表面建模实例

目前应用最广泛的是双参数曲面,它仿照参数曲线的定义,将参数曲面看成是一条变曲线 $\bar{r}=\bar{r}(u)$ 按某参数 v 运动形成的轨迹。近年来,通过大量的生产实践,在曲线、曲面的参数化数学表示及 NC 编程方面取得了很大进展。广为流行的几种参数曲线、曲面有贝塞尔(Bezier)、B 样条、孔斯(Coons)、非均匀有理 B 样条(NURBS)曲线和曲面等。

2. Bezier 曲线与曲面

1) Bezier 曲线

Bezier 曲线、曲面是法国雷诺汽车公司的 Bezier 在 1962 年提出的一种构造曲线、曲面的方法。Bezier 曲线是由一组折线集,或称为 Bezier 特征多边形(又称控制多边形)来定义的。曲线的起点和终点与该多边形的起点、终点重合,且多边形的第一条边和最后一条边表示了曲线在起点和终点处的切矢量方向。曲线的形状趋于特征多边形的形状。图 3-28 所示为三次 Bezier 曲线示例。

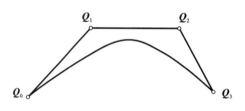

图 3-28　三次 Bezier 曲线示例

当给定空间 $n+1$ 个点的位置矢量 $\boldsymbol{Q}_0,\boldsymbol{Q}_1,\cdots,\boldsymbol{Q}_n$ 时,Bezier 曲线上各点坐标 $\boldsymbol{P}(t)$ 的插值公式为

$$\boldsymbol{P}(t) = \sum_{i=0}^{n} B_{i,n}(t)\boldsymbol{Q}_i \quad (t \leqslant 0 \leqslant 1) \tag{3-21}$$

式中:$\boldsymbol{Q}_i$ 为各顶点的位置矢量,构成了该曲线的特征多边形;

t 为参数,$0 \leqslant t \leqslant 1$;

$B_{i,n}(t)$ 为 Bernstein 基函数(或称 Bernstein 调和函数),也是曲线上各点位置矢量的调和函数,且有

$$B_{i,n}(t) = \frac{n!}{i!(n-i)!}t^i(1-t)^{n-i} = C_n^i t^i (1-t)^{n-i} \quad (i = 0,1,2,\cdots,n) \tag{3-22}$$

在式(3-22)中,n 表示多项式的次数,一般的产品造型设计,采用三次参数曲线和双三次参数曲面就足以实现各种复杂形体的造型需求,对于三次多项式,$n=3$。i 为控制多边形顶点的有序集内某个特定点的序号,对于三次多项式,i 是集合 $\{0,1,2,3\}$ 中的元素,见图 3-28。由 Bezier 曲线的定义公式(3-21),当 $n=3$ 时,对应某个 t 值,Bezier 曲线中任何一点可由下式确定:

$$\boldsymbol{P}(t) = (1-t)^3\boldsymbol{Q}_0 + 3t(1-t)^2\boldsymbol{Q}_1 + 3t^2(1-t)\boldsymbol{Q}_2 + t^3\boldsymbol{Q}_3 \quad (0 \leqslant t \leqslant 1)$$

写成矩阵形式则为

$$\boldsymbol{P}(t) = \begin{bmatrix} t^3 & t^2 & t & 1 \end{bmatrix} \begin{bmatrix} -1 & 3 & -3 & 1 \\ 3 & -6 & 3 & 0 \\ -3 & 3 & 0 & 0 \\ 1 & 0 & 0 & 0 \end{bmatrix} \begin{bmatrix} \boldsymbol{Q}_0 \\ \boldsymbol{Q}_1 \\ \boldsymbol{Q}_2 \\ \boldsymbol{Q}_3 \end{bmatrix} \tag{3-23}$$

分别以 $i=0,1,2,3$ 代入 $B_{i,n}(t)$ 表达式,可得到 $\boldsymbol{Q}_0$、$\boldsymbol{Q}_1$、$\boldsymbol{Q}_2$、$\boldsymbol{Q}_3$ 的基函数如下:

$$B_{0,3}(t) = (1-t)^3$$
$$B_{1,3} = 3t(1-t)^2$$
$$B_{2,3} = 3t^2(1-t)$$
$$B_{3,3} = t^3$$

则三次 Bernstein 基函数是 $\boldsymbol{B} = [B_{0,3}(t), B_{1,3}(t), B_{2,3}(t), B_{3,3}(t)]$，其相应调和函数曲线如图 3-29 所示。

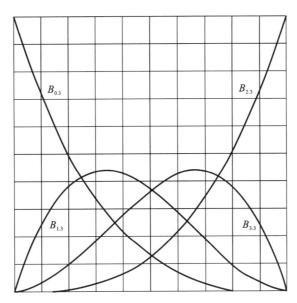

图 3-29 三次 Bezier 曲线的四条调和函数曲线

三次 Bezier 曲线是应用最广泛的曲线。由于高次 Bezier 曲线还有些理论问题待解决，所以通常都是用分段的三次 Bezier 曲线来代替。

Bezier 曲线具有直观、使用方便、便于交互设计等优点。但 Bezier 曲线和定义它的特征多边形有时相差甚远，同时，当修改一个顶点或改变顶点数量时，整条曲线形状都会发生变化，所以曲线局部修改性比较差。

2）Bezier 曲面

用一个参数 t 描述的向量函数可以表示一条空间曲线，用两个参数 u、v 描述的向量函数就能表示一个曲面。如图 3-30 所示，可以直接由三次 Bezier 曲线的定义推广到双三次 Bezier 曲面的定义。

图 3-30 中有四条 Bezier 曲线 $\boldsymbol{P}_i(u)(i=0,1,2,3)$，它们分别以 $\boldsymbol{Q}_{i,j}$ 为控制顶点（$j=0,1,2,3$）。当四条曲线的参数 $u=u^*$ 时，形成四点：$\boldsymbol{P}_0(u^*)$、$\boldsymbol{P}_1(u^*)$、$\boldsymbol{P}_2(u^*)$、$\boldsymbol{P}_3(u^*)$，由这四点构成 Bezier 曲线方程为

$$\boldsymbol{P}(u^*, v) = \sum_{j=0}^{3} B_{j,3}(v) \boldsymbol{P}_j(u^*) \tag{3-24}$$

当 u^* 从 $0\sim1$ 发生变化时，$\boldsymbol{P}(u^*, v)$ 为一条运动曲线，构成的曲面方程为

$$\boldsymbol{P}(u, v) = \sum_{j=0}^{3} B_{j,3}(v) \sum_{i=0}^{3} B_{i,3}(u) \boldsymbol{Q}_{i,j} \tag{3-25}$$
$$= \sum_{i=0}^{3} \sum_{j=0}^{3} B_{i,3}(u) B_{j,3}(v) \boldsymbol{Q}_{i,j}$$

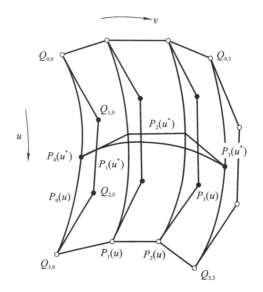

图 3-30　双三次 Bezier 曲面

式(3-25)即为双三次 Bezier 曲线方程,写成矩阵形式为

$$\boldsymbol{P}(u,v) = \boldsymbol{U}\boldsymbol{M}_{\mathrm{B}}\boldsymbol{B}\boldsymbol{M}_{\mathrm{B}}^{\mathrm{T}}\boldsymbol{V}^{\mathrm{T}} \tag{3-26}$$

式中　　　　　　　　$\boldsymbol{U}=\begin{bmatrix} u^3 & u^2 & u & 1 \end{bmatrix}$,　$\boldsymbol{V}=\begin{bmatrix} v^3 & v^2 & v & 1 \end{bmatrix}$

$$\boldsymbol{M}_B = \boldsymbol{M}_B^{\mathrm{T}} = \begin{bmatrix} -1 & 3 & -3 & 1 \\ 3 & -6 & 3 & 0 \\ -3 & 3 & 0 & 0 \\ 1 & 0 & 0 & 0 \end{bmatrix},\quad \boldsymbol{B} = \begin{bmatrix} Q_{0,0} & Q_{0,1} & Q_{0,2} & Q_{0,3} \\ Q_{1,0} & Q_{1,1} & Q_{1,2} & Q_{1,3} \\ Q_{2,0} & Q_{2,1} & Q_{2,2} & Q_{2,3} \\ Q_{3,0} & Q_{3,1} & Q_{3,3} & Q_{3,3} \end{bmatrix}$$

其中矩阵 $\boldsymbol{B}$ 是该曲面特征网格 16 个控制顶点的几何位置矩阵, $Q_{0,0}$、$Q_{0,3}$、$Q_{3,0}$ 和 $Q_{3,3}$ 在曲面片的角点处,矩阵 $\boldsymbol{B}$ 四周的 12 个控制点定义了四条 Bezier 曲线,即为曲面片的边界曲线;矩阵 $\boldsymbol{B}$ 中央的四个控制点 $Q_{1,1}$、$Q_{1,2}$、$Q_{2,1}$ 和 $Q_{2,2}$ 与边界曲线无关,但也影响曲面的形状。

3. B 样条曲线与曲面

以 Bernstein 调和函数构造的 Bezier 曲线有许多优越性,但是有两点不足:其一是特征多边形顶点个数决定了 Bezier 曲线的阶次,并且当 n 较大时,特征多边形对曲线的控制将会减弱;其二是 Bezier 曲线不能作局部修改,即改变某一个控制点的位置对整个曲线都有影响,其原因是调和函数 $B_{i,n}(t)$ 在 $0 \leqslant t \leqslant 1$ 的整个区间内均不为零。1972 年,Gordon、Riesenfeld 等人拓展了 Bezier 曲线,用 B 样条函数代替 Bernstein 函数,从而改进了 Bezier 特征多边形与 Bernstein 多项式次数有关且是整体逼近的弱点。

B 样条曲线与 Bezier 曲线密切相关,它继承了 Bezier 曲线直观性好等优点,仍采用特征多边形及权函数定义曲线,所不同的是权函数不是 Bernstein 函数,而是 B 样条基函数。B 样条曲线上形值点的坐标只与邻近极少数控制点的位置有关。参照 Bezier 曲线公式,已知 $n+1$ 个控制点 $\boldsymbol{P}_i (i=0,1,\cdots,n)$,也称为特征多边形的顶点, k 次($k+1$ 阶)B 样条曲线的表达式为

$$\boldsymbol{C}(u) = \sum_{i=0}^{n} \boldsymbol{P}_i N_{i,k}(u) \tag{3-27}$$

式中: $N_{i,k}(u)$ 为调和函数,也称基函数。

尽管形式上 B 样条曲线表达式与 Bezier 曲线表达式有相似之处,但两者之间有着显著的

区别,图 3-31 是由控制点 $P_i(i=1\sim4)$ 构成的 B 样条曲线。在 B 样条的表达式中,P_i 是第 i 个控制点矢量,k 是控制曲线连续性阶次的控制参量,B 样条曲线的调和函数 $N_{i,k}(u)$ 与 Bezier 曲线的表达式不同。如当 $k=3$,根据对调和函数的定义,B 样条曲线的连续性为一阶。n 与控制点有关,如 $n=4$,则有 5 个控制点。

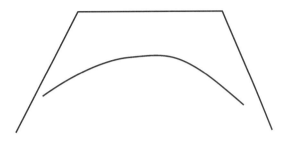

图 3-31　B 样条曲线

B 样条曲线的表达式具有递归定义的形式,k 次的 B 样条调和函数可递归地定义如下:

$$N_{i,0}(u) = \begin{cases} 1, & t_i \leqslant u \leqslant t_{i+1} \\ 0, & \text{其他情况} \end{cases} \quad (3-28)$$

$$N_{i,k}(u) = \frac{(u-t_i)N_{i,k-1}(u)}{t_{i+k}-t_i} + \frac{(t_{i+k+1}-u)N_{i+1,k-1}(u)}{t_{i+k+1}-t_{i+1}} (t_k \leqslant u \leqslant t_{n+1}) \quad (3-29)$$

式中:t_i 为节点值,$T=[t_0 \quad t_1 \quad \cdots \quad t_{L+2k+1}]$ 构成了 k 次 B 样条函数的节点矢量,其中的节点是非减序列,且 $L=n-k$。当节点沿参数轴是均匀等距分布,即 $t_{i+1}-t_i=$ 常数,则表示均匀 B 样条函数。当节点沿参数轴的分布是不等距的,即 $t_{i+1}-t_i\neq$ 常数,则表示非均匀 B 样条函数。

均匀非周期性 B 样条节点的取值有如下规律:

$$t_i = \begin{cases} 0, & i \leqslant k \\ i-k, & k < i \leqslant L+k \\ L+1, & i > L+k \end{cases} \quad (3-30)$$

均匀非周期性 B 样条基函数如图 3-32 所示,均匀周期性 B 样条基函数如图 3-33 所示。

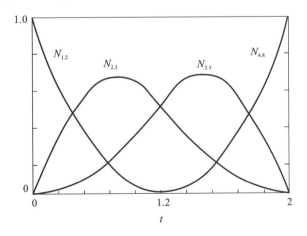

图 3-32　均匀非周期性 B 样条基函数

若从空间 $n+1$ 个顶点 $P_i(i=0,1,\cdots,n)$ 中每次取出相邻的四个顶点,可构造出一段三次 B 样条曲线,其相应的基函数是 $N_{i,3}(u)=[N_{1,3}(u),N_{2,3}(u),N_{3,3}(u),N_{4,3}(u)]$,则有:

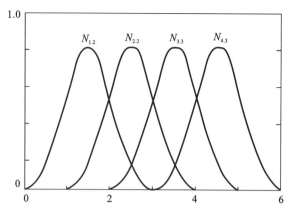

图 3-33   均匀周期性 B 样条基函数

$$\boldsymbol{N}_{1,3}(u) = (1/6)(-u^3 + 3u^2 - 3u + 1), \quad \boldsymbol{N}_{2,3}(u) = (1/6)(3u^3 - 6u^2 + 4)$$

$$\boldsymbol{N}_{3,3}(u) = (1/6)(-3u^3 + 3u^2 + 3u + 1), \quad \boldsymbol{N}_{4,3}(u) = (1/6)(u^3)$$

式中：　　　　　　　　　　　　　　$u \in [0,1]$

三次 B 样条基函数的矩阵表示为

$$\boldsymbol{N}_{i,3} = \frac{1}{6}\begin{bmatrix} u^3 & u^2 & u & 1 \end{bmatrix}\begin{bmatrix} -1 & 3 & -3 & 1 \\ 3 & -6 & 3 & 0 \\ -3 & 0 & 3 & 0 \\ 1 & 4 & 1 & 0 \end{bmatrix} \tag{3-31}$$

B 样条曲线与特征多边形相当接近，同时便于局部修改。与 Bezier 曲面生成过程相似，由 B 样条曲线也很容易推广到 B 样条曲面，如图 3-34 所示的特征网格，它是由 16 个顶点 $\boldsymbol{P}_{ij}(i,j = 0,1,2,3)$ 唯一确定的双三次 B 样条曲面片，曲面方程为

$$\boldsymbol{P}(u,v) = \sum_{i=0}^{3} \sum_{j=0}^{3} E_{i,3}(u) E_{j,3}(v) \boldsymbol{P}_{ij} \tag{3-32}$$

推广到任意次 B 样条曲面，设一组点 $\boldsymbol{P}_{ij}(i = 0,1,2,\cdots,m; j = 0,1,2,\cdots,n)$，则通用 B 样条曲面方程为

$$\boldsymbol{P}(u,v) = \sum_{i=0}^{m} \sum_{j=0}^{n} E_{i,m}(u) E_{j,n}(v) \boldsymbol{P}_{ij} \tag{3-33}$$

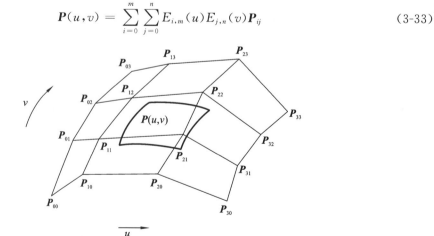

图 3-34   B 样条曲面

B样条方法比 Bezier 方法更具一般性,同时 B 样条曲线、曲面具有局部可修改性和很强的凸包性,因此较成功地解决了自由型曲线、曲面的描述问题。

4．非均匀有理 B 样条曲线、曲面

近年来随着实体建模技术不断成熟,迫切需要寻找一种将曲面和实体融为一体的表示方法,因而非均匀有理 B 样条(non-uniform rational B-spline,NURBS)技术获得了较快发展和应用。其主要原因在于:①NURBS 曲线和曲面提供了对标准解析几何(如圆锥曲线、旋转面等)和自由曲线、曲面的统一数学描述方法;②它可通过调整控制顶点和权因子,方便、灵活地改变曲面形状,同时也可方便地转换成对应的 Bezier 曲面;③具有对缩小、旋转、平移与透视投影等线性变换的几何不变性。因此 NURBS 已成为曲线、曲面建模中最为流行的技术。STEP 产品数据交换标准也将 NURBS 作为曲面几何描述的唯一方法。

NURBS 曲线是由分段有理 B 样条多项式基函数定义的。NURBS 曲线定义如下:给定 $n+1$ 个控制点 $\boldsymbol{P}_i(i=0,1,\cdots,n)$ 及权因子 $W_i(i=0,1,\cdots,n)$,则 k 阶($k-1$ 次)NURBS 曲线表达式为

$$C(u) = \sum_{i=0}^{n} N_{i,k}(u)W_i\boldsymbol{P}_i \Big/ \sum_{i=0}^{n} N_{i,k}(u)W_i \tag{3-34}$$

式中:$\boldsymbol{P}_i$ 为特征多边形顶点位置矢量;

W_i 为相应控制点 $\boldsymbol{P}_i$ 的权因子;

$N_{i,k}(u)$ 为非均匀有理 B 样条基函数,按照 deBoor-Cox 公式递推地定义:

$$N_{i,1}(u) = \begin{cases} 1, & u_i \leqslant u \leqslant u_{i+1} \\ 0, & \text{其他} \end{cases} \tag{3-35}$$

$$N_{i,k}(u) = \frac{(u-u_i)N_{i,k-1}(u)}{u_{i+k-1}-u_i} + \frac{(u_{i+k}-u)N_{i+1,k-1}(u)}{u_{i+k}-u_{i+1}}$$

NURBS 曲面的定义与 NURBS 曲线定义相似,给定网络控制点 $\boldsymbol{P}_{ij}(i=0,1,\cdots,n;j=0,1,\cdots,m)$,以及各网络控制点的权因子 $W_{ij}(i=0,1,2,\cdots,n;j=0,1,2,\cdots,m)$,则其 NURBS 曲面的表达式为

$$S(u,v) = \sum_{i=0}^{n}\sum_{j=0}^{n} N_{i,k}(u)N_{j,l}(v)W_{ij}\boldsymbol{P}_{ij} \Big/ \sum_{i=0}^{n}\sum_{j=0}^{n} N_{i,k}(u)N_{j,l}(v)W_{ij} \tag{3-36}$$

式中:$N_{i,k}(u)$ 为 NURBS 曲面 u 参数方向的 B 样条基函数;

$N_{j,l}(v)$ 为 NURBS 曲面 v 参数方向的 B 样条基函数;

k,l 为 B 样条基函数的阶次。

5．曲面造型的基本步骤和常用方法

曲面造型有三种应用类型:一是原创产品设计,由草图建立曲面模型;二是根据二维图纸进行曲面造型,即图纸造型;三是逆向工程,即点测绘造型。这里介绍第二种类型的一般实现步骤。

1) 基本步骤

曲面造型过程可分为两个阶段:

第一阶段是造型分析,确定正确的造型思路和方法,包括:

(1) 在正确识图的基础上将产品分解成单个曲面或面组;

(2) 确定每个曲面的类型和生成方法,如直纹面、拔模面或扫掠面等;

(3) 确定各曲面之间的连接关系(如倒角、裁剪等)和连接次序。

第二阶段是造型的实现,包括:

(1) 根据图纸在 CAD/CAM 软件中画出必要的二维视图轮廓线,并将各视图变换到空间的实际位置;

(2) 针对各曲面的类型,利用各视图中的轮廓线完成各曲面的造型;

(3) 根据曲面之间的连接关系完成倒角、裁剪等工作;

(4) 完成产品中结构部分(实体)的造型。

第一阶段是整个造型工作的核心,它决定了第二阶段的操作方法。可以说,在 CAD/CAM 软件上画第一条线之前,设计人员已经在其头脑中完成了整个产品的造型,做到"胸有成竹"。第二阶段的工作是第一阶段工作在某一类 CAD/CAM 软件上的反映。

2) 常用方法

在一般情况下,曲面造型只要遵守以上步骤,再结合一些具体的实现技术和方法,加上特别的技巧即可解决大多数产品的造型问题。下面介绍几种常见的曲面造型方法。

(1) 线性拉伸面。

这是将一条剖面线 $C(u)$ 沿方向 D 滑动所扫成的曲面,如图 3-35 所示。

(2) 直纹面。

给定两条相似的 NURBS 曲线或其他曲线,它们具有相同的次数和相同的节点矢量,将两条曲线上对应点用直线相连,更构成了直纹面,如图 3-36 所示。

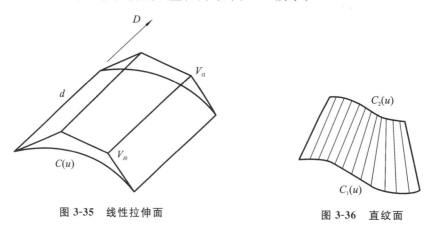

图 3-35　线性拉伸面　　　　　　　　　图 3-36　直纹面

3) 旋转面

将定义的曲线绕某轴(如 Z 轴)旋转 $360°$,就得到旋转面。旋转面的特征是与 Z 轴垂直平面上的曲线是一个整圆,如图 3-37 所示。

4) 覆盖面

以边组成的封闭环为已知条件构造曲面。覆盖方法可以产生覆盖一个由曲线组成的闭合区域的曲面,这意味着为了生成这样的曲面必须定义该曲面的所有边界。由线框体产生曲面时,要对线框体中的所有边线上有向边进行分析,找出其中可以形成闭环的有向边,然后计算覆盖这些闭环的曲面。如图 3-38 所示的是覆盖一个非平面线框的一个例子。

5) 扫掠面

扫掠面具体构造方法很多,其中应用最多、最有效方法是沿导向曲线(亦称控制曲线)扫描而形成曲面,它适用于具有相同构形规律场合。具体定义时,只需在给定的距离内,定义垂直于导向曲线的剖面曲线即可,图 3-39(a)、(b)、(c)为利用这种方法形成的不同曲面形状。

曲面模型可以为其他应用场合继续提供数据,例如当曲面设计完成后,便可根据用户要求自动进行有限元网格的划分、三坐标或五坐标 NC 编程以及计算和确定刀具运动轨迹等。但由于曲面模型内不存在各个表面之间相互关系的信息,因此在 NC 加工中只针对某一表面处理是可行的,倘若同时考虑多个表面的加工及检验可能出现的干涉现象,还必须采用三维实体建模技术。

曲面建模技术为反求工程(reverse engineering, RE)的 CAD 建模提供了基础。反求工程的重要任务之一是通过数字化测试设备对产品实物或样件测得的一系列离散数据进行处理和重构,生成原来产品的 CAD 模型。在关键零件的反求工程方面,主要集中在表面的反求,而目前表面反求采用的主要方法是前面所述的 NURBS 曲面模型和三角 Bezier 曲面模型。

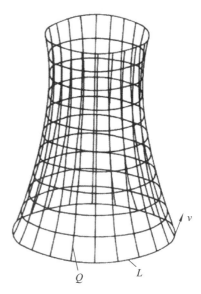

图 3-37　旋转面

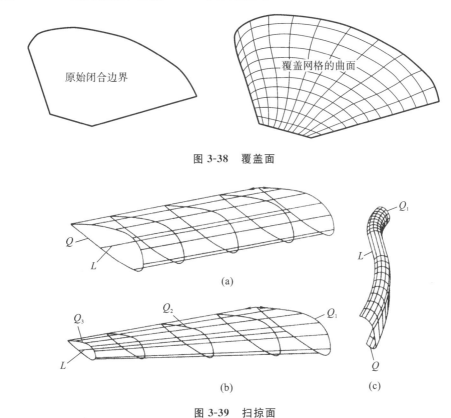

图 3-38　覆盖面

图 3-39　扫掠面

6. 表面建模的特点

表面建模方法具有以下几方面的特点:

(1) 表达了零件表面和边界定义的数据信息,有助于对零件进行渲染等处理,有助于 CAM 系统直接提取有关面的信息生成数控机床的加工指令(自动确定刀具的切割路径),正是有鉴于此,大多数 CAD/CAM 系统中都具备曲面建模的功能。

（2）在物理性能计算方面,表面建模中面信息的存在有助于对与面积相关的特征计算,如零件的表面积等,同时对于封闭的零件来说,采用扫描等方法亦可实现对零件进行与体积等物理性能相关的特征计算,如计算曲面所围成的容积、重量、形心位置、惯性矩等。

（3）一般来说,表面建模方式生成的零部件及产品可分割成板、壳单元形式的有限元网格。

曲面建模算法也存在一些不足,如：

（1）理论上讲,曲面建模可以描述任何复杂的结构体,但是从产品造型设计的有效性上看,曲面建模在许多场合下效率不如实体建模,特别是对不规则区域的曲面处理。例如两个半径不相等的管路或两筒体相交,采用实体建模可以轻而易举地实现相贯线的生成,而采用曲线建模难度相当大,可能还要借用类似 B 样条这样的高次曲面来逼近或用多个曲面片来表示。

（2）曲面建模事实上是以蒙面的方式构造零件形体,因此容易在零件建模中漏掉某个甚至某些面的处理,这就是常说的"丢面"。同时依靠蒙面的方法把零件的各个面粘贴上去,往往会在两面相交处出现缺陷,如在面与面的连接处出现重叠或间隙,不能保证零件的建模精度,失去了精度,对于复杂型腔的模具 CAD/CAM 来说,高度自动化的应用程序就无从谈起。

3.3.3　实体建模

由于表面建模方法存在的不足,需要发展更加完善的建模方法来支持产品的建模。因此,20 世纪 70 年代后期 80 年代初期逐渐发展完善了实体建模（solid modelling）技术,目前实体建模技术已成为 CAD/CAM 技术发展的主流。

表面建模存在不足的本质在于无法确定面的哪一侧是实体,哪一侧不是实体（即空的）。因此,实体建模要解决的根本问题是标注出一个面的哪一侧是实体哪一侧为空。为此,在实体建模中采用面的法向矢量进行约定,即面的法向矢量指向物体之外,对于一个面,法向矢量指向的一侧为空,法向矢量指向的反方向为实体,这样对构成物体的每个表面进行这样的判断,最终即可标识出各表面包围的空间为实体。以图 3-40（a）的四面体为例加以说明,为便于表达,将四面体展开如图 3-40（b）所示。为了计算机能够识别表面的矢量方向,将组成表面的封闭边线定义为有向边,每条边的方向由顶点编号的大小确定,即由编号小的顶点（边的起点）指向编号大的顶点（边的终点）为正,利用几何体拓扑关系中的棱边与面的相邻关系,确定边的左表面和右表面,得到图 3-40（c）所示的棱线表,表面的外法线方向是已知的,根据外法线方向用右手法则判定构成该表面的边的"正负",若定义的边的方向符合右手定则,则这条边对于该面为"正",否则为"负",得到如图 3-40（d）所示的面表。由于物体的任一条边线总是两个面的交线,即一条边属于两个面,所以一条边对一个面为"正"方向,而对另一条边则为"负"方向,如边 E_5,对于 F_2 平面为"正",对于 F_3 平面为"负"。因此,对图 3-40（a）所示的四面体,其顶点坐标不变,但棱线表和面表必须严格标明边的方向及其与相邻面的关系,就基本原理而言,它还是采用类似于表面建模那样通过记录构成物体的点、线、面、体的几何信息和拓扑信息来描述物体的,但拓扑关系的描述更加严格。

现实世界中的物体是三维的连续实体,但计算机内部表示是一维的离散数据描述,如何利用一维离散数据来描述现实世界中的三维实体,并保证数据的准确性、完整性、统一性是计算机内部表示方法研究的内容。

实体建模系统对结构体的几何和拓扑信息表达克服了线框建模存在多义性以及曲面建模

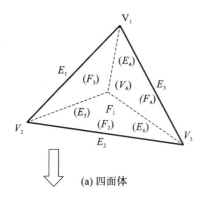

(a) 四面体

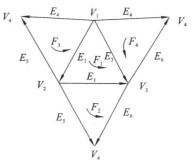

(b) 四面体展开图及其有向边的定义

边号	起点	终点	右面号	左面号	EFP	EAP	属性	
							线型	颜色
E_1	V_1	V_2	F_3	F_1	0	E_2	/	/
E_2	V_2	V_3	F_2	F_1	E_1	E_3	/	/
E_3	V_1	V_3	F_1	F_4	E_2	E_4	/	/
E_4	V_1	V_4	F_4	F_3	E_3	E_5	/	/
E_5	V_2	V_4	F_3	F_2	E_4	E_6	/	/
E_6	V_3	V_4	F_2	F_3	E_5	0	/	/

(c) 棱线表

表面号	组成棱线			前驱	后继
F_1	$+E_1$	$+E_2$	$+E_3$	0_1	F_2
F_2	$-E_2$	$+E_5$	$-E_6$	F_1	F_3
F_3	$-E_1$	$+E_4$	$-E_5$	F_2	F_4
F_4	$+E_3$	$+E_6$	$+E_4$	F_3	0

(d) 面表

图 3-40 四面体实体建模的原理与数据结构

容易丢失面信息等缺陷,从而可以自动进行真实感图像的生成和物体间的干涉检查,具有一系列优点,所以在设计与制造中广为应用,尤其是在运动学分析、干涉检验、有限元分析、机器人编程和五坐标数控铣削过程模拟、空间技术等方面已成为不可缺少的工具。产品设计、分析和制造工序所需要的关于物体几何描述方面的数据可从实体模型中取得。

表 3-1 为三种三维建模方法的优、缺点比较。从表 3-1 可见,不同的建模方法有不同的适用范围。早期开发的 CAD 系统往往分别对应上述三种不同的建模方法,而当前的发展则是将三者有机结合起来,形成一个整体。

表 3-1 三种三维建模方法分析比较

项 目	线框建模	曲面建模	实体建模
几何元素	空间点、直线、圆弧和某些二次曲线	一系列离散点数据	立方体、圆柱体、锥体、球体、圆环体、扫描体等
描述方法	点、边的顺序连接	通过逼近、插值、拟合构成光滑曲面	体素定义及体素之间的布尔运算(并、交、差)
表达内容	产品外形轮廓	复杂物体表面	实体全部信息
优点	数据结构简单,显示响应速度快	可描述任意形状表面,便于有限元网格划分	信息描述完整
缺点	信息不完整、存在多义性,不能进行消隐	不包含各表面之间的相互关系信息	信息量大,对硬件要求高

续表

项　目	线 框 建 模	曲 面 建 模	实 体 建 模
适用范围	工程图样绘制、干涉检测及实时仿真	产品外观设计、NC 编程和反求设计	CAD/CAM 集成应用,已成为主流建模技术

3.3.4　图形裁剪技术

在实际应用中,图形的大小和复杂程度都是不确定的。而在许多应用问题中,常要求开一个矩形窗口指定画面中要显示的部分画面。窗口内的图形被显示出来,而窗口之外的图形则被裁剪掉,这种使图形恰当地显示到屏幕上的处理技术称为图形裁剪技术。从图形的显示过程可知,任何图形显示之前都要经过裁剪工作,而图形的裁剪和图形的变换一样,直接影响图形处理系统的效率。

1. 二维图形的裁剪

通过定义窗口和视区,可以把图形的某一部分显示于屏幕上的指定位置,这不仅要进行窗口-视区的变换,更重要的是必须要正确识别图形在窗口内部分(可见部分)和窗口外部分(不可见部分),以便把窗口内的图形信息输出,而窗口外的部分则不输出。当然,为适应某种需要亦可裁剪掉窗口内的图形,使留出的窗口空白区作文字说明或其他用途,这种处理方法称为覆盖。

裁剪问题是计算机图形学的基本问题之一。裁剪的边界(即窗口)可以是任意多边形,但常用的是矩形。被裁剪的对象可以是线段、字符、多边形等,显然,直线段的裁剪是图形裁剪的基础,以下将着重讨论直线段的裁剪。裁剪算法的核心问题是速度,就一条直线段而言,需要迅速而准确地判定直线是全部在窗口内或者窗口外,否则,它必定是部分在窗口内,此时要求出它与窗口的交点,从而确定窗口内部分。

1) 点的裁剪

点的裁剪是最简单的一种,也是裁剪其他元素的基础。判断点的可见性可用下面简单的不等式,假设窗口的两个顶点坐标为(x_{WL},y_{WB})和(x_{WR},y_{WT}),那么点 $P(x,y)$ 为可见的充要条件为

$$x_{WL} \leqslant x \leqslant x_{WR}$$
$$y_{WB} \leqslant y \leqslant y_{WT}$$

当该点在窗口边界上,即上式等号成立,则认为它是可见的。对一个复杂的图形进行裁剪时,可把图形离散成点,然后逐点判断各点是否满足上式,若满足则在窗口内,为可见点,否则即在窗口外,将窗口外的点裁剪掉,这便是一种最简单的裁剪方法——逐点比较法。从理论上讲,这种方法是一种"万能"的裁剪方法,但实际上这种方法是没有实用价值的,其原因在于这种方法的裁剪速度太慢,而且使得裁剪出来的点列不再保持原来图形的画线序列,因而给图形输出造成困难。因此,有必要研究高效的裁剪方法。

2) 直线段的裁剪

直线的裁剪比点的裁剪复杂一些。直线裁剪的任务就是要确定这条直线是完全可见的、部分可见的或完全不可见的。如图 3-41 所示,如果是完全可见的,则输出

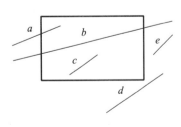

图 3-41　直线与窗口的相对位置

其已知的两个端点坐标并显示这条直线;如果是部分可见的,则输出可见部分线段的两个端点,并显示这条线段。直线段的可见性可依据直线的两个端点与窗口的相对位置来判断,这种位置关系有如下几种情况:

　　①直线段两个端点在窗口内(线段 c);

　　②直线段两个端点在窗口外,且与窗口不相交(线段 e,d);

　　③直线段两个端点在窗口外,但与窗口相交(线段 b);

　　④直线段一个端点在窗口内,一个端点在窗口外(线段 a)。

　　由于矩形窗口是凸多边形,因此,一条直线段的可见部分最多为一段,因此可以通过判断两个端点的可见性来确定直线段的可见部分。对于第(1)和第(2)种情况,很容易判断出:第一种为全部可见段;第二种为全部不可见段。但对于第(3)和第(4)种情况,则需要根据线段与窗口边界的相交情况加以进一步判断。

　　下面介绍几种常用的直线段裁剪算法。

　　(1) 编码裁剪算法。

　　该算法是由 Dan Cohen 和 Ivan Sutherland 在 1974 年提出来的,所以又称为科恩-萨赛兰德(Cohen-Sutherland)算法。其主要思想是用编码方法来实现裁剪,该算法基于下述考虑:某一线段或者整个位于窗口的内部,或者能够被窗口分割而使其中的一部分能很快地被舍弃。因此,该算法分为两步:第一步先确定一条线段是否整个位于窗口内,若不是,则确定该线段是否整个位于窗口外,若是则舍弃;第二步,如果第一步的判断均不成立,那么就通过窗口边界所在的直线将线段分成两部分,再对每一部分进行第一步的测试。

　　在具体实现该算法时,需把窗口边界延长,把平面划分成 9 个区,每个区用 4 位二进制代码表示,如图 3-42 所示。线段的两个端点按其所在区域赋予对应的代码,4 位代码的意义如下(从右到左):

　　第 1 位:如果端点在窗口上边界的上侧则为 1,否则为 0;

　　第 2 位:如果端点在窗口下边界的下侧则为 1,否则为 0;

　　第 3 位:如果端点在窗口右边界的右侧则为 1,否则为 0;

　　第 4 位:如果端点在窗口左边界的左侧则为 1,否则为 0。

　　由上述编码规则可知,如果两个端点的编码都为"0000",则线段全部位于窗口内;如果两个端点编码的位逻辑乘不为 0,则整条线段必位于窗口外。

　　如果线段不能由上述两种测试决定,则必须把线段再分割。简单的分割方法是计算出线段与窗口某一边界(或边界的延长线)的交点,再用上述条件判别分割后的两条线段,从而舍去位于窗口外的一段。如图 3-43 所示,用编码裁剪算法对 AB 线段裁剪,可以在点 C 分割,对 AC、CB 进行判别,舍弃 AC,再分割 CB 于点 D,对 CD、DB 作判别,舍弃 CD,而 DB 全部位于窗口内,算法即结束。

　　应该指出的是,分割线段是先从 C 点还是 D 点开始,这是难以确定的,因此只能是随机的,但是最后的结果是相同的。

　　编码方法直观方便,速度较快,是一种较好的裁剪方法。由于采用位逻辑乘的运算,这在有些高级语言中是不便进行的。全部舍弃的判断只适合于那些仅在窗口同侧的线段,对于跨越三个区域的线段,就不能一次做出判别而舍弃它们,而对于不满足两端点的编码均为"0000"或两端点的编码位逻辑"与"结果非零的线段,则必须把线段再分割,如果分割采用上述求交点的方法,运算效率较低。

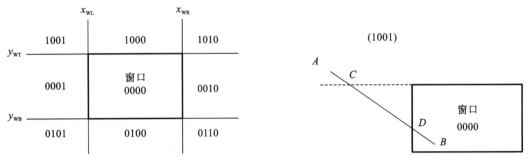

图 3-42　线段端点的区域码　　　　　　图 3-43　编码裁剪例子

（2）矢量裁剪算法。

这种裁剪方法与编码裁剪法相似,只是判断端点是否在窗口内所采用的过程不同。如图 3-44 所示,窗口的 4 条边界把平面分成 9 个区,为分析问题方便起见,把 9 个区域分别标上代码,0 区是相应的窗口。

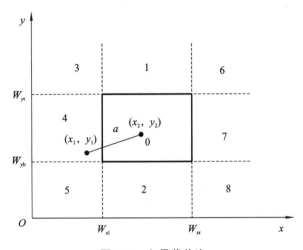

图 3-44　矢量裁剪法

设有一条矢量线段 a,起点、终点坐标为 (x_1,y_1) 和 (x_2,y_2),窗口定义为 (W_{xl},W_{yb})、(W_{xr},W_{yt})。由于矢量裁剪法对线段的起点、终点坐标处理方法相同,因此我们以起点为例说明矢量裁剪算法的步骤如下。

①若线段 a 满足下述四个条件之一,即

$$\max(x_1,x_2) < W_{xl}, \quad \min(x_1,x_2) > W_{xr},$$
$$\max(y_1,y_2) < W_{yb}, \quad \min(y_1,y_2) > W_{yt},$$

则线段 a 在窗口外,无输出,裁剪过程结束。

②若线段 a 的端点坐标满足:

$$\begin{cases} W_{xl} \leqslant x_1 \leqslant W_{xr} \\ W_{yb} \leqslant y_1 \leqslant W_{yt} \end{cases}$$

则线段 a 的起点在 0 区(窗口)内,即线段 a 可见段的新起点坐标为

$$\begin{cases} x_s = x_1 \\ y_s = y_1 \end{cases}$$

否则,线段 a 与窗口的关系及其新起点 (x_s,y_s) 的求解过程按步骤(3)进行。

③若 $x_1 < W_{xl}$，即起点可能在 3、4、5 区，此时与窗口的左边界求交，令

$$\begin{cases} x_s = W_{xl} \\ y_s = y_1 + (W_{xl} - x_1)(y_2 - y_1)/(x_2 - x_1) \end{cases}$$

分析如下：

a. 若 $y_s \in [W_{yb}, W_{yt}]$，则求解有效，即 (x_s, y_s) 是可见段的新起点坐标。

b. 若 (x_1, y_1) 在 4 区，且 $y_s > W_{yt}$ 或 $y_s < W_{yb}$，则线段 a 与窗口无交点，即求解无效。（(x_s, y_s) 不是有效交点），无可见段输出，裁剪过程结束。

c. 若 (x_1, y_1) 在 3 区，则有如下两种情况：

如果 $y_s < W_{yb}$，则线段 a 在窗口外，求解无效，无可见段输出。

如果 $y_s > W_{yt}$，则应重新求交点，即与窗口的上边界求交：

$$\begin{cases} y_s = W_{yt} \\ x_s = x_1 + (W_{xl} - y_1)(x_2 - x_1)/(y_2 - y_1) \end{cases} \tag{3-37}$$

若 $W_{xl} \leqslant x_s \leqslant W_{xr}$，则求解有效，否则求解无效，线段 a 在窗口外。

d. 若 (x_1, y_1) 在 5 区，亦有两种情况：

如果 $y_s > W_{yt}$，a 在窗口外，由步骤（3）中公式求出的 (x_s, y_s) 无效。

如果 $y_s < W_{yb}$，则应重新求交点，即与窗口的下边界求交：

$$\begin{cases} x_s = x_1 + (W_{yb} - y_1)(x_2 - x_1)/(y_2 - y_1) \\ y_s = W_{yb} \end{cases}$$

若 $W_{xl} \leqslant x_s \leqslant W_{xr}$，则求解有效，否则 a 在窗口外，求解无效。

④若 $x_1 > W_{xr}$，即线段 a 的起点可能在 6、7、8 区，此时可用与（3）类似的步骤求出 a 与窗口边界的交点。

⑤若 (x_1, y_1) 在 1,2 区。则分别求出 a 与上、下边界的交点 (x_s, y_s)。如果 $W_{xl} \leqslant x_s \leqslant W_{xr}$，则求解有效，否则线段 a 在窗口外，求解无效，无可见段输出，裁剪过程结束。

同理，将起点用终点代替，采用同样的过程可以求解线段 a 在窗口内新的终点坐标，将新的起点坐标和新终点连接起来，即可输出窗口的可见段。

（3）中点分割裁剪算法。

上面介绍的两种算法都要计算直线段与窗口边界的交点，这就不可避免地要进行大量的乘除运算，势必降低裁剪效率。下面介绍一种不用乘除法进行运算的中点分割裁剪算法。

中点分割裁剪算法的基本思想是：分别寻找直线段两个端点各自对应的最近的可见点，两个可见点之间的连线即为要输出的可见段。如图 3-45 所示，以找出直线段 P_1P_2 上距点 P_1 最远的可见点为例，说明中点分割裁剪算法的步骤：

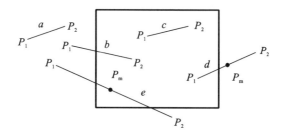

图 3-45　中点分割裁剪算法

①判断直线段 P_1P_2 是否全部在窗口外,若是,则裁剪过程结束,无可见段输出(见图 3-45 中的线段 a);否则,继续步骤(2)。

②判断点 P_2 是否可见,若是,则点 P_2 即为距点 P_1 最远的可见点(图 3-45 中的线段 b),返回;否则,继续步骤(3)。

③将直线段 P_1P_2 对分,中点为 P_m,如果 P_mP_2 全部在窗口外(图 3-45 中的线段 d),则用 P_1P_m 代替 P_1P_2,否则,以 P_mP_2 代替 P_1P_2(图 3-45 中的线段 e),对新的 P_1P_2 从第一步重新开始。

重复上述过程,直到 P_mP_2 小于给定的误差 ε(即认为已与窗口的一个边界相交)为止。

上述过程找到了距点 P_1 最远的可见点,把两个端点对调一下,对直线段 P_1P_2 用同样的算法步骤,即可找出距点 P_2 最远的可见点。连接这两个可见点,即得到了要输出的可见段。中点分割裁剪算法流程框见图 3-46。

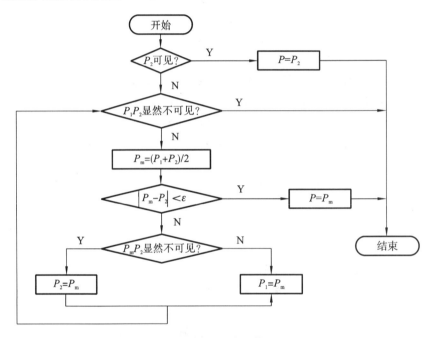

图 3-46　中点分割裁剪算法框图

该算法只要做加法和除 2 运算,而除 2 在计算机中可以很简单地用右移一位来完成,因此,该算法特别适合用硬件来实现。如果允许两个找最远点的过程并行进行,则裁剪速度更快。

3)多边形的剪裁

多边形的剪裁比直线段剪裁复杂,如图 3-47 所示。如果套用直线剪裁算法对多边形的边做剪裁的话,剪裁后的多边形之边就会成为一组彼此不连贯的折线,从而给填色带来困难(见图 3-47(b))。多边形剪裁算法的关键在于:通过剪裁,不仅要保持窗口内多边形的边界部分,而且要将窗框的有关部分按一定次序插入多边形的保留边界之间,从而使剪裁后的多边形之边仍旧保持封闭状态,填色算法得以正确实现(见图 3-47(c))。

下面介绍多边形剪裁算法,该算法是 Sutherland 和 Hodgman 提出的,它的基本思想是:

(1)令多边形的顶点按边线逆时针走向排序:$p_1, p_2, \cdots, p_n$。如图 3-48(a)所示,各边先与上窗边求交,求交后删去多边形在窗口之上的部分,并插入上窗边及其延长线的交点之间的部

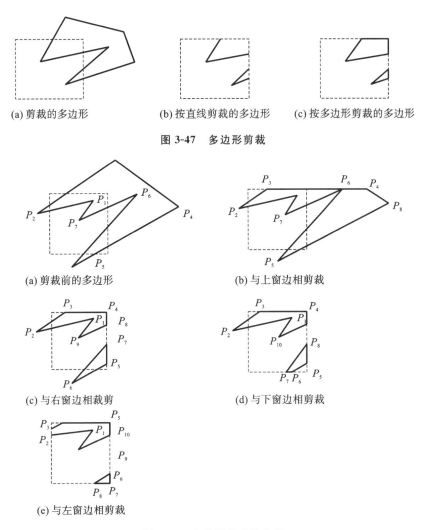

(a) 剪裁的多边形　　　　(b) 按直线剪裁的多边形　　　(c) 按多边形剪裁的多边形

图 3-47　多边形剪裁

(a) 剪裁前的多边形　　　　　　　　　　(b) 与上窗边相剪裁

(c) 与右窗边相裁剪　　　　　　　　　　(d) 与下窗边相剪裁

(e) 与左窗边相剪裁

图 3-48　多边形剪裁的步骤

分(图 3-48(b)中的 P_3、P_4)，从而形成一个新的多边形。然后，新的多边形按相同方法与右窗边相剪裁。如此重复，直至与各窗边都相剪裁完毕。图 3-47(c)、(d)、(e)示出上述操作后所生成的新多边形的情况。

(2) 多边形与每一条窗边相交，生成新的多边形顶点序列的过程，是一个对多边形各顶点依次处理的过程，见图 3-49。设当前处理的顶点为 P，先前顶点为 S，多边形各顶点的处理规则如下：

①如果 S、P 均在窗边之内侧，那么，将 P 保存；

②如果 S 在窗边内侧，P 在外侧，那么，求出 SP 边与窗边的交点 I，保存 I，舍去 P；

③如果 S、P 均在窗边之外侧，那么，舍去 P；

④如果 S 在窗边之外侧，P 在内侧，那么，求出 SP 边与窗边的交点 I，依次保存 I 和 P。

上述四种情况在图 3-49(a)、(b)、(c)、(d)中分别示出。基于这四种情况，可以归纳对当前点 P 的处理方法为：① P 在窗边内侧，则保存 P；否则不保存。② P 和 S 在窗边非同侧，则求交点 I，并将 I 保存，并插入 P 之前，或 S 之后。

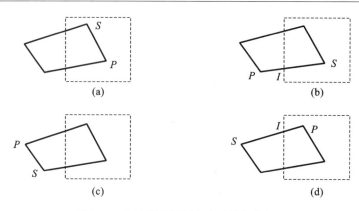

图 3-49　多边形的新顶点序列的生成规则

2. 三维图形的剪裁

前面讨论了二维剪裁,其剪裁窗口通常是矩形、凸或凹的多边形。在三维图形剪裁中,常用的三维剪裁体有长方体和平截头棱锥体,如图 3-50 所示。这两种剪裁体均为六面体:即包括左侧面、右侧面、顶面、底面、前面和后面。

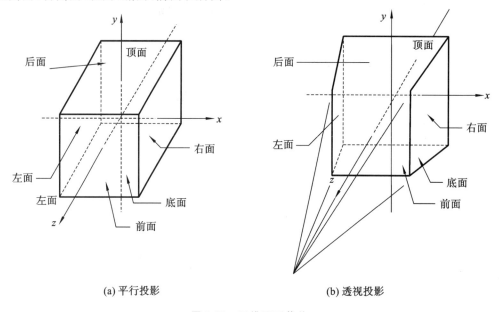

(a) 平行投影　　　　　　　　　　　　　　　　(b) 透视投影

图 3-50　三维图形裁剪

在三维图形剪裁中,三维窗口在平行投影时为立方体,三维线段剪裁的目的就是要显示三维线段落在三维窗口内的部分。

平行投影时单位立方体剪裁窗口 6 个面的方程分别是:

$$-x-1=0, \quad x-1=0, \quad -y-1=0, \quad y-1=0, \quad -z-1=0, \quad z-1=0$$

设空间任一条直线段的两端点分别为 $P_1(x_1,y_1,z_1)$,$P_2(x_2,y_2,z_2)$。P_1P_2 端点和 6 个面的关系可转换为一个六位二进制代码表示,其定义为:①第一位为 1:点在裁剪窗口的上面,即 $y>1$;②第二位为 1:点在剪裁窗口的下面,即 $y<-1$;③第三位为 1:点在剪裁窗口的右面,即 $x>1$;④第四位为 1:点在剪裁窗口的左面,即 $x<-1$;⑤第五位为 1:点在剪裁窗口的后面,即 $x>1$;⑥第六位为 1:点在剪裁窗口的前面,即 $z<-1$。如同二维直线剪裁的编码算法一样,如果一条线段的两端点编码都为零,则该线段落在窗口的空间内;如果将线段两端点的编码逐位

取逻辑"与",结果为非零,这条线段必落在窗口空间以外;否则,需对此线段作分段处理,即要计算此线段和窗口空间相应平面的交点,连接有效交点可得到落在剪裁窗口空间内的有效线段。

请读者注意,此处仅介绍了二维与三维剪裁技术,还有很多复杂的剪裁问题没有讨论,此外关于三维图形的剪裁问题也没有详细讨论,编码剪裁等剪裁算法都可以扩展为三维剪裁算法,剪裁算法仍然是一个活跃的研究分支,各种新的剪裁算法还在不断涌现。有兴趣的读者可参考有关计算机图形学方面的著作。

3.3.5　图形消隐技术

1. 图形消隐的基本概念

在现实生活中,从某一方向观察一个三维立体,它的一些面、边是看不到的。然而,从前面介绍的三维图形变换所描述的显示算法来看,三维立体的所有部分在计算机输出时均被投影到投影平面上并显示出来,如果不对它们进行处理,无疑会影响图形的立体感。另外,这种图形表示的形体往往也是不确定的,即具有多义性。如图 3-51(a)所示的长方体线框图,该图通过各个棱边来表现三维立体,不难发现这个立方体有两种解释:从长方体的上方往下看,看到的是图 3-51(b)所示的图形;若从长方体的下方往上看,看到的是图 3-51(c)所示的图形。要使该图具有唯一性,需将隐藏在长方体背后的棱线消除。

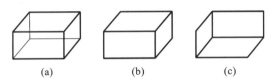

(a)　　　　　　　　(b)　　　　　　　　(c)

图 3-51　图形表达的多义性

图 3-51 仅仅是一个单独的立方体,如果多个物体在一起则情况更为复杂。再观察图 3-52(a)所示的两个长方体,无法从该图确定这两个长方体的前后遮挡关系,很难判定它是图 3-52(b)还是图 3-52(c)。这种二义性也是因为没有把因物体相互遮挡而无法看见的棱线消除的缘故。

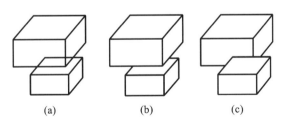

(a)　　　　　　　　(b)　　　　　　　　(c)

图 3-52　两个长方体的相互遮挡关系

从以上两个例子可见,要使显示的图形具有真实的立体感,避免因多义性而造成错觉,需在显示图形时消除因物体自身遮挡或物体间相互遮挡而无法看见的棱线。如果物体的表面信息要显示出来,例如明暗效应、色彩等,则还需在显示时消除物体的背面或被其他物体所遮挡的面或部分,否则三维图形将失去立体感,显示的线条将杂乱无章,容易产生多义性。

当沿着投影线观察三维物体时,由于物体自身某些表面或者其他物体表面的影响,使某些线或面被挡住,这些被挡住的线称为隐藏线,被遮住的面称为隐藏面。将这些隐藏线或隐藏面消除的过程就是消隐。进行消隐工作,首先要解决的问题是决定显示对象的哪些部分是可见的,哪些部分为自身或其他物体所遮挡而是不可见的,即找出隐藏线和隐藏面,然后才能将这些线和面逐一消除。查找、确定并消除隐藏线和隐藏面的技术就称为消隐技术。

消隐问题被认为是计算机图形学中最具挑战性的问题之一。该问题的解决主要是围绕"算法正确、运算速度快、占内存空间少"等目标来进行的。早在 20 世纪 60 年代就有人开始这方面的研究,发表了几百篇有关论文,目前已经提出多种有效的具体消隐算法。由于物体的结构千变万化,模型设计方法也多种多样,因而探索高效的消隐算法仍然是人们探究的课题。

2. 消隐算法中的基本检验方法

消除隐藏线、隐藏面的算法是将一个或多个三维物体模型转换成二维可见图形,并在屏幕上显示。针对不同的显示对象和显示要求会有不同的消隐算法与之相适应。各种消隐算法的策略方法各有特点,但都是以一些基本的检验方法为基础的。一种算法中往往会包含一种甚至多种的基本测试,它们是:①最大最小测试;②包含性测试;③深度测试;④可见性测试。

1) 最大最小测试

这种测试也叫重叠性测试或边界盒测试。用来检查两个多边形是否重叠,如果不重叠则说明两个多边形互不遮挡。它提供了一种判断两个多边形是否重叠的快速方法。

其原理是:找到每个多边形的极值(最大和最小的 x、y 值),然后用一个矩形去外接每个多边形,如图 3-53 所示。接着检查在 x 和 y 方向上任意两个矩形是否相交,如果不相交则相应的多边形不重叠,如图 3-54①所示。设两个多边形分别为 A 和 B,如果 A 和 B 的顶点坐标满足如下四个不等式之一,则两个多边形不可能重叠。

$$\begin{cases} x_{Amax} \leqslant x_{Bmin}, x_{Amin} \geqslant x_{Bmax} \\ y_{Amax} \leqslant y_{Bmin}, y_{Amin} \geqslant y_{Bmax} \end{cases} \tag{3-38}$$

经过上一轮检验,如果上述四个不等式均得不到满足(即两个外接矩形重叠),则这两个多边形有可能重叠。如图 3-54②所示的两个多边形,尽管它们的外接矩形相互重叠,但它们自身并没有重叠,此时将一个多边形的每一条边与另一个多边形的每条边比较,来测试它们是否相交,以此来判别两个多边形是否重叠。若两个多边形确有重叠关系(如图 3-54③所示),则通过两线段求交的算法计算其交点。

最大最小测试同样可以用 z 方向来检查在这个方向是否有重叠。

在所有测试中,找到极值点是测试中的关键。通常,可通过对每个多边形的定点坐标列表,找出并记录每个坐标的极值来实现。

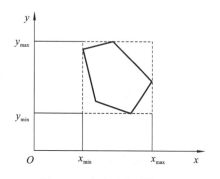

图 3-53 多边形的外接矩形

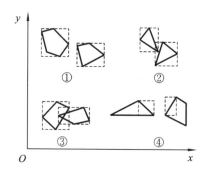

图 3-54 最大最小测试

2）包含性测试

包含性测试用于检查一个给定点是否位于给定的多边形或多面体内。对于不满足最大最小测试的两多边形，除因多边形边框相交而产生相互遮蔽外，还可能因为一个多边形包容在另一个多边形内部而产生相互遮蔽。检验一个多边形是否包容在另一个多边形内部，需要逐个检验其多边形组成顶点是否包容在另一个多边形内部。

对于凸多边形，计算某点的包含性时只需将该点的 x 和 y 坐标代入多边形每一条边的直线方程，按计算结果判断，若该点在每条边的同一侧，因而可判定该点是被凸多边形包围的。

对于非凸多边形，可以用两种方法来检验点与多边形的包含关系，即射线交点数算法和夹角求和算法。

（1）射线交点数算法。

从检验的点引出一条射线，该射线与多边形相交。如果交点数是奇数，则该点在多边形内（图 3-55(a)中的点 P_1）。如果交点数是偶数，则该点在多边形外（图 3-55(a)中的点 P_2）。如果多边形的一条边位于射线上或射线过多边形的顶点，则需要进行特殊的处理，以保证结论的一致性。如图 3-55(b)所示，如果引出的射线恰好通过多边形的一条边（点 P_3 的情况），则记为相交两次；若两条边在射线的两侧，记为相交一次（点 P_4 的情况）；若两条边在射线的同侧，记为相交两次或零次（点 P_5 的情况）。因而可以判定 P_3、P_4 在多边形内，而 P_5 在多边形外。当然在遇到这些特殊情况时，也可改变射线的方向，以避免特殊情况的出现。

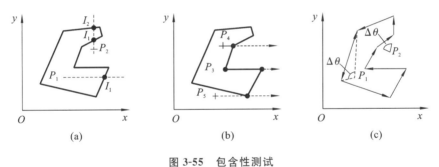

图 3-55　包含性测试

（2）夹角求和算法。

夹角求和算法如图 3-55(c)所示。首先将多边形定义为有向边，逆时针为正，顺时针为负，然后由被检验点 P_1 或 P_2 与多边形每条边的两端点构成三角形，求被检验点与多边形各个边对应的中心角 $\Delta\theta$。如果构成的三角形的边相对于被检测点为逆时针方向，则 $\Delta\theta$ 为正值；若构成的三角形的边相对于被检测点为顺时针方向，则 $\Delta\theta$ 为负值。然后，根据被检测点与每条边构成的三角形中心角的角度之和来判别测试点是否为多边形所包容。如果角度和等于 2π 或 -2π，则被检测点在多边形的内部（如点 P_1）；如果角度和等于零，则被测试点在多边形的外部（如点 P_2）。

3）深度测试

深度测试是用来测定一个物体是否遮挡另外物体的基本方法。常用的深度检验方法为优先级检验。

如图 3-56 所示，设投影平面为 xOy 平面，P_{12} 是空间矩形 F_1 和三角形 F_2 的正投影的一个重影点。将 P_{12} 的 x、y 坐标代入矩形 F_1 和三角形 F_2 的平面方程中，分别求出 z_1 和 z_2。通常,比较 z_1 和 z_2 的大小便可知 F_1 和 F_2 所在的平面哪个更靠近观察者,即哪个面遮挡另一个面。在图 3-56 中,$z_1 > z_2$ 则点 P_1 为可见点,F_1 比 F_2 有较高的优先级。

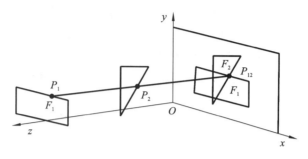

图 3-56　深度测试

深度测试方法有时会出现异常情况。图 3-57 所示为两多边形循环遮挡的情况,此时仅从一点的比较不能判断两个面在整体上哪个更靠近观察者,这时需把其中一个多边形分成两个多边形(图 3-57 中的虚线),再用上述方法分别进行检验。

4) 可见性测试

可见性测试用来确定场景中潜在的可见部分。对于凸多面体来说,可以利用平面的法矢来判断平面的可见性。

如图 3-58 所示,无论物体的外表面是平面还是曲面,只要知道其几何描述便可求出其外法矢 $\mathbf{N}$。对于单一凸性物体,物体表面外法矢指向观察者方向的面是可见的(如面 F),否则是不可见的(如面 F_1)。定义由观察点 C 至物体方向的视线矢量为 $\mathbf{S}$,则通过计算物体表面某点的法矢 $\mathbf{N}$ 和视线矢量 $\mathbf{S}$ 的点积即可判别该点是否可见:

$$\mathbf{N} \cdot \mathbf{S} = |\mathbf{N}| \cdot |\mathbf{S}| \cos\theta \tag{3-39}$$

法矢 $\mathbf{N}$ 指向物体的外部,θ 为 $\mathbf{N}$ 和 $\mathbf{S}$ 的夹角,则当 $\mathbf{N}$ 指向视点方向时其积为正,即为可见面。如果物体含有凹性表面,则在满足法线检验的可见面之间还可能发生相互遮蔽,还需作进一步的消隐检验和判别。但是,进一步的消隐检验和判别只需对上述可见面进行。

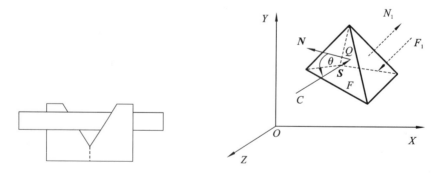

<table>
<tr><td>图 3-57　优先级检验时的异常情况</td><td>图 3-58　可见性测试</td></tr>
</table>

3. 常用的消隐算法

经过上述几种检验方法,可以判别两个物体或物体自身各部分之间是否存在重叠或遮挡关系,如果不存在重叠或遮挡关系,则无需消隐处理,否则需要进行消隐处理,即在图形显示过程中,判别哪个物体被遮挡而不显示,哪个不被遮挡而要显示出来。

消隐算法可以分为两大类:物空间算法和像空间算法。物空间算法是利用物体间的几何关系来判断物体的隐藏与可见部分。这种算法利用计算机硬件的浮点精度来完成几何计算（如相交），因而算法精度高，不受显示器分辨率的影响。但随着物体复杂程度的增加，物空间算法的计算量比像空间算法的增加很多。像空间算法则把注意力集中在最终的图像上，对光栅扫描显示器而言，将对每一像素进行判断，确定哪些是可见部分。这种算法只能以显示分辨率相适应的精度来完成，因此不够精确。一般大多数隐藏面消除算法用相空间算法，而大多数隐藏线消除算法用物空间算法。

下面介绍几种常用的算法。

1）区域子分割算法

区域子分割算法的基本思想是：把物体投影到全屏幕窗口上，然后递归分割窗口，直到窗口内目标足够简单，可以显示为止。首先，该算法把初始窗口取作屏幕坐标系的矩形，将场景中的多边形投影到窗口内。如果窗口内没有物体则按背景色显示，若窗口内只有一个面，则把该面显示出来；否则，若窗口内含有两个以上的面，则把窗口等分成四个子窗口。对每个小窗口再做上述同样的处理。这样反复地进行下去。如果到某个时刻，窗口仅有像素那么大，而窗口内仍有两个以上的面，这时不必再分割，只要取窗口内最近的可见面的颜色或所有可见面的平均颜色作为该像素的值，如图 3-59 所示。

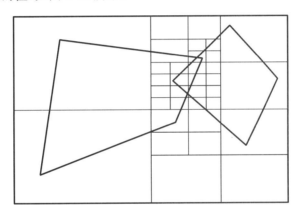

图 3-59 区域子分的过程

这个算法是通过将图像递归地细分为子图像来解决隐藏面问题，整个屏幕称为窗口，细分是一个递归地四等分过程，每一次将矩形的窗口等分为四个相等的小矩形，其中每个小矩形也称为窗口，每一次细分，都要判断显示的多边形和窗口的关系，这种关系可以分为以下几种类型：

①多边形环绕窗口。如图 3-60(a)所示，多边形完全环绕着窗口；

②多边形与窗口相交。如图 3-60(b)所示，多边形部分地落在窗口内；

③窗口环绕多边形。如图 3-60(c)所示，多边形完全落在窗口内；

④多边形与窗口分离。如图 3-60(d)所示，多边形与窗口在 X、Y 方向上均无重叠。

下列情况之一发生时，窗口足够简单，可以直接显示：

（1）所有多边形均与窗口分离，该窗口置背景色。

（2）只有一个多边形与窗口相交，或该多边形包含窗口，则先整个窗口置背景色，再对多边形在窗口内部用扫描线算法绘制。

（3）有一个多边形包围了窗口，或窗口与多个多边形相交，但有一个多边形包围窗口，而且在最前面最靠近观察点。

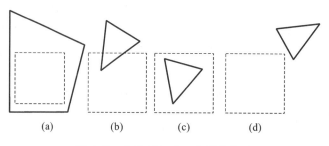

图 3-60   多边形与窗口之间的关系

2）Z 向缓冲区（Z-buffer）算法

Z 向缓冲区算法也称 Z 向深度缓冲区算法或深度缓冲区算法。1973 年，犹他大学学生艾德·卡姆尔（Edwin Catmull）开发出了能跟踪屏幕上每个像素深度的算法 Z-buffer 算法。Z-buffer 让计算机生成复杂图形成为可能。它是所有图像空间算法中原理最简单的一种。它的基本思想是：对于显示屏上的每个像素，记录位于此像素上最靠近观察者的一个对象的深度，通过深度的比较来决定该对象可见或不可见。为此，不仅要有存储每一像素点亮度或色彩的帧缓冲区，还要设置一个用于存储每一像素点所显示对象深度的缓冲区，称为 Z 向缓冲区或深度缓冲区。在 Z 缓冲区中可以对每一个像素的 Z 值排序，并用最小的 Z 值初始化 Z 缓冲区；而在帧缓冲区中，用背景像素值进行初始化。帧缓冲区和 Z 缓冲区用像素坐标 (x, y) 进行索引。Z 向缓冲区算法过程如下：

对场景中每个多边形找到多边形投影到屏幕上时位于多边形内或边界上所有像素的坐标 (x, y)，对每个像素，在其坐标 (x, y) 处计算多边形的深度 Z，并与 Z 缓冲区相应单元的现行值相比较，如果 Z 值大于 Z 缓冲区的现行值，则该多边形比其他早已存于像素中的多边形更靠近观察者。在这种情况下，用 Z 值更新 Z 缓冲区的对应单元，同时将 (x, y) 处多边形的明暗值写入缓冲区中对应的该屏幕像素的单元中。当所有的多边形被处理完后，帧缓冲区中保留的是已消隐的最终结果。

3）扫描线算法

扫描线算法是通过每一行扫描线与各物体在屏幕上投影之间的关系来确定该行的有关显示信息。扫描线算法的原理与扫描线多边形填充算法的原理一致，所不同的是扫描线消隐算法能处理相重叠的多个多边形。扫描线算法有多种，如 Z 缓冲区扫描线算法、分段扫描线算法等。下面介绍分段扫描线算法。

每条扫描线被各多边形边界在 xOy 平面上的投影分割成若干段，在每段中最多只有一个多边形是可见的。因此，只要在段内任一点处，找出在该处 z 值最大的一个多边形，这个段上的每一个像素就用这个多边形的颜色来填充。这种方法即为分段扫描线算法。

设多边形的边界在 xOy 平面上的投影和扫描线交点的横坐标为 x_i，这些交点将扫描线分成若干段，如图 3-61 所示。在每段上最靠近观察者的那个面就是该段上的可见面。具体的判断要靠深度测试来完成，在段内任取一点（例如多边形所在平面与扫描线所在平面的交线在段内的一个端点），用多边形各自的平面方程计算深度，深度值最大的多边形在该段内是可见的。

在上述各步的处理过程中，可以采用多种处理技巧来提高效率，例如，把物体预先按其最大（或最小）y 坐标进行排序，当一个物体的最大（小）y 坐标小（大）于扫描线的 y 坐标即可不计算交线，从而大大提高计算效率。

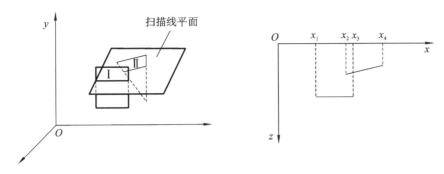

图 3-61 分段扫描线算法

习 题

3-1 计算机图形学中常用的坐标系有哪几种？它们之间有什么关系？

3-2 什么是窗口和视区？二者间有什么联系？

3-3 简述二维图形变换的基本原理、方法和种类。

3-4 已知一单位立方体如图 3-62 所示，将该立方体绕其对角线 OA 逆时针旋转 θ 角，求其变换矩阵。

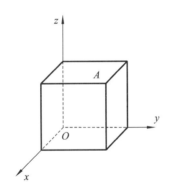

图 3-62 题 3-4 图

3-5 计算机绘图中如何生成三视图？

3-6 何为透视变换？它能产生什么效果？

3-7 已知一平面方程 $ax+by+cz+d=0$，求经过透视投影变换后，该平面方程的系数。

3-8 简述二维图形裁剪的基本原理和可选用的裁剪方法。

3-9 n 边形关于矩阵窗口进行裁剪时，最多有多少顶点？最少有多少个顶点？

3-10 简述光照处理的作用，在光照处理中，如何处理漫反射、镜面反射和环境光？

第4章　计算机辅助产品设计

本章要点

随着云制造、产业互联等新概念的出现，传统的 CAD 系统受其固有特性的限制，无法体现智力活动，只能成为设计者工作的辅助工具，这对计算机辅助设计过程提出了更高的要求。本章首先针对计算机辅助技术中存在的局限性引出专家系统和智能 CAD，并对专家系统和智能 CAD 作了较全面的介绍；随后对专家系统和智能 CAD 在产品设计中的功能展开介绍，以参数化设计和模块化设计方法为重点详细说明了计算机辅助技术应用的优势；最后以 Creo 建模软件为实际操作对象进行实例操作介绍。

4.1　概　　述

设计是一个含有高度智能的人类创造性活动，拥有人工智能的计算机辅助设计与制造系统是计算机辅助设计与制造技术发展的必然方向。但从人类的认知和思维模式来看，现有人工智能技术对模拟人类的思维活动（包括形象思维、抽象思维和创造性思维等）束手无策。

制造业一直追求解决的是一个关于 TQCSE（T 表示时间，Q 表示质量，C 表示成本，S 表示服务，E 表示环境）的难题。而社会发展至今，在智能化和制造业不断融合的大背景下，产品设计制造以工业 4.0 技术为核心，包括物联网、云计算、虚拟现实和增强现实等技术，为产品设计在智能、环保等方向的发展提供了多种手段。其中 CAD 是以计算机硬件、软件为支持环境，用先进的设计方法，通过各个功能模块实现对产品的描述、计算、分析、优化、绘图、工艺设计以及对各类数据的存储、传递、加工功能。在运行过程中，结合人的经验、知识及创造性，人机交互、各尽所长、紧密配合的产品设计手段，其核心功能是借助计算机强大的数据处理能力辅助设计从而提高工作效率，同时针对传统设计方法存在的局限性提供解决方案。

智能计算机辅助设计与制造系统不仅仅是简单地将现有的智能技术与计算机辅助设计与制造技术相结合，更重要的是深入研究人类设计的思维模型，并用信息技术来表达和模仿它，这样才会产生高效的智能计算机辅助设计与制造系统。因此，计算机辅助产品设计将计算机科学与工程领域专业技术以及人的智慧和经验以现代科学方法为指导结合起来，在设计的全过程中各尽所长，尽可能地利用计算机系统来完成那些重复性高、劳动量大、计算复杂以及单纯靠人工难以完成的工作。

人工智能在计算机辅助设计与制造系统中的引入，使其具有专家的经验和知识，具有学习、推理、联想和判断的能力，用户只需要进行少量的交互操作就能完成原本烦琐的设计。同时也能够在产品全生命周期下整合计算机辅助设计与制造系统和其他各系统之间的集成，从而实现全生命周期一体化。

目前计算机辅助设计与制造系统不仅可集成并进行智能化判断，而且可以在现有智能CAD 基础上进一步以各种智能设计方法作为理论依据，为产品设计各个阶段的工作提供支持，实现系统的计算机集成智能设计。

4.1.1　传统 CAD 技术局限性

设计是人类特有的能力,设计本身是一种创造和启发性的劳动,设计过程的相当部分是非数值计算性的工作,需要依靠思考、推理和判断来解决。一般来讲,在工程上设计大致可以分为两种:数值计算与符号推理。传统的 CAD 技术以数值计算为基础,它不包括符号推理,即没有分析问题和解决问题的能力,它所能做的工作,主要是提供方便的设计手段来辅助设计人员进行设计。使用传统 CAD 进行设计,主要是依靠设计人员进行构思—生成—修改的流程,或者先拟定好方案和结构再做分析、校核。在此过程中,设计人员是主体,决定着整个设计过程的进程和结果,而 CAD 系统只是一个辅助工具。这就要求整个设计过程必须事先规划好,然后利用 CAD 得出结果,从而使得传统 CAD 的应用领域局限于解决那些已被解决的问题类型,并要求在设计初始阶段就提出一个完美的问题解决方案。但这往往是不切实际的,也不是我们所说的具有智能的计算机应该进行的工作,因为一个最佳的满足要求的模型总是要在实际设计过程中根据外界的反馈信息来不断地改进。因此,为了克服传统 CAD 的不足,以适应创造性设计的要求,人们开始研究新的 CAD 技术思想,引入人工智能的原理和方法,采用专家系统技术,将 CAD 从传统的单一应用发展为智能 CAD 技术到现在的智能设计系统。

4.1.2　基于专家系统的产品设计方法

智能 CAD(intelligent CAD,ICAD)系统是指那些提供了推理、知识库管理、查询等信息处理能力的 CAD 系统,其典型代表是设计型专家系统。

1. 专家系统

为适应设计向集成化、智能化、自动化方向发展这一需求,就必须加强设计专家与计算机人机结合设计系统的智能化水平,使计算机能在更大范围内、更高水平上帮助或代替人类专家处理数据、信息与知识,进行各种设计决策,提高设计自动化的水平。

专家系统是一个智能计算机程序系统,其内部含有大量的某个领域专家水平的知识与经验,能够利用人类专家的知识和解决问题的方法来处理该领域问题。其基本结构见图 4-1。

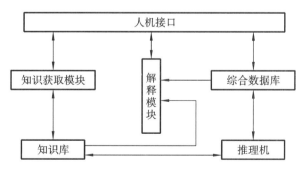

图 4-1　专家系统基本结构

专家系统一般具有以下特点:

(1) 具有丰富的知识和科学的推理能力。专家系统能运用专家级的知识和经验,结合数值计算的结果进行推理和判断。工程中,不是所有的问题都能很好地用数学模型来描述的,在很多情况下,符号表示和逻辑推理则能更好地表达事物的本质。因此,必须把数值计算和符号推理有机地结合起来才能解决工程设计问题。

（2）具有透明性。专家系统具有很强的解释功能和咨询功能,即正确、详细地解释推理的过程,给出做出结论的理由。这无疑增加了系统的可接受性,并为知识工程师发现和更正知识库中知识的错误或缺陷提供帮助。此外,这种功能还使得专家系统可以承担向用户提供咨询和对工程设计的新手进行培训的任务。

（3）具有灵活性。专家系统能不断地接纳新知识,修改原有知识,以使自身在工程实践中日趋完善。

2. 基于专家系统的智能 CAD 方法

1）基于推理的设计方法

推理是人工智能的一块基石,把推理的思想用于设计也是人们最早采用的方法。方案的形成过程可以看作一个推理的过程,它的输入是已有的设计数据和设计知识,智能 CAD 系统借助推理,如正向推理、反向推理、混合推理等,由计算机得出设计的方案。至于设计知识的表示,常用的有谓词逻辑、框架结构、产生式规则表示等。

2）基于搜索的方法

如果把设计的各种可能的方案组合成为设计空间,那么设计过程可被看成是在设计空间中解的搜索,设计的结果即是对应于设计空间中的某个点（一种设计方案）。搜索方法可分为两大类,即盲目搜索和启发式搜索。设计是一种创新的活动,是一种在知识指导下的启发式搜索过程。因此,用搜索的方法可以生成设计方案,还可以进行优化设计,也是智能 CAD 中不可或缺的一部分。

4.1.3　基于智能 CAD 系统的产品设计方法

1. 计算机集成智能设计系统

计算机集成智能设计系统（computer integrated intelligent design system,CIIDS）是指:以智能 CAD 系统为基础,以各种智能设计方法为理论依据（方法的集成）,对产品设计的各个阶段工作提供支持（系统的集成）,有唯一且共同的数据描述（知识的集成）,具有发现错误、提出创造性方案等智能特性,有良好的人机智能交互界面,同时能自动获取数据并生成方案,能对设计过程和设计结果进行智能显示。最后,系统内部不但能够实现网络化,而且行业间的CAD 系统也能组成 CAD 信息互联网。

与智能 CAD 不同的是:①CIIDS 要处理多领域、多种描述形式的知识,是集成化的大规模知识处理环境;②CIIDS 面向整个设计过程,是一种开放的体系结构;③CIIDS 要考虑产品在整个设计过程中的模型、专家思维、推理和决策的模型,不像 ICAD 系统那样只针对设计过程某一特定环节（如有限元分析）的模型进行符号推理。这是智能设计的高级阶段,CIIDS 抽象模型如图 4-2 所示。

CIIDS 的特性可归结为以下 4 点。

1）集成化

集成化表现在系统的集成、知识的集成和方法的集成 3 个方面。

（1）系统的集成:包括硬件集成和软件集成。

（2）知识的集成:智能设计是基于知识的设计,通过各种知识库和知识树的建立、知识的统一管理、知识的智能接口等方式来实现知识的集成、管理与控制。

（3）方法的集成:通过方法库的形式,把各种智能设计方法集成起来,如把智能优化设计、面向对象的设计、面向智能体的设计、并行设计、协同设计、信息流设计和虚拟设计方法等集成起来。

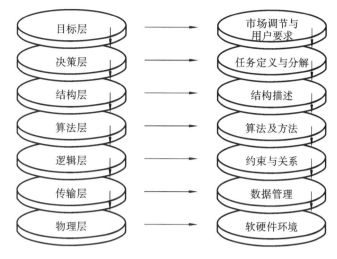

图 4-2　CIIDS 抽象模型

2）智能化

智能化表现在 CIIDS 本身的智能性、人机智能交互界面、设计过程和设计结果的智能显示。

（1）CIIDS 本身的智能性：智能化就是把人工智能的思想、方法和技术引入传统 CAD 系统中，使系统具有类似设计师的智能，包括发现错误、建议解决方案的能力，自学习、自适应和自组织的能力等，使计算机能支持设计过程的各个阶段，尽量减少人的干预，从而提高设计水平，缩短设计周期，降低设计成本。

（2）人机智能交互界面：系统以用户输入为基础，结合数据库技术和自然语言理解，通过机器已具备的常识和推理，自动获得更多的信息。随着语言处理技术和智能多媒体技术的发展，人机智能交互的作用将更加突出。

（3）设计过程和设计结果的智能显示：CIIDS 的一个重要方面就是在显示上使系统具有智能性。随着可视化技术、虚拟显示技术及智能多媒体技术的发展，CIIDS 将在色彩和真实感方面使设计过程和设计结果的显示得以充分表现。

3）自动化

自动化主要体现在自动生成方案、自动获取数据和自动建立三维形体 3 个方面。

（1）自动生成方案：在 CIIDS 中，从外形设计到系统特性设计，从概念设计到加工过程设计，设计者提出要求，由系统模拟自动生成多种能满足要求的方案。然而，设计理论至今尚未成熟，设计全自动化还难以实现。常用方法是局部或在人机交互协作下自动生成方案。

（2）自动获取数据：主要指工程图纸的自动输入与智能识别，就是要通过扫描输入的点阵图像和 CAD 系统之间的智能接口，实现对图纸内容的识别与理解，并转换为 CAD 系统兼容的数据格式。

（3）三维形体的自动建立：通过综合三维视图中的二维几何与拓扑信息，在计算机中自动产生相应的三维形体。一方面为 CIIDS 提供新的三维模型交互操作方法；另一方面是在设计问题求解中，为从设计方案到设计结果的转换过程提供一个有效、可靠的三维模型构建方法。

4）网络化

网络化是指通过局域网和互联网实现自动化。

2. 常用智能设计方法

1）基于智能优化的设计方法

基于智能优化的设计方法包括模糊智能优化、人工神经网络、进化智能优化等。

2）基于推理的设计方法

基于推理的设计方法是指推理的思想用于设计，方案的形成过程可看成推理的过程，输入设计数据、知识，由计算机推理得到设计方案的设计方法。另外，人的设计是一种高度综合的智能活动，设计者可综合各种信息产生新的想法，也可以利用旧的经验或仅采用设想的成分，在头脑中加工形成结果，这种方法称为基于综合推理的设计方法。

3）面向对象的设计方法

这是一种全新的设计和构造软件的思维方法。首先构建该问题的对象模型，使该模型能真实地反映所要求解问题的实质；然后设计各个对象的关系以及对象间的通信方式等；最后实现设计所规定的各对象所应完成的任务。

4）并行设计方法

并行设计方法就是在产品开发的设计阶段就综合考虑产品生命周期中工艺规划、制造、装配、测试和维护等各环节的影响，各环节并行集成，缩短产品的开发时间，降低产品成本，提高产品质量。CIIDS 应该支持并行设计。

5）协同式设计方法

协同式设计方法是指以协同理论为理论基础，由设计专家小组经过一些协同任务来实现或完成一个设计目标或项目的设计方法。协同式设计是一个知识共享和集成的过程，设计者必须共享数据、信息和知识。共享知识的表达以及冲突检测和解决是其关键技术。

6）虚拟设计方法

虚拟设计方法就是把虚拟现实技术应用于工程设计中，实现理想的绘图与结构计算一体化的设计方法。如果把虚拟现实技术与 CIIDS 相结合，创建虚拟现实的 CIIDS，则可大大提高从工程项目的规划、方案的选择，到最后结果的实现的设计效率和设计质量。

4.2　产品设计过程分析

计算机的硬件结构截至目前仍是冯·诺依曼的结构，即集中的、顺序的控制，这决定了计算机的工作是一种系统化、格式化的工作。计算机辅助设计与制造也不例外，其前提是设计、制造过程的算法化、规律化。要想将设计、制造过程程式化，就必须研究设计、制造过程的规律及人脑的思维活动。

根据设计方法学的观点，设计过程可以划分为若干个设计阶段，各设计阶段又可划分为若干个设计步骤。这些阶段和步骤的划分意味着设计从抽象到具体、从定性到定量、从全局到局部、从系统的上层结构到下层结构的实现。

4.2.1　传统 CAD 产品设计过程

产品的设计往往是从市场需求分析开始的，根据需求确定产品的性能，建立产品的总体设计方案，进行综合分析论证；在此基础上，设计具体结构，包括结构方案的优化、评估、几何参数、力学特性的分析计算；最后得到产品的设计结果。完成设计工作之后，需对产品的几何形状和制造要求做进一步分析，设计产品的加工工艺规程，进行生产准备，随后进行加工制造、装配、检测。设计过程概括描述如图 4-3 所示。

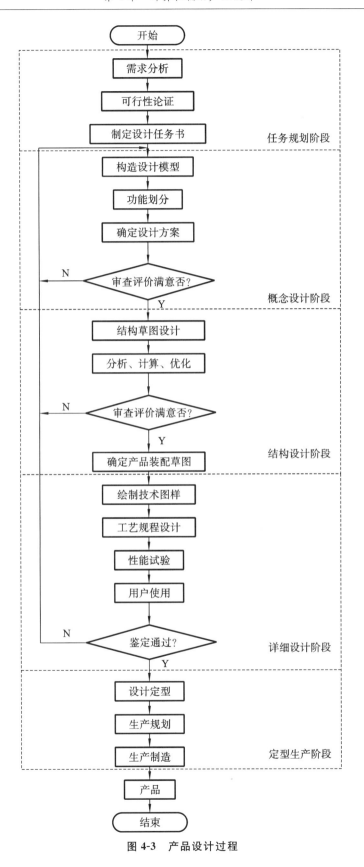

图 4-3　产品设计过程

1. 任务规划阶段

任务规划阶段要进行需求分析、市场预测、可行性分析，根据企业内部的发展目标、现有设备能力及科研成果等，确定设计参数及约束条件，最后明确详细的设计要求作为设计、评价和决策的依据，制定产品设计任务书。

2. 概念设计阶段

概念设计实质上是产品功能原理的设计。首先将系统总功能分解为若干复杂程度较低的分功能——功能元，通过各种方法求得各功能元的多个解，组合功能元的解或直接求得多个系统原理解。在此基础上，根据技术、经济指标对已建立的各种功能结构进行评价、比较，从中求得较好的原理方案。这个阶段是设计过程中最关键的一环，要求设计人员开拓思路，发挥想象力，大胆创新，构思创新产品概念。方案中若能引入新原理、新技术，往往能使产品有突破性的变化。

3. 结构设计阶段

该阶段要将功能原理方案具体化为产品结构草图，以便进一步进行技术分析、经济分析、修改薄弱环节。这阶段的主要工作包括零部件布局、运动副设计、人—机—环的关系以及零部件选材、结构尺寸的确定等，再进行总体优化、计算，确定产品装配草图。

4. 详细设计阶段

详细设计是在上述装配草图的基础上，进行部件、零件的分解设计、优化计算等工作，通过模型试验检查产品的功能和零部件的性能，并加以改进，完成全部生产图样，进行工艺设计，编制工艺规程文件等有关技术文件。

5. 定型生产阶段

这一阶段通过用户试用，设计人员根据用户的反馈修改设计方案，从而使设计定型，再依据定型的设计进行生产规划和生产制造。

4.2.2　基于专家系统产品设计过程

专家系统的产品设计过程主要分为知识库的构建和专家系统的控制策略。

1. 知识库的构建

知识库是设计型专家系统中最重要的部分，因为知识库中知识的数量和质量直接关系到系统的优劣，直接关系到系统能否真正具有实用价值。建造知识库要涉及知识的表示、知识的获取等问题。

1）知识的表示

知识的表示就是研究如何用最合适的形式来组织知识，使其对所需解决的问题最为有利。知识的表示是当今正处于发展中的一个方向，知识表示的方法很多，常见的有谓词逻辑、框架结构、产生式规则、过程模式表示、语义网络模式等表示方法，下面简单介绍几种常见的表示方法。

（1）谓词逻辑：分为命题演算和谓词演算。命题演算中，可以使用逻辑运算符把单个命题组合到一起，使之成为一个较复杂的命题。命题演算中，命题是不可分的。如"白色的"这个谓词，若用 P 表示，则 $P(x)$ 就表示"x 是白色的"这样一个命题。该命题的值是 T 还是 F，取决于 x 的值。如果 x 为"雪"，则命题得 T 值；如果 x 为"煤"，则该命题得 F 值。

可以使用量词来对谓词加以限定，∀ 为全称量词，表示"所有的"；∃ 称为存在量词，表示存在一个。于是：

$\forall(x)P(x)$ 表示"所有的 x 都是白色的"；

$\exists(x)P(x)$ 表示"存在一个 x 是白色的"。

（2）框架结构：框架是一种描述立体形态的数据结构。框架有如下形式：

（＜框架名＞

（＜槽名 1＞（＜侧面 1＞（＜值 1＞，＜值 2＞，…）

　　　　　　（＜侧面 2＞（＜值 1＞，＜值 2＞，…）

　　　　　…

　　　　　（＜槽名 2＞（＜侧面 1＞（＜值 1＞，…）…）

　　　　　…））

（3）产生式规则：知识用规则表示的专家系统，称为基本规则的专家系统或称为产生式系统，这是专家系统中用得最多的一种知识表示方法。一个产生式系统由规则库、综合数据库和推理机 3 个部分组成。

2）知识的获取

知识的获取就是把用于求解某专门问题的知识从知识源中提取出来，并转换成计算机能识别的代码。

知识的获取方法有以下 3 种。

（1）人工方式：知识工程师与领域专家密切合作，将知识概念化和形式化，然后编制程序形成知识库。该种方式的缺点是周期长、人力消耗大。

（2）半自动方式：建立智能编辑系统，采用交互方式让专家直接同该系统打交道。目前许多专家系统开发工具都具有这种获取知识的智能编辑系统，为领域专家直接建立知识库提供方便。

（3）全自动方式：在半自动方式中，我们假设与智能编辑系统打交道的专家已经具备了系统所需要的知识，并能够表达出来。但是许多时候专家本人也不能直接给出那些启发式知识。因此，全自动获取知识就是试图建立一个计算机系统去总结、发现专家尚未形式化甚至尚未发现的知识。全自动知识获取强调知识的发现和增值，也称为机器学习。

知识的获取过程通常要经过以下 5 个阶段。

（1）确定知识源阶段。知识工程师在建造知识库之前，要选定一个或多个领域专家，以请教的方式学习与领域有关的知识。同时，知识工程师还要与领域专家密切配合，制定专家系统的设计目标，包括专家系统这一块如何从待建模的问题中分离出来，然后确定知识源。知识源包括专家过去的问题求解实例、教科书以及隐含在专家头脑中的问题求解经验等。

（2）概念化阶段。本阶段的任务是将前一阶段获得的知识源进行整理，主要包括：确定数据类型、分析系统预定的输入输出、系统目标的分解、每个目标的约束、领域问题的求解策略、问题领域中各实体的相关性（包括局部整体关系）和问题领域内实体间的因果关系、层次结构等。

（3）形式化阶段。本阶段的任务就是要把上个阶段得出的相关概念映射成知识的形式化表示，具体地说，就是要选择知识表示的方式、设计知识库的结构、形成知识库的框架。

（4）实现阶段。把形式化的知识映射成一个可执行的程序，形成一个原型（prototype）专家系统。在具体实现时，可以选用一些知识工程辅助手段，如知识获取工具，这时形式化的知识表示必须转变为知识获取工具所规定的表示方式。注意,这一阶段的原型系统一定要经过反复评价、修改,才能投入使用。

(5)完善阶段。这里的完善阶段是指在系统投入运行以后,在求解实际问题过程中,知识工程师、领域专家或系统自身随着经验的积累,在原有知识库的基础上进行的扩充或改进。

2. 专家系统的控制策略

在机械设计中,常采用"设计—评价—再设计"的总体控制结构(以下简称为再设计结构),这种结构已被广泛应用在机械设计专家系统中,使用效果良好。这种再设计结构正确地反映了机械设计的求解思路,并能很好地解决试探性设计问题。

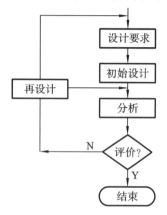

图 4-4 "设计—评价—再设计"的
设计过程模型

这一设计过程模型如图 4-4 所示,根据技术要求设计的初始方案,必须进一步分析评价,以确定该初始设计方案是否可以接受。分析评价可以采用数值分析手段,也可以采用系统工程学和模糊评判的方法。如果初始设计方案不能被接受,系统将根据分析评价的反馈信息进行再设计。如此反复,不断改进,直到完成一个可以接受的方案为止。这种设计模型要求专家系统必须能揭示上一设计方案不能被接受的原因,并能吸收上次设计过程中的成功经验和失败教训,进行自我修改,调整设计参数、改变判定条件等等。

"设计—评价—再设计"结构中有 5 个主要的功能模块,现分述如下。

(1)初始设计模块。该模块常采用类比法完成方案设计,因而需要丰富的经验和知识。这个模块本身就是一个子专家系统。

(2)分析模块。分析的目的是为评价提供部分依据,评价的另一部分依据来自由专家经验编写成的规则。这个模块主要应用各种方法对方案进行分析,这些方法包括有限元分析方法、可靠性分析方法、失效分析方法等。

(3)评价模块。评价就是确定方案各项评价指标的具体数值,为下一阶段的可接受性决策提供依据。可以采用各种方法来完成评价工作,如系统工程学、价值工程学、决策论、运筹学、模糊数学等。评价除为可接受性决策提供信息来源外,还为再设计的回溯策略提供依据。

(4)可接受性决策模块。该模块的任务是检查对设计方案评价的结果是否达到了可接受性指标,可由多个评价指标综合建立起可接受性指标。可接受性决策有两种含义:一是检查具体的每个设计方案是否可以接受;二是为可行的设计方案开辟一个存储区,存储所有可行的设计。系统可以根据综合评价指标评出一个最佳方案,从而在某种程度上实现设计方案的优化。具体决策所需资源如图 4-5 所示。

(5)再设计模块。如图 4-6 所示,该模块的任务是根据评价模块和可接受性决策模块反馈的信息,运用专家知识,对原方案进行修改,提交新的设计方案,使设计方案向可接受性指标逼近。例如,在轴的设计中,若设计失败的原因是轴的挠度超过了规定值,则可根据关于挠度的知识即影响挠度的因素、各因素之间的联系以及各因素对挠度影响的重要程度等,采取各种措施对原方案进行修改,诸如减小跨距、增加轴径、改变轴承的支承形式或改变轴的结构形式等。

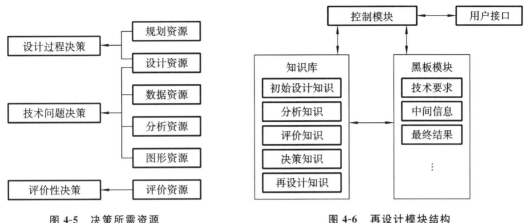

图 4-5　决策所需资源　　　　　　　　　图 4-6　再设计模块结构

4.2.3　基于智能 CAD 产品设计过程

建造一个实用的智能设计系统,是一项十分艰巨的工作。智能设计系统的功能要求越强,系统将越复杂。因此,在具体构建智能设计系统时,不必强求设计过程的完全自动化。开发与建造一个智能设计系统的基本步骤如图 4-7 所示。

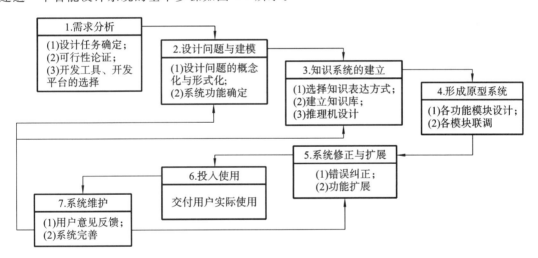

图 4-7　智能设计系统建造的基本步骤

1. 系统需求分析

系统需求分析必须明确所建造系统的性质、基本功能、设计条件和运行条件等一系列问题。其主要工作包括:①设计任务的确定;②可行性论证;③开发工具和开发平台的选择。

2. 设计对象建模

建造一个功能完善的智能设计系统,首先要解决好设计对象的建模问题。设计对象信息经过整理、概念化、规范化,按一定的形式描述成计算机能够识别的代码形式,计算机才能对设计对象进行处理,完成具体的设计过程。

在设计对象建模工作中,需要完成的工作包括设计问题的概念化和形式化、系统功能的确定。

(1) 设计问题的概念化和形式化。设计过程实际上由两个主要映射过程组成,即设计对象的概念模型空间到功能模型空间的映射,功能模型空间到结构空间的映射。因此,如果希望所建造的智能设计系统能支持完成整个设计过程,就要解决好设计对象建模问题,以适应设计过程的需要。设计问题概念化、形式化的过程实际上是设计对象的描述与建模过程。

（2）系统功能的确定。智能设计系统的功能反映系统的设计目标。根据智能设计系统的设计目标,可分为智能化方案设计系统(完成产品方案的拟订和设计)、智能化参数设计系统(完成产品的参数选择和确定)和智能设计系统(完成从概念设计到详细设计整个设计过程)。其中,智能设计系统是一个较为完整的系统,但建造的难度也较大。

3. 知识系统的建立

知识系统是以设计型专家系统为基础的知识处理子系统,是智能设计系统的核心。知识系统的建立过程即设计型专家系统的建造过程。建造中的主要工作包括选择知识表达方式、建造知识库和推理机设计。

4. 形成原型系统

形成原型系统阶段的主要任务是完成系统要求的各种基本功能,包括比较完整的知识处理功能和其他相关功能,只有具备这些基本功能,才能建造出一个初步可用的系统。

形成原型系统的工作可分为以下两步进行:①各功能模块设计(按照预定的系统功能对各功能模块进行详细设计,完成编写代码、模块调试过程);②各模块联调(将设计好的各功能模块组合在一起,用一组数据进行调试,以确定系统运行的正确性)。

5. 系统修正与扩展

系统修正与扩展阶段的主要任务是对原型系统有联调和初步使用中的错误进行修正,对没有达到预期目标的功能进行扩展。经过认真测试后,系统已具备设计任务要求的全部功能,满足性能指标,就可以交付用户使用,同时形成设计说明书及用户使用手册等文档。

6. 投入使用

将开发的智能设计系统交付用户使用,在实际使用中发现问题。只有经过实际使用过程的检验,才能使系统的设计逐渐趋于准确和稳定,进而达到专家设计水平。

7. 系统维护

针对系统在实际使用中发现问题或者用户提出的新要求对系统进行改进和提高,以不断完善系统。

4.3　参数化与模块化设计

当今企业要想在日益激烈的市场竞争中立于不败之地就必须快速响应市场和用户对新产品的需求,因而要尽量缩短新产品的研制周期。这种情况下,最大限度地利用已有设计成果,修改不合要求的部分是最快速、最有针对性的办法。纵观整个社会发展和科技发展的进程,其也是一个不断继承和创新的历史,产品的设计过程也不例外,同样是在原有基础上不断修改、不断迭代、不断完善的过程,探索以继承为基础的快速设计方法、原理和规范一直是产品设计领域的研究重点。参数化和模块化设计就是其中具有典型代表意义的设计方法。

当用传统二维通用 CAD 系统进行设计时,对设计结果进行更新或修改,需要重新绘图。尤其是设计多视图零件,在修改设计时,零件的表达和它的有关设计参数无法完全放在一起,当然也没有直接的关联,这些技术资料的保存和更新都十分麻烦。参数化设计是 CAD 技术基于实际设计应用需求提出来并得到发展的、有着强大实用价值的技术。

　　参数化设计不仅可以使 CAD 系统具有交互式绘图的功能,还可以使其具有自动绘图的功能。利用参数化设计开发出来的专用的产品设计系统,可以使设计人员从大量烦琐的绘图工作中解脱出来,可以大大提高设计速度,并减少信息的存储量。因而研究和提高参数化设计技术,是 CAD 技术应用领域内的一个重要的任务。

　　模块化和参数化是相辅相成的,模块化给三维设计插上了翅膀,在实际工作中可以极大地提高工作效率。利用模块化设计的三个特点就可以对一种机器、一种机型或多种机型进行模块化划分,控制好接口进行并行设计,而设计过程中类似的模块就可以大面积参数变形和设计重用。

4.3.1　参数化设计

1. 参数化设计概念

　　早期的 CAD 系统,其设计结果仅仅实现了用计算机及其外围设备出图,就产品图形而言,不过是几何图素(点、线、圆、弧等)的拼接,是产品的可视形状,并不包含产品图形内在的拓扑关系和尺寸约束。因此,当需要改变图形中哪怕任一微小的部分,都要擦除重画。这使得设计者不得不投入相当大的精力用于重复劳动,而且,这种重复劳动的结果并不能充分反映设计者对产品的本质构思和意图。一个机械产品,从设计到定型,其间经历了反复的修改和优化;定型之后,还要针对用户不同的规格要求形成系列产品。这都需要产品的设计图形可以随着某些结构尺寸的修改或规格系列的变化而自动生成。如何将只有几何图素的“死图”变为含有设计构思、设计信息的产品几何模型,这是研究参数化设计和变量化设计的出发点。

　　参数化设计的主体思想是用几何约束、工程方程与关系来说明产品模型的形状特征,从而达到在形状或功能上具有相似性的设计方案。通过改动图形的某一部分或某几部分的尺寸或修改已定义好的零件参数,自动完成对图形中相关部分的改动,从而实现对图形的驱动。参数驱动的方式便于用户修改和设计。用户在设计轮廓时无须准确地定位和定形,只需勾画出大致轮廓,然后通过修改标注的尺寸值来达到最终的形状,或者只需将零件的关键部分定义为某个参数,再通过对参数的修改实现对产品的设计和优化。具体参数化设计流程如图 4-8 所示。参数化设计极大地改善了图形的修改手段,提高了设计的柔性,在概念设计、动态设计、实体造型、装配、公差分析与综合、机构仿真、优化设计等领域发挥着越来越大的作用,体现出很高的应用价值。

　　CAD 参数化设计的方法有很多种,比如基于几何约束的变量几何法、基于几何推理的人工智能法、基于构造过程的构造法、基于辅助线法等等。这些方法是新一代智能化、集成化 CAD 系统核心技术。这些方法虽具有较深的理论基础,也能很好地解决二维参数化问题,但难以在机械设计中推广,在实际设计中,很难真正成为有效的设计工具。究其原因,主要在于这些研究成果或是过多地集中在对基本集合元素的约束建模,或是片面地强调理论的完整性,而忽视了对适应实际应用需求的约束高层次表示的研究。20 世纪 80 年代以来,基于特征设计的方法又被公认是解决产品开发与过程设计集成问题的有效手段。特征是具有工程含义的几何实体,它表达的产品模型兼含语义和形状两方面的信息,而特征语义包含设计和加工信息,它为设计者提供了符合人们思维的设计环境,设计人员不必关注组成特征的几何细节,而是用熟悉的工程术语阐述设计意图的方式来进行设计。因此基于特征的设计越来越广泛地应用于参数化设计中。

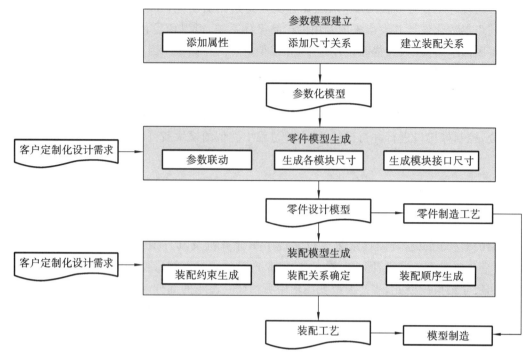

图 4-8 参数化设计流程

2. 传统参数化设计

利用图形支撑软件提供的尺寸驱动方式进行绘图(又称参数化绘图),比较先进的图形支撑软件都提供这种功能。尺寸驱动一般是建立在变量几何原理上的,设计者可以采用"Hand Free"方式随手勾画出零件的拓扑结构,然后再给拓扑结构添加几何和尺寸约束,系统会自动将拓扑结构按照给定的约束转换成零件的几何形状和几何大小。这种方式大大提高了绘图效率,它也支持快速的概念设计。

参数化绘图实现方式:

(1) 在建立模型过程中,直接将参数序列定义其中。

(2) 利用 CAD 软件中的草图器绘制草图,然后添加约束,定义参数。

(3) 对于成熟的、定型的、常用的产品图形,将模型建成参数化图素,使用户操作时就像画点、线等基本图素一样简便。

(4) 参数取值方式:

①设置默认尺寸值;

②预先设计建立系列化变量值表,绘图时从表中取值;

③由用户实时修改输入。

在此基础上发展而来的利用图形支撑软件提供的二次开发工具,将一些常用的图素参数化,并将这些图素存在图库中。绘图时,根据需要从图库中按菜单调用有关图素,并将之拼装成有关的零件图形。由于图素已经参数化,可以方便地修改尺寸。这种利用参数化图素拼装成零件的绘图方法可以极大地提高绘图效率。

具体参数化设计的实现方法:

(1) 建立几何拓扑模型:这是参数化绘图的前提,通常根据设计要求,以相对成熟的产品图为样板,遵循显式的拓扑结构约束。模型一经建立,将相对稳定,以后的应用中一般不再变化。

（2）进行参数化定义：在几何模型的基础上，分析其结构特点和控制尺寸，定义变量参数。

（3）推导参数表达式：模型中的参数之间并非都是相互独立的，通常会有某些关联，有的参数是随着其他参数的变化而变化的；再者，由于二维图的绘制最终总是归结为点之间的连线，因此，需将各几何特征点的坐标用变量参数表达出来，这就要找出特征点之间的关系，推导出参数表达式。

（4）编制程序：将以上的参数化模型编入计算机程序，以实现参数化设计。

参数化设计是广泛应用的一种方法，各单位建立的标准件库、定型系列产品库大多采用这种方法。但因完成复杂图形的参数化极其烦琐，因此在通用系统中提供专业的参数化图库的并不普遍，主要用于实现专用系统的参数化设计。针对这个问题，有人提出采用参量图素嵌套技术解决复杂图形的参数化。具体而言，先将复杂图形拆成若干部分，分别建成参量图素，然后，通过调用参量图素形成一个嵌套的参量图素，每部分均可变化尺寸形成新的图形。这样，不仅解决了复杂图形的参数化定义问题，还使调用参量图素的过程简单化，用户只需给当前参量图素赋值即可。

但传统的参数化设计经常利用原有设计，提取一些主要的定形、定位或装配尺寸作为自定义变量，修改这些变量的同时由一些简单公式计算出并变动其他相关尺寸，即可得到所需的新的设计产品。但是传统的参数化设计明显有以下不足：

（1）自定义变量只能驱动几何尺寸，即通过一些公式来修改零件的几何尺寸，而零件的形状已基本明确，即零件的特征基本给定，几乎不能改变。

（2）自定义变量之间相互独立，不便建立任何函数关系，也不便对每个变量做约束。这使得当某些变量的修改量比较大时，某些特征出现严重变形，甚至使该特征和与它相关联的其他特征失去约束，出现悬空状态的特征，造成信息的丢失。

3. 基于参数化的智能 CAD 技术

知识工程是人工智能在知识信息处理方面的发展，它主要研究如何由计算机表示知识，进行问题的智能求解。知识工程的研究使人工智能的研究从理论转向了应用，从基于推理的模型转向基于知识的模型，是新一代计算机的重要理论基础。它的根本目的是在研究知识的基础上，开发人工智能系统，补充和扩大人脑的功能，开创人机共同思考的时代。知识表示、知识利用、知识获取构成了知识工程的基础。

可以考虑在参数化设计中引入知识工程，结合特征造型理论，来弥补当前参数化设计的不足。面向对象的技术已被深入应用于特征的描述，这使得特征本身已包含了参数化变动尺寸值所需的成员变量和成员函数，特征的尺寸值均可作为其变量，随时作适当改变。在这个基础上，进一步使特征以及特征之间的依附关系能随一定的条件改变，即可实现参数化特征。因而在产品设计过程中把涉及产品设计的所有信息集合起来，包括行业设计标准、产品尺寸关联、尺寸约束、特征关联和工艺顺序等，组成一个产品的知识库。由此可以采用以下办法来解决上述参数化设计的不足。

如图 4-9 所示，基于知识的参数化设计不仅可以随时调整产品形状和尺寸，而且可以随时调整产品的结构和特征，同时实现尺寸驱动和特征驱动。它又能实时监督设计过程，检验设计是否符合要求，并提出适当的建议，与设计人员进行人机对话。通过学习算法，设计人员可以不断丰富产品知识库，更有助于未来的设计。这样的参数化设计极大地方便了产品的修正和改良，对缩短产品设计周期、节省产品设计成本有着巨大的实际意义，从而使产品设计变得更加灵活、高效、智能。拥有产品工艺库的产品知识库,则能进一步帮助和指导设计人员制定产品的工艺流程。

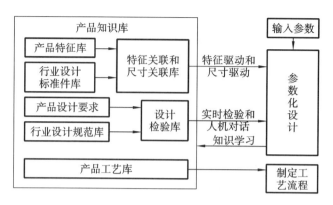

图 4-9 基于知识的参数化设计示意图

4.3.2 模块化设计

1. 模块化设计发展概况

模块化的发展与生产方式的演变密切相关。生产方式的演变与产品批量、产品种类的关系如图 4-10 所示。从图中可以看出,生产方式的演变是一个渐进发展、螺旋式上升的过程。

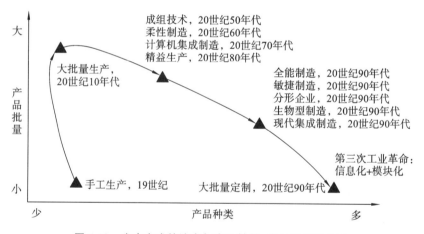

图 4-10 生产方式的演变与产品批量、产品种类的关系

信息技术是大批量定制的催化剂。CAX(如 CAD、CAPP、CAM 等)技术、数控机床、工业机器人、柔性制造单元和系统使产品设计制造的效率和柔性有了极大的提高。又如,3D 打印机能够通过层层叠加材料快速生产个性化的产品,目前已能定制汽车配件、手机套、鞋和衣服等,能打印汽车的变速箱,还可以使液压泵的弯孔非常平滑,这是传统机械难以实现的。

仅有信息技术是不够的,还需要系统优化技术(模块化设计、并行工程、精益生产等)的支持。

2. 模块化设计概念

1) 模块

人们对模块的定义主要可以分为广义和狭义两种。

(1) 模块的广义定义是组成上一层系统的、可组合/替换/变形的单元。按层次分有:整机、部件、零件、结构单元等模块。按照通用性可分为通用模块和专用模块:通用模块指在产品族中被多个产品所采用的模块,其尺寸、形状或特性在不同产品中是完全一样的,其中在产品族中被几乎所有产品都采用的通用模块又可被称为基本模块;专用模块指在产品族中只被个别产品所采用的模块,是该产品为了满足特定的需求(或功能)而采用的模块。

(2)模块的狭义定义是在模块的广义定义的基础上,增加模块单元具有独立功能和标准接口的约束要求。因此,在狭义定义中的通用结构单元就不能被视为模块,因为其不具有独立功能。

(3)模块的其他定义:

①仅强调通用性的模块的定义:模块是组成上一层系统的、具有一定通用性的、可组合/替换/变形的单元。

②仅面向部件的模块的定义:模块是组成整机的、具有一定通用性、可组合/替换/变形的、功能独立的部件。

③超出产品范围的模块定义:包括产品、组织、服务、流程等不同形式的模块。

2)模块化设计

与传统设计不同的是模块化设计,简单地说就是将产品的某些要素组合在一起,构成一个具有特定功能的子系统,将这个子系统作为通用性的模块与其他产品要素进行多种组合,构成新的系统,产生多种不同功能或相同功能、不同性能的系列产品。产品模块化设计方法与传统设计方法的特点比较如表 4-1 所示。

表 4-1　模块化设计与传统设计方法在产品生命周期各个环节的特点比较

环　节	模块化设计方法	传统设计方法
对象	面向产品系统	针对某一专项任务
标准化	对模块进行标准化,模块重复使用	面向大批量产品的设计,对整机及零部件标准化;面向单件产品设计,标准化程度较低
设计程序	自上而下和自下而上相结合	自上而下
产品开发设计阶段	主要分为两个阶段:①市场分析和产品研发阶段:首先是选择产品族,对相似产品中的相似性进行分析;然后是模块划分,接口设计;最后是各模块独立设计;②产品设计阶段:按照订单选择模块,进行配置设计;有些模块需要进行变形设计,个别的需要重新设计	对不同产品的零部件分别研发和设计。就一件产品而言,工作量较大;如果面向一类相似产品,则工作量要大许多
产品制造装配阶段	不同产品的相同模块可以集中制造;减少制造过程复杂性;便于协同制造;装配方便	制造过程复杂;协同制造难度较大
产品销售安装阶段	可以分解成模块分别运输,现场集中安装;可以按模块销售	大型整机运输困难;需要按整机销售
产品服役阶段	通过直接更换模块可容易实现使用功能变化和扩展;维修方便	使用功能变化和扩展较难;维修较难
产品再生阶段	模块配件库存少;对单个模块的维护容易,不影响其他模块;拆卸和更换方便;回收的零部件种类少,处理容易	配件库存多;维护处理不方便;回收的零部件种类较多,处理较难

3）产品族

产品族是指一组具有相同或相似形状和特征的模块集合。通常将产品模块集合称为产品族，零件模块集合称为零件族等。

4）产品模块化设计

产品模块化设计是指对产品中的相同和相似模块识别、分类、定义、规范，建立通用模块，在此基础上对通用模块组合和变形，设计出能够低成本、高质量、快速地满足用户的多样化和个性化需求的定制产品。

3. 基于模块化设计的智能 CAD 技术

1）现代模块化设计的趋势

（1）各种数学方法（模糊数学、优化等）引入模块化设计各个环节，如模块的划分、结构设计、模块评价、结构参数优化等。

（2）不同层次计算机软件平台的渗透，如二维绘图、实体造型、特征建模、概念设计、曲面设计、装配模拟等软件均可用于模块化设计之中。

（3）数据库技术及成组技术的应用。产品系列型谱确定之后，在系列功能模块设计时，采用数据库技术及成组技术，首先对一系列模块的功能、结构特征、方位、接合面的形状、型式、尺寸、精度、特性、定位方式进行分类编码，以模块为基本单元进行设计，存储在模块数据库中。具体设计某个产品时，首先根据功能及结构要求形成编码，根据编码在数据库中查询，若查出满足要求的模块，则进行组合，连接；否则，调出功能和结构相似的模块进行修改。组合连接好之后，与相应的图形库连接，形成整机。分类编码识别从技术上容易实现一些，另有一些研究者正在研究更为直观的图形识别。

（4）模块化产品建模技术。与产品建模技术同步，模块化产品模型有其自身的特点。目前研究的建模技术有三维实体建模、特征建模、基于 STEP 的建模等。

（5）人工智能的渗透。模块的划分、创建、组合、评价过程，除用到数值计算和数据处理外，更重要的是大量设计知识、经验和推理的综合运用。因此，应用人工智能势在必行，有学者在对加工中心总体方案进行模块化设计时，研制开发了基于知识的智能 CAD 系统。

（6）生命周期多目标综合。并行工程要求在设计阶段就考虑从概念形成到产品报废整个生命周期的所有因素。在模块化设计中，不同目标导致模块化的方法与结果不同，各种目标对模块的要求相互冲突，在同一个产品中，不同模块对目标的追求也不一致，这就需要对各目标综合考虑、权衡、合理分配，取得相对满意的结果。专家系统、模糊数学、优化等手段都在这一领域获得了充分的发展空间。

2）基于基因的模块化设计

产品设计中具有多样化、抽象化的客户需求是产品信息模型的原点，对需求分析是产品设计过程的必要前提。由产品需求原点直接转化而来的产品特征，例如：功能、行为、结构等特征是满足需求的显性性状。

在生命系统中，制造蛋白质的指令包含在 DNA 中，DNA 包含基因，基因是一段核苷酸序列，这段序列中包含一个编码区域供 RNA 分子进行转录。编码区域从启动子开始，结束于终止子（DNA 上的一些特定序列）。基因中也包含调控序列，调控序列位于启动子附近或更远的地方。对于特定基因，编码转录到 RNA，之后用于合成特定的蛋白质（即基因表达），对于基因表达可以简单地分为两个过程:转录和翻译。基因是控制生物性状的基本遗传单位,基因通过转录将储存在 DNA 中的遗传信息传递到 RNA 中,RNA 与核糖体结合对遗传信息进行翻译得到组成生物体性状结构和功能的蛋白质。

根据中心法则,蛋白质是 DNA 转录和 RNA 翻译的产品,因此分析蛋白质氨基酸序列,通过逆翻译、逆转录能够在基因组层面进行表述遗传物质 DNA。同样产品设计显性性状是产品基因表达的结果。因此,可以借鉴基因逆翻译、逆转录原理的产品基因获取方法,对产品显性性状进行处理,从中提取决定和控制显性性状的产品基因。如图 4-11、图 4-12 所示。

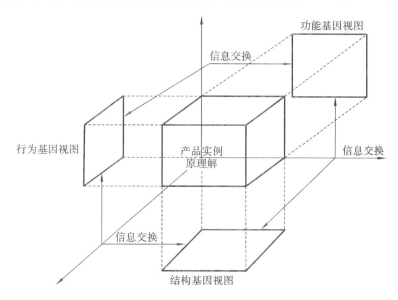

图 4-11　基于基因的产品多维度关系分析

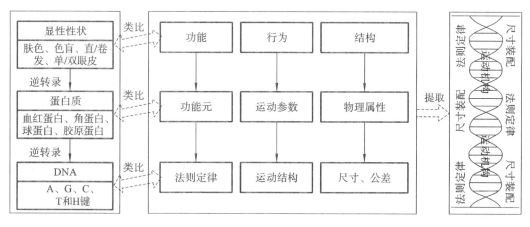

图 4-12　产品基因模型

3) 基于知识图谱技术的模块化设计

知识图谱是结构化的语义知识库,用于以符号形式描述物理世界中的概念及其相互关系。其基本组成单位是"实体—关系—实体"三元组,以及实体及其相关属性——值对,实体间通过关系相互连接,构成网状的知识结构,本质上是一种语义网络,用图的形式描述客观事物。通用的三元组表示方式为 $G=(E,R,S)$,其中:E 是知识库中的实体集合,共包含 $|E|$ 种不同实

体;R 是知识库中的关系集合,共包含 $|R|$ 种不同关系,S 为三元组集合。三元组的基本形式主要包括实体、关系、概念、属性、属性值等,实体是知识图谱中最基本的元素,不同的实体间存在不同的关系。

    基于知识图谱中自然语言处理、本体、数据挖掘等技术,通过对数据的整合与规范,提供有价值的结构化信息,可以有效地提高设计资源利用率,降低产品族的装配和管理成本,以达到资源共享、缩短产品成型时间和大规模定制的目的。知识图谱技术架构及具体技术如图4-13、图 4-14 所示。

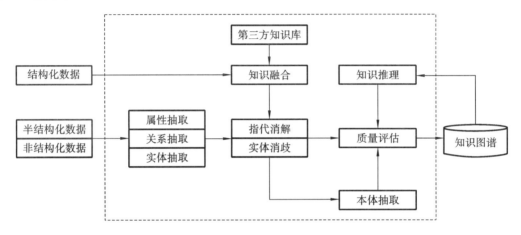

图 4-13　知识图谱技术架构

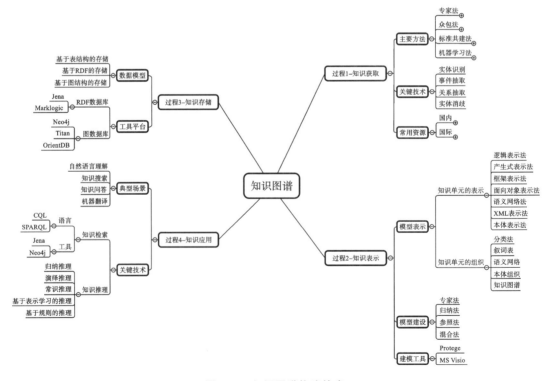

图 4-14　知识图谱构建技术

4.4　CAD 软件介绍(Creo)

Creo 是 PTC 公司闪电计划所推出的第一个产品,是整合了 PTC 公司的三个软件 Pro/Engineer 的参数化技术、CoCreate 的直接建模技术和 ProductView 的三维可视化技术的新型 CAD 设计软件包。下面介绍基于 Creo 的三维建模方法。

4.4.1　装配建模的基本步骤

基于 Creo 的产品装配建模时,有两种方法:自下而上法(又称自底向上法)和自上而下法 (又称自顶向下),每一种方法都有它的优点和缺点。这两种装配方法的流程如图 4-15 所示。自下而上法是由最底层的零件开始装配,然后逐级逐层向上进行装配的一种方法。该方法比较传统,其优点是零、部件独立设计,因此与自上而下法比较,它们的相互关系及重建行为更为简单。而自上而下法则是指由产品装配开始,然后逐级逐层向下进行设计的装配造型方法。与自下而上方法相比,它是比较新颖的方法,它可以首先声明各个子装配的空间位置和体积,设定全局性的关键参数,这些参数被装配中的子装配和零件所用,从而建立起它们之间的关联特性,发挥参数化设计的优越性,使得各装配部件之间的关系更加密切。

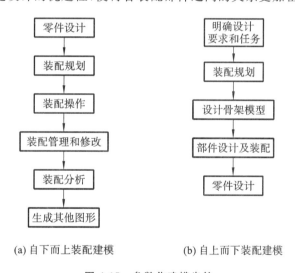

(a) 自下而上装配建模　　　　　　　(b) 自上而下装配建模

图 4-15　参数化建模齿轮

两种装配方法可根据具体情况来选用。比如在产品系列化设计中,由于产品的零、部件结构相对稳定,大部分的零件模型已经具备,只需要添加部分设计或修改部分零件模型,这时采用自下而上的方法较为合适。然而对于创新性设计,因事先对零、部件结构细节不是很了解,设计时需要从比较抽象笼统的装配模型开始,边设计、边细化、边修改,逐步到位,这时常常采用自上而下的方法。

自下而上的装配方法适合少量零件之间的装配。在机械行业和其他重型工业中,特别是航空航天工业中,产品构造的复杂性带来了装配的困难,为了解决这些问题,自上而下产品设计技术应运而生。自上而下设计有许多优点,既可以管理大型组件,又能有效地掌握设计意图,使组织结构明确,更能在设计团队间迅速传递设计信息,达到信息共享、协同设计的目的。

当然,两种方法不是截然分开、相互排斥的,可以根据产品设计的实际情况,综合应用两种装配建模方法来造型,达到灵活设计的目的。

1. 基于 Creo 自下而上装配建模的基本步骤

如图 4-15(a)所示,自下而上装配建模的基本步骤如下。

(1)零件设计。该步骤主要构造装配体中所有零件的特征模型。

(2)装配规划。该步骤对产品装配进行规划,其中应注意以下问题。

①装配方案。对于复杂产品,应采用部件划分多层次的装配方案进行装配数据的组织和实施装配。特别是对于一些通用零件,应设计成独立的子装配文件在装配时进行引用。

②考虑产品的装配顺序,确定零、部件的应用顺序及其装配约束(即配合条件)方法。

(3)装配操作。在上述准备工作的基础上,采用 Creo 软件提供的装配命令,逐一把零、部件装配成装配模型。

(4)装配管理和修改。可随时对装配体及其零、部件构成进行管理和进行各项修改操作。

(5)装配分析。在完成装配模型后,应进行装配干涉状态分析,零、部件的质量特性分析等。若发现干涉碰撞,或质量特性不符合,需对装配模型进行修改。

(6)生成装配模型的其他图形。如爆炸图、工程图等。

2. 基于 Creo 自上而下装配建模的基本步骤

如图 4-15(b)所示,自上而下装配建模的基本步骤如下。

(1)明确设计要求和任务。确定产品的设计目的、意图、产品功能要求、设计任务等方面的内容。

(2)装配规划。这是该方法的关键。这一步首先要设计装配树的结构,要把装配的各个子装配或部件勾画出来,至少包括子装配或部件的名称,形成装配树。主要涉及以下三个方面的内容。

①划分装配的层次结构,并为每一个子装配或部件命名。

②全局参数化方案设计。由于这种设计方法更加注重零、部件间的装配约束,设计中修改将更加频繁,因此应该设计一个灵活的、易于修改的全局参数化方案。

③规划零、部件间的装配约束。事先要规划好零、部件间的装配约束方法,可以采用逐步深入的规划策略。

(3)设计骨架模型。骨架模型是装配建模中的核心内容,包含了整个装配的重要设计参数。这些参数可以被各个部门引用,以便将设计意图融入整个装配中。

(4)部件设计及装配。采用由粗到精的策略,先设计粗略的几何模型,再在此基础上按照装配规划对初始轮廓模型加上正确的装配约束,采用相同的方法对部件中的子部件进行设计,直到零件轮廓初现。

(5)零件设计。采取参数化或变量化的造型方法进行零件结构的细化,修改零件尺寸。随着零件设计的深入,可以继续在零、部件之间补充和完善装配约束。

4.4.2 基于 Creo 草图的零件建模

在常用的 Creo 中,零件的三维模型是由平面图形通过特定的规则变化形成的是一种基于特征的建模。图 4-16 所示的基于 Creo 的拉伸体和旋转体均是由平面图形生成的。这种用于定义三维模型界面的平面图形称为草图。草图被视为一种基本特征,称为草图特征。

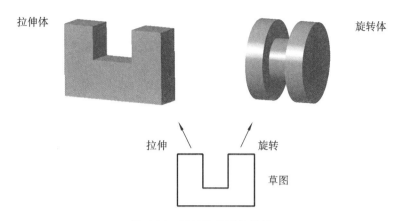

图 4-16　基于草图零件建模

　　基于 Creo 草图的三维零件建模在绘制绘草图前,需要选择合适的草图绘制平面。草图绘制平面可以是系统默认的三坐标基准平面,也可以是零件表面,或者是新建的参考平面。

　　草图通常由图形、约束和辅助几何组成,是一种简单的二维绘图。前两个元素是必不可少的,图形确定了截面的几何形状,而约束限制了草图的变化形式,使其满足工程师的设计要求。绘制草图时,要注意以下限制。

　　(1) 组成图形的几何元素之间必须首尾相连,不能交叉,不能孤立存在。草图可以是封闭的也可以是开放的。不同特征的要求不同,如开放的草图只能生成曲面。

　　(2) 封闭的图形链内部(外环)可以存在若干同样封闭的图形链(内环),但内环与外环、内环之间不能相交。

　　定义完草图,就可以利用拉伸、旋转、扫描等特征来生成目标实体。零件的特征是基于草图的特征。二维绘图是零件三维模型的基础。

4.4.3　基于 Creo 的参数化建模

　　参数化建模是参数化设计的重要环节,是 20 世纪 80 年代末占据主导地位的一种计算机辅助设计方法。在参数化建模环境里,零件是由特征组成的。特征可以由正空间或负空间构成。正空间特征是指真实存在的块(例如突出的凸台),负空间特征是指切除或减去的部分(例如孔)。由于装配体具有每个零件的模型,一个装配模型应该是全参数化和柔性的装配模型,这就意味着装配体中零件之间的关系应当容易改变和更新,当设计人员改变某些装配参数时,其他参数应相应更新。

　　Creo 是世界上最早应用参数化技术的专业三维造型软件之一,对比传统的三维软件,其具有操作简单、参数化、开放性好和交互操作性强等优势。Creo 软件中的参数化建模通过设计初始参数,添加公式和程序,可以立刻修改模型基本特征,高效完成模型系列化建模。下面通过建立渐开线齿轮的三维模型介绍基于 Creo 的参数化建模方法。

　　首先点击 Creo 工具栏中的"参数"选项,在弹出的"参数"对话框中建立齿轮的基本参数,齿轮的模数、齿数、齿顶高系数、齿宽、压力角等如图 4-17(a)所示。点击工具栏中"关系"选项,弹出的"关系"对话框用于编写各参数间的计算关系,如图 4-17(b)所示。

　　在模型窗口的"基准"处选择通过方程建立渐开线曲线,这里以其节圆为渐开线的起点,通过镜像渐开线得到齿轮轮廓,如图 4-18 所示。

图 4-17　参数化建模（齿轮）

此时采用渐开线方程如下：

$$
\begin{cases}
r = D_b/2 \\
D_b = mz \times \cos\alpha \\
\alpha = 90 \times t \\
x = r \times \cos\alpha + r \times \sin\alpha \times \alpha \times \pi/180 \\
y = r \times \sin\alpha - r \times \cos\alpha \times \alpha \times \pi/180 \\
z = 0
\end{cases}
$$

式中：z 为齿数；

　　m 为模数；

　　α 为压力角；

　　D_b 为基圆半径。

最后以渐开线和齿轮基本参数，修剪多余曲线即可得到一个轮齿轮廓，阵列花键齿轮廓，通过拉伸等特征建模方法切除多余的实体，即完成了渐开线齿轮的参数化建模，如图 4-19 所示。

图 4-18　齿轮轮廓

图 4-19　渐开线齿轮的参数化建模

4.4.4　基于 Creo 的装配建模

在大多数工程设计中,产品是由多个零、部件组成的装配体,对装配体的建模、表示及分析都与几何建模问题及 CAD 技术相关。产品中的零件和子装配体可以在某个 Creo 软件独立建模,而且大多数是由设计团队中的不同成员完成的。然后,这些零件可以合并到一个基础件上从而生成装配体模型。

装配建模可以认为是零件建模的扩展。Creo 软件既可作为几何建模器,又可作为装配建模器。基于 Creo 的装配建模涉及零件建模层次不存在的两个建模问题,即装配体的层次问题和装配件之间的配合问题。对于前者,零件和子装配体必须以正确的层次(顺序)进行装配,这种顺序以装配树形式保存,装配树并不唯一,因为对于同样的装配体可能存在多个装配顺序。对于后者,配合条件用于确定装配体中零件之间的空间位置和姿态。例如,轴和孔的轴线要对齐,就需要一个同轴配合条件。又如,要使两个面处于同平面内,需要重合配合条件。

1. 装配树

Creo 为用户提供了装配树,其能清晰表达装配体内各零件、组件之间的层次关系。表示一个装配体中零件层次关系最自然的方法就是装配树,如图 4-20 所示。一个装配体被分解为不同层次的子装配体,第 1 层的每个子装配体由不同零件组成。装配树的节点(叶)表示零件或子装配体,而根则表示装配体本身,它位于树的顶端即最高层(第 n 层)。

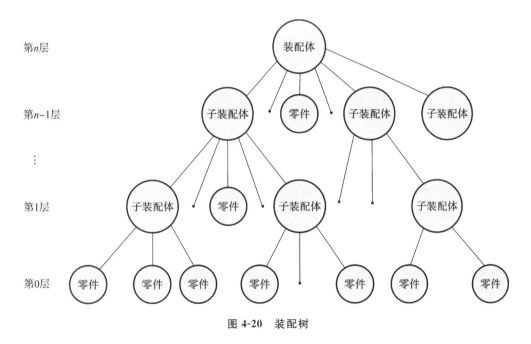

图 4-20　装配树

2. 装配约束

基于 Creo 的建模一般首先建立装配体各个零件的模型,然后使用"组装"命令把它们组装起来,形成装配体。装配过程中通过指定装配约束或配合条件来实现对零件的定位和定向(即确定位置和姿态),这些配合条件用于确定零件之间的空间关系。常用的装配约束有重合、距离、相切、共面、平行等。

重合约束是使一个零件上的点、线、面与另一个零件上的点、线、面重合在一起;距离约束是定义一个零件上的点、线、面与另一个零件上的点、线、面的距离;相切约束用于平面和柱面的配合,或柱面与柱面之间的配合;共面约束是控制两个平面位于同一平面内。这些装配约束允许配合后的零件之间仍具有旋转和平移自由度。这些自由度可以通过施加更多的约束来消除。如图 4-21(a)所示,使用三个重合约束,即可完成两个零件的装配约束定义。如图 4-21(b)所示,使用一个距离约束和一个重合约束即可完成两个零件的装配约束定义。

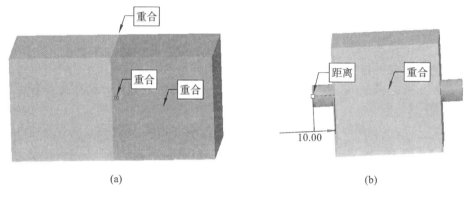

(a)　　　　　　　　　　　　　　(b)

图 4-21　施加装配约束

4.5　三维建模实例——基于 Creo 的自上而下的管片拼装机组件设计

1. 明确设计要求和任务

将管片拼装机按功能需求划分,建立功能映射。功能结构反映了一定约束条件下通过管片拼装机实现某种功能所需要的子功能,以及各子功能之间所必须满足的各种约束关系。

2. 创建骨架模型

设计者在加入零件之前,先设计好每个零件在空间的位置,或者运动时的相对位置的结构图。设计好结构图后,可以利用此结构将每个零件装配上去,以避免不必要的装配限制冲突,在 Creo 中,此功能被称为骨架模型。骨架模型无质量、无实体,其为建立模型提供了参考,是自上而下设计方法中重要的工具。

(1) 建立管片拼装机装配体文件。创建文件时,注意取消勾选"使用默认模板",选择国际通用单位模板,如图 4-22 所示。Creo 为工程设计人员提供了丰富的模板,方便在不同场景下灵活使用。

(2) 在管片拼装机装配体中创建骨架模型。在 Creo 中执行"模型"→"创建"命令,建立管片拼装机总装配图,创建子零件、子装配均执行此操作,如图 4-23 所示。

①创建骨架文件的基准。骨架文件的基准可以作为装配产品的装配基准,因为产品中重要的装配是依靠骨架模型完成的。骨架模型不仅能为零件建模带来参考,还能保证各零、部件配合的准确无误,避免了循环参考。创建骨架模型的基准如图 4-24 所示。

②绘制参考曲线。绘制曲线或建立参考特征为零、部件的建模提供参考基准是骨架模型的重要技术手段。零、部件最重要的外轮廓是在骨架模型中确定的。参考曲线的建立如图4-25所示。

图 4-22 新建管片拼装机装配体文件

图 4-23 创建骨架模型

（3）发布几何是一种创建特征的方法。它产生一个特征，能将设计中需要被参考和引用的数据传递。发布几何不产生新的几何内容，只是将其他零件、骨架模型、装配中的数据提取出来，以供其他文件能够一次性复制需要参考的数据，其他文件再行将数据引用。执行"模型"→"发布几何"，弹出如图 4-26 所示的对话框。

3. 创建管片拼装机中各个零件

完成管片拼装机骨架模型之后，开始对其各个零件建模。将建模任务划分为多个子任务。创建组成元件就是在其装配中建立零件和子组件，依据骨架模型或发布几何完成建模。

（1）创建子零件、子装配文件。创建零件必须在对应的上一级文件"激活"状态下完成。创建子零件文件如图 4-27 所示。

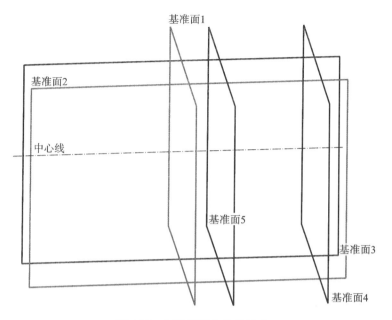

图 4-24　创建骨架文件的基准

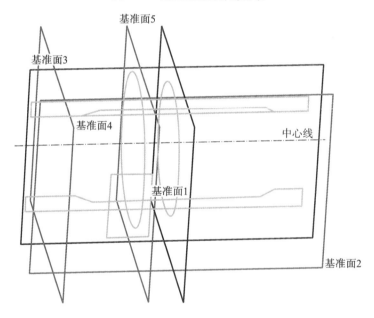

图 4-25　绘制零件参考曲线

（2）基于草图建立子零、部件的特征。基于 Creo 的特征建模需要根据零件特征建立零件的三维实体模型，下面以如图 4-28 所示的管片拼装机的扼架为例，说明如何基于特征建立零件三维模型。

①选择参考平面，点击"草绘"进入草绘界面。在草绘状态下，可以使用多种几何实体，如直线、圆、矩形、样条曲线等，对几何实体标注完成后即完成草图绘制。注意，在进行零件主要结构建模时，一般会先忽略其细节特征如倒角、圆角等。根据扼架结构，首先进行拉伸特征，草图绘制结果如图 4-29 所示。

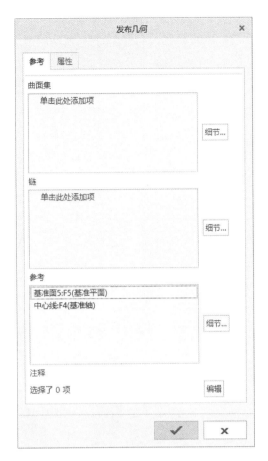

图 4-26　发布几何

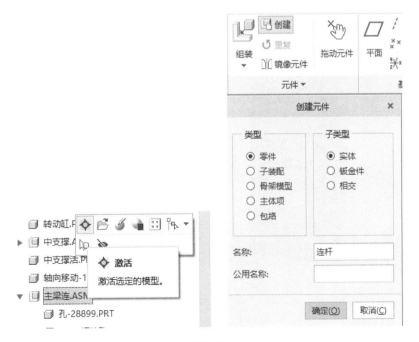

图 4-27　创建子零件文件

②执行拉伸命令。选中草图直线"拉伸",给定拉伸量即可完成拉伸。拉伸特征建立结果如图 4-30 所示。

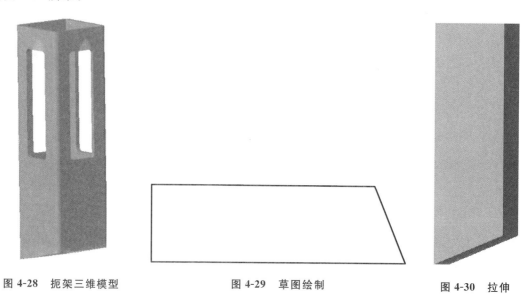

图 4-28 扼架三维模型   图 4-29 草图绘制   图 4-30 拉伸

③执行"拉伸切除"命令。根据扼架结构,需要执行"拉伸切除"命令。拉伸切除与拉伸不同的是拉伸切除特征为在现有模型的基础上以给定深度切除材料。在拉伸特征中选择"移除材料"即可执行拉伸切除命令,执行结果如图 4-31 所示。

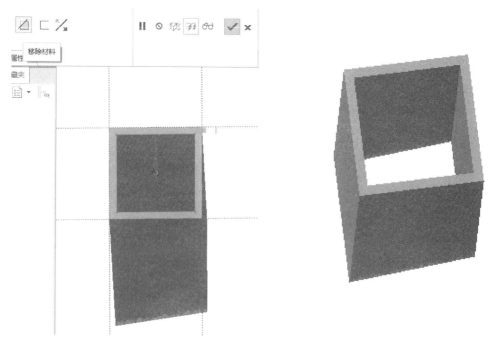

图 4-31 拉伸切除

④执行细节特征。经过拉伸、旋转等特征后,零件主要轮廓已经完成,再执行细节特征后即完成零件建模。根据扼架结构,执行"模型"→"倒圆角",结果如图 4-32 所示。

图 4-32　倒圆角

⑤重复执行以上步骤完成所有零、部件的建模即完成了管片拼装机整机的模型建立,如图
4-33 所示。

图 4-33　管片拼装机装配模型

（3）基于 Creo 的质量特性计算。物体的质量特性包括重量、中心和转动惯量。它是研究
刚体和变形体的静态和动态机械特性的基础。质量特性计算是工程应用的重要环节,因为这

些特征的计算与物体的几何和拓扑信息紧密相关。对于飞机、导弹、卫星等复杂航空航天产品而言,质量特性计算是产品设计中的重要内容和不可或缺的重要环节。Creo 为用户提供了质量特性功能,在建模时用户可以为零件赋予材质,通过执行分析模块进行质量特性计算。

习　　题

4-1　产品的设计过程包含哪些阶段? 各阶段的主要任务是什么?

4-2　列举计算机辅助概念设计的关键技术。

4-3　基于知识的产品创新设计的基础是什么?

4-4　计算机集成智能设计系统的特点是什么?

4-5　分析参数化设计的基本原理。

4-6　什么是变量设计? 它与参数化设计有何区别?

4-7　举例说明生活中模块化思想的应用。

4-8　模块的特点是什么? 说明模块化设计的过程。

4-9　现代模块化设计的发展趋势有哪些?

第 5 章　计算机辅助工程分析

本章要点

机械产品设计过程的一个重要环节是分析、计算。计算机辅助工程分析是在三维实体建模的基础上,从产品的方案设计阶段开始,按照实际使用的工况进行仿真和结构分析,按照性能要求进行设计和综合评价,以便从多个设计方案中选择最佳方案。计算机辅助工程分析通常包括有限元分析、优化设计、仿真技术等方面,其已成为 CAD/CAM 中不可缺少的重要环节。本章主要介绍了有限元分析、优化设计、仿真技术,并简述 CAE 技术的应用。

5.1　概　　述

在实际工程问题中,大都存在有多个参数和因素间的相互影响和相互作用,依据科学理论,建立反映这些参数和因素间的相互影响和相互作用的关系式并进行分解的过程,称为工程分析。现代设计理论要求采用尽可能符合真实条件的计算模型进行分析计算,其内容包括静态和动态分析计算,由于计算工作量非常大,往往无法用人工计算完成。

CAE 主要指用计算机对工程问题进行性能分析,对分析对象的运行情况进行模拟,及早发现设计缺陷,并证实未来工程、产品功能和性能的可用性与可靠性。CAE 软件是将迅速发展中的计算力学、计算数学、相关的工程科学、工程管理学与现代计算技术相结合而形成的一种综合性、知识密集型信息产品,可以解决工程实践中理论分析无法解决的复杂问题。

CAE 技术的研究始于 20 世纪 50 年代中期,CAE 软件出现于 70 年代初期,80 年代中期 CAE 软件在可用性、可靠性和计算效率上已基本成熟。CAE 软件对工程和产品的分析、模拟能力,主要取决于单元库和材料库的丰富和完善程度。CAE 软件的单元库一般都有百余种单元,并拥有一个比较完善的材料库,使其对工程和产品的物理、力学行为,具有较强的分析模拟能力。一个 CAE 软件的计算效率和计算精度主要取决于解法库,特别是在并行计算机环境下运行,先进高效的求解算法与常规的求解算法,在计算效率上可能有几倍、几十倍,甚至几百倍的差异。CAE 软件现已可以在超级并行机,分布式微机群,大、中、小、微各类计算机和各种操作系统平台上运行。

事实证明,在设计过程中的早期引入 CAE 来指导设计决策,能减少因在下游发现问题时重新设计而造成的时间和费用的浪费,从而产生巨大的经济效益。

在 CAD/CAM 中,典型的计算机辅助工程分析工作包括:

(1) 静力和拟静力的线性与非线性分析:包括对各种单一和复杂组合结构的弹性、弹塑性、塑性、蠕变、膨胀、几何大变形、大应变、疲劳、断裂、损伤,以及多体弹塑性接触在内的变形与应力应变分析。

(2) 线性与非线性动力分析:包括交变荷载、爆炸冲击荷载、随机地震荷载以及各种运动荷载作用下的动力时程分析、振动模态分析、谐波响应分析、随机振动分析、屈曲与稳定性分析等。

（3）声场与波的传播计算：包括静态和动态声场及噪声计算，固体、流体和空气中波的传播分析，以及稳态与瞬态热分析（传导、对流和辐射状态下的热分析，相变分析等），静态和交变态的电磁场和电流分析（电磁场分析、电流分析、压电行为分析等），流体计算（常规的管内和外场的层流、湍流）等。

目前，国际上知名的 CAE 软件有 MSC、Tass MADYMO、ANSYS、ABAQUS、ADINA等。近些年是 CAE 软件的商品化发展阶段，其理论和算法日趋成熟，已成为航空、航天、机械、土木结构等领域工程和产品结构分析中必不可少的数值计算工具，同时也是分析连续过程各类问题的一种重要手段，其功能、性能、前后处理能力、单元库、解法库、材料库，特别是用户界面和数据管理技术等方面都有巨大的发展。前后处理是 CAE 软件实现与 CAD、CAM 等软件无缝集成的关键性组成部分，它们通过增设与相关软件（如 Creo、CATIA、NX 及SolidWorks 等软件）的数据接口模块，实现有效的集成。通过增加面向行业的数据处理和优化算法模块，实现特定行业的有效应用。

在计算机辅助工程分析工作中，最主要的技术包括有限元分析、优化设计和仿真技术等。

5.2　有限元法

自 1960 年美国 Clough 教授首次提出"有限元法"（finite element method，FEM）这个名词以来，有限元分析技术得到了迅速发展，有限元法的应用日益普及，使数值分析在工程中的作用日益增长。有限元法是一种根据变分原理进行求解的离散化数值分析方法。由于其适合求解任意复杂的结构形状和边界条件以及材料特性不均匀等力学问题而获得广泛应用。现在，有限元法的应用已由弹性力学平面问题扩展到板壳问题、空间问题，由静力问题扩展到稳定性问题、动力问题和波动问题，分析的对象从弹性材料到塑性、黏弹性、黏塑性和复合材料等，从固体力学到流体力学、传热学、电磁学等领域。

5.2.1　有限元分析的基本原理

在科学技术领域，对于许多力学问题和物理问题，人们已经得到了它们应遵循的基本方程（常微分方程或偏微分方程）和相应的定解条件。但能用解析方法求出精确解的只是少数方程比较简单，且几何形状相当规则的问题。对于大多数问题，由于方程的某些特征的非线性性质，或由于求解区域的几何形状比较复杂，则不能得到解析解。这类问题的解决通常有两种途径。一是引入简化假设，将方程和几何边界简化为能够处理的情况，从而得到问题在简化状态下的解答，但是这种方法只在有限的情况下可行，因为过多的简化可能导致误差很大甚至错误的解答。因此人们多年来寻找和发展了另一种求解途径和方法，即数值解法。特别是随着电子计算机的飞速发展和广泛应用，数值分析方法已成为求解科学技术问题的主要工具。有限元法的出现，是数值分析方法研究领域重大突破性的进展。

有限元法的基本思想是：首先假想将连续的结构分割（离散）成数目有限的小块，称为有限单元，各单元之间仅在有限个指定结合点处相连接，用组成单元的集合体近似代替原来的结构，在节点之间引入有效节点力以代替实际作用在单元上的载荷。对每个单元，选择一个简单的函数来近似地表达单元位移分量的分布规律，并按弹性力学中的变分原理建立单元节点力与节点位移（速度、加速度）的关系（质量、阻尼和刚度矩阵），最后把所有单元的这种关系集合起来，就可以得到以节点位移为基本未知量的力学方程，给定初始条件和边界条件就可以求解力学方程。由于单元的个数是有限的,节点数目也是有限的,所以这种方法也称为有限元法。有限元法按照所选用的基本未知量和分析方法的不同,可分为两种基本方法。一种是以应力分析计算为分析对象,以节点位移为基本未知量,在选择适当的位移函数的基础上,进行单元的力学特征分析,在节点处建立平衡方程(即单元的刚度方程),合并组成整体刚度方程,求解出节点位移,可再由节点位移求解应力,这种方法称为位移法;另一种是以节点力为基本未知量,在节点上建立位移连续方程,解出节点力后,再计算节点位移和应力,这种方法称为力法。一般来说,用力法求得的应力较位移法求得的精度高,但位移法比较简单,计算规律性强,且便于编写计算机通用程序,因此,在用有限元法进行结构分析时,大多采用位移法。

机械产品的零部件,特别是复杂零部件,根据其结构特点及受力状态,一般情况属于空间问题求解。对大型复杂结构,如不作任何简化,将导致计算工作复杂化,须花费大量人力和财力,有时甚至难以实现,因此在保证计算精度的前提下,应尽可能地进行简化。由于有限元方法中的单元能按不同的连接方式进行组合,且单元本身又可以有不同形状,因此可以模型化几何形状复杂的求解域。

有限单元法作为数值分析方法的另一个重要特点是利用在每一个单元内假设的近似函数来分片地表示全求解域上待求的未知场函数。单元内的近似函数通常由未知场函数及其导数在单元的各个节点的数值和其插值函数来表达。这样一来,一个问题的有限元分析中,未知场函数或及其导数在各个节点上的数值就成为新的未知量(也即自由度),从而使一个连续的无限自由度问题变成离散的有限自由度问题。一经求解出这些未知量,就可以通过插值函数计算出各个单元内场函数的近似值,从而得到整个求解域上的近似解。显然随着单元数目的增加,即单元尺寸的缩小,或者随着单元自由度的增加及插值函数精度的提高,解的近似程度将不断改进。如果单元是满足收敛要求的,近似解最后将收敛于精确解。

5.2.2　有限元分析的步骤

用有限元方法解决问题时采用的是物理模型的近似法。这种方法概念清晰,通用性与灵活性兼备,能妥善处理各种复杂情况,只要改变单元的数目就可以使解的精确度改变,得到与真实情况无限接近的解。对于具有不同物理性质和数学模型的问题,有限元求解法的基本步骤是相同的,只是具体的公式推导和运算求解不同,基本步骤如下。

1. 物体离散化

将所研究的物体离散为由各种单元组成的计算模型(又称为单元剖分),离散后单元之间用单元节点相互连接,单元节点的设置、性质、数目等应视问题的性质、几何体的形状和所要求的计算精度而定。离散后的物体不再是原来意义的物体或结构物,而是同样材料的由众多单元以一定方式连接成的离散物体。这样,用有限元分析计算所获得的结果是近似的。如果划分的单元足够多而且合理,则计算结果就能充分地逼近实际情况。图 5-1 所示为薄板零件的单元剖分结果。

在进行单元剖分时,对全部节点按一定顺序编号,每个节点的位移为 $U = (u_i, v_i)$,全部节点位移构成未知参数向量:$U_i = (u_1, v_1, u_2, v_2, \cdots)^T$。

连续结构体离散化的过程即有限元模型的建立过程,其具体步骤包括:①准备好单元几何参数、材料常数、边界条件和载荷等参数,并输入计算机;②用所选单元划分有限元网格,并给节点、单元编号;③选定整体坐标系,定义节点位移量。

对于不同性质的工程对象和问题,节点参数的选择也不同,例如温度场有限元分析的节点

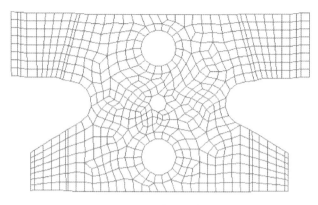

图 5-1　单元剖分

参数是温度函数,而流体流动有限元分析的节点参数是流函数或势函数。在机械工程应用常见的结构分析中,通常选择节点力或节点位移作为节点参数。

2. 单元特性分析

当采用位移法时,物体或结构物离散化后,可把单元中的一些物理量如位移、应变和应力等用节点位移来表示。这时可以对单元中位移的分布采用一些能逼近原函数的近似函数予以描述。通常,在有限元法中将位移表示为坐标变量的简单函数。这种函数称为位移模式或位移函数。

$$u_e(x,y) = \sum_{i=i_1}^{i_g} N_i(x,y)u_i$$

$$v_e(x,y) = \sum_{i=i_1}^{i_g} N_i(x,y)v_i$$

式中:$u_e(x,y),v_e(x,y)$ 为单元位移;

　　　$N_i(x,y)$ 为插值函数;

　　　u_i,v_i 为节点位移。

根据单元的材料性质、形状、尺寸、节点数目、位置及其含义等,找出单元节点力和节点位移的关系式,这是单元分析中关键的一步。以此为基础,导出单元的刚度矩阵。

物体离散后,力是通过节点从一个单元传递到另一个单元的,而对于实际的连接,力是通过单元边界来传递的,这种作用在单元边界上的表面力、体积力或集中力等都需要等效地移到节点上去,也就是用等效的节点力来代替所有作用在单元上的力。

3. 单元组合

利用结构力的平衡条件和边界条件把各个单元按原来的物体结构重新连接起来,组装成整体的有限元方程:

$$\boldsymbol{KU} = \boldsymbol{f}$$

式中:$\boldsymbol{K}$ 是整体刚度矩阵,$\boldsymbol{K} = \sum_{e=1}^{n_2} \boldsymbol{K}_e$,$\boldsymbol{K}_e$ 为单元刚度矩阵;

　　　$\boldsymbol{U}$ 是节点位移列阵;

　　　$\boldsymbol{f}$ 是载荷列阵,$\boldsymbol{f} = \sum_{e=1}^{n_2} (\boldsymbol{P}_e + \boldsymbol{F}_e)$,$\boldsymbol{P}_e$、$\boldsymbol{F}_e$ 分别表示作用在单元上的体力和面力所产生的等效节点力。

4. 求解未知量

解有限元方程式 $KU = f$,得出位移。求解有限元方程时可以根据方程组的具体特点来选择合适的计算方法。

5.2.3　有限元法中的常见单元类型

由于实际机械结构往往较为复杂,即使对结构进行了简化处理后仍然很难用某种单一的单元来描述。因此在用有限元法进行结构分析时,应当选用合适的单元进行连续结构体的离散化,以便使所建立的计算力学模型能在工程意义上尽量接近实际工程结构,提高计算精度。目前常见的有限元分析软件都备有丰富的单元供用户使用。实际上,当使用有限元法进行分析时,用户需要做出的重要决策之一就是从有限元软件提供的单元库中选择具有适当节点数和适当类型的有限单元。下面介绍常见的几种单元类型。

1. 杆状单元

一般把截面尺寸远小于其轴向尺寸的构件称为杆状结构件,杆状结构件通常用杆状单元来描述,杆状单元属于一维单元,根据结构形式和受力情况,用杆状单元模拟杆状结构件时,一般还具体分为杆单元、平面梁单元和空间梁单元三种单元形式。

杆单元如图 5-2(a)所示,它有两个节点,每个节点仅有一个轴向自由度,因而它只能承受轴向载荷。常见的铰接桁架通常就可以采用这种单元来处理。

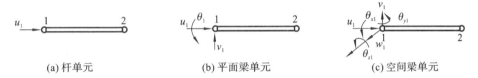

(a) 杆单元　　　　　　　(b) 平面梁单元　　　　　　(c) 空间梁单元

图 5-2　常见的三种杆状单元

平面梁单元如图 5-2(b)所示,平面梁单元也只有两个节点,每个节点在图示平面内具有 3 个自由度,即横向自由度、轴向自由度和转动自由度。平面梁单元可以承受弯矩切向力和轴向力。在工程实际中,诸如机床的主轴和导轨、大型管道管壁的加强肋、机械结构中的连接螺栓、传动轴等均可用平面梁单元来处理。一个构件究竟能否简化为杆单元或梁单元,有时与结构分析的要求和目的有关。例如机械传动系统中的传动轴,如果分析的是包括箱体、传动轴和齿轮在内的整个传动系统,则可用梁单元来处理。但如果分析的是传动轴本身的应力集中问题,则要将传动轴作为三维问题来处理,选择相应的单元类型,如四面体单元等。

空间梁单元如图 5-2(c)所示,空间梁单元是平面梁单元向空间的推广,空间梁单元中的每个节点具有 6 个自由度,即 3 个方向的平动自由度和 3 个方向的旋转自由度。

2. 薄板单元

薄板结构件一般是指厚度远小于其他轮廓尺寸的构件。薄板单元主要用于薄板结构件的处理,但对于那些可以简化为平面问题的承载结构也可使用这类单元,薄板单元属于二维单元。按其承载能力薄板单元又可分为平面单元、弯曲单元和薄壳单元三种。

平面单元如图 5-3(a)所示,常用的平面单元有 3 节点三角形单元、4 节点矩形单元、4 节点四边形单元、6 节点三角形单元和 8 节点曲边四边形单元等。其中最常用的平面单元有三角形平面单元(见图 5-3(b))和矩形平面单元(见图 5-3(c))2 种,它们分别有 3 个和 4 个节点,每个节点仅有两个面内的平动自由度。由于没有旋转自由度,因此平面单元不能承受弯曲载荷。

究竟采用哪种类型的单元主要取决于分析对象的几何形状和计算精度要求。当结构体的边界为不规则的曲线时,采用八节点曲边四边形单元能获得较好的近似结果。但在一般的平面问题中,由于 3 节点三角形单元对包括曲边边界结构的任何形状都能获得较好的近似结果,而且计算量较少,所以 3 节点三角形单元的应用最为广泛。

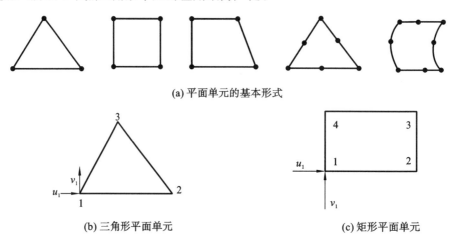

(a) 平面单元的基本形式

(b) 三角形平面单元　　　　　　　　　　(c) 矩形平面单元

图 5-3　常见的平面单元

薄板弯曲单元如图 5-4 所示,薄板弯曲单元主要承受横向载荷和绕两个水平轴的弯矩,它也有三角形和矩形两种单元形式,分别具有 3 个和 4 个节点,每个节点都有 1 个横向自由度和 2 个转动自由度。弯曲单元有时也称为板单元。

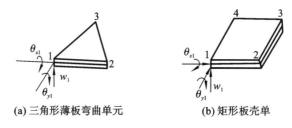

(a) 三角形薄板弯曲单元　　　　　　　　(b) 矩形板壳单

图 5-4　薄板弯曲单元

薄壳单元实际上是平面单元和薄板弯曲单元的组合,它的每个节点既可承受面内的作用力,又可承受横向载荷和绕水平轴的弯矩。显然采用薄壳单元来模拟实际工程应用中的板壳结构,不仅考虑了板在平面内的承载能力,还考虑了板的抗弯能力。薄壳单元有时也简称为壳单元。

3. 多面体单元

多面体单元是平面单元向空间的延伸。图 5-5 所示的两个多面体单元,即四面体单元和长方体单元都属于三维单元,它们分别有 4 个和 8 个节点,每个节点有三个沿坐标轴方向的自由度。多面体单元可用于实心三维结构的有限元分析,如轴承座、支承件及动力机械的地基等结构件,其中四面体单元在三维结构问题分析中应用最广。在目前便用的大型有限元分析程序中,多面体单元一般都被有 8～21 个节点的空间等参元所取代。

4. 等参元

在有限元法中,单元内任意一点的位移是用节点位移通过插值求得的,其位移插值函数一

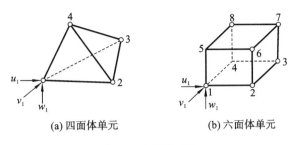

(a) 四面体单元　　　　　　(b) 六面体单元

图 5-5　多面体单元

般称为形函数。如果单元内任一点的坐标值也用同一形函数按节点坐标进行插值来描述,则这种单元就称为等参元。

等参元可用于模拟任意曲线或曲面边界,其分析计算的精度较高。有限元分析法中等参元的类型较多,常见的有 4～8 个节点的平面等参元和 8～21 个节点的空间等参元。

5.2.4　有限元分析实例

下面试举一简单的例子详细说明有限元法的基本概念和分析方法。

设有一只受其自重作用的等截面直杆,上端固定,下端自由,如图 5-6 所示。设杆的截面积为 A;杆长为 L;单位杆长重力为 q,试用有限元法求直杆各点的位移。

1. 将直杆分割成若干个有限长度的单元

分割的各单元的长度不一定相等,各分割点称为节点。本实例把直杆等分为三个单元,因此有①、②、③三个单元;1、2、3、4 四个节点,如图 5-7(a)所示。

2. 求出单元位移函数

取其中任一单元 $(e)_{ij}$,其中 e 为单元编号,i、j 为其两端点的节点编号,如图 5-7(b)所示。单元的局部坐标为 OX,取 i 节点为坐标原点。单元内任一点由于自重产生位移 u,设位移函数为

$$u = a_1 + a_2 x = \begin{bmatrix} 1 & x \end{bmatrix} \begin{bmatrix} a_1 \\ a_2 \end{bmatrix} \tag{5-5}$$

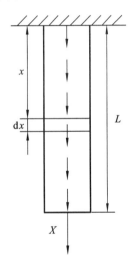

图 5-6　等截面直杆

式中:a_1、a_2 为待定系数。对于 $x_i = 0, x_j = l$,可解得:

$$\begin{cases} a_1 = u_i \\ a_2 = -\dfrac{1}{l} u_i + \dfrac{1}{l} u_j \end{cases}$$

即

$$\begin{bmatrix} a_1 \\ a_2 \end{bmatrix} = \begin{bmatrix} 1 & 0 \\ -\dfrac{1}{l} & \dfrac{1}{l} \end{bmatrix} \begin{bmatrix} u_i \\ u_j \end{bmatrix}$$

代入式(5-5),并记 $f = u$,得:

$$f = \begin{bmatrix} \dfrac{l-x}{l} & \dfrac{x}{l} \end{bmatrix} \begin{bmatrix} u_i \\ u_j \end{bmatrix}$$

记为

$$f = N\Delta^e \tag{5-6}$$

式中：$N = (N_i \quad N_j) = \left[\dfrac{l-x}{l} \quad \dfrac{x}{l}\right]$，称为形状函数，它反映了单元的位移形态。而 $\Delta^e = \begin{bmatrix} u_i \\ u_j \end{bmatrix}$。式 (5-6) 的物理意义为：杆单元在其自重下产生变形，单元体内任一点的位移，可以通过一定的形状函数用节点位移来表示。

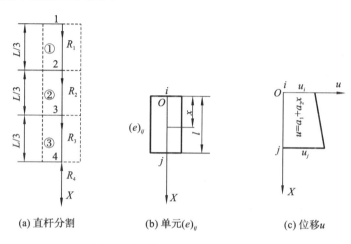

(a) 直杆分割　　　　　(b) 单元$(e)_{ij}$　　　　　(c) 位移u

图 5-7　等截面直杆的单元及节点

3. 等效移置节点载荷

根据虚功原理将单元重力移置到单元$(e)_{ij}$的节点 i、j 上，分别为 $R_{i(e)}$、$R_{j(e)}$。单元体内任一点的虚位移 δf 亦满足式 (5-6) 的关系。

$$\delta f = N\delta\Delta^e \tag{5-7}$$

即：

$$\delta_u = \left[\dfrac{l-x}{l} \quad \dfrac{x}{l}\right]\begin{bmatrix} \delta_{ui} \\ \delta_{uj} \end{bmatrix}$$

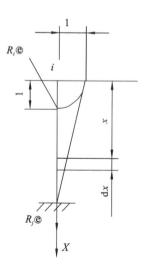

设单元$(e)_{ij}$发生这样的虚位移：节点 i 沿 X 方向移动一个单位而节点 j 不动，即 $\delta_{ui}=1$，$\delta_{uj}=0$。这相当于把单元$(e)_{ij}$看作是 i 端自由、j 端固定铰支、在重力作用下的压杆，如图 5-8 所示。代入式 (5-6)，则：

$$\delta_u = \dfrac{l-x}{l}$$

虚功方程为

$$\int_{x_i}^{x_j} \delta_u q \, \mathrm{d}x = 1 \cdot R_{i(e)} + 0 \cdot R_{j(e)}$$

$$R_{i(e)} = \dfrac{ql}{2}$$

同理，设 $\delta_{uj}=1$，$\delta_u=0$，则 $R_{i(e)} = \dfrac{ql}{2}$，因此，对于单元$(e)_{ij}$

图 5-8　假设压杆　来说：

$$\{R\}^e = \begin{bmatrix} R_{1(e)} \\ R_{2(e)} \end{bmatrix} = \begin{bmatrix} \dfrac{ql}{2} \\ \dfrac{ql}{2} \end{bmatrix}$$

所以有：

$$R_{1(1)} = R_{2(1)} = R_{2(2)} = R_{3(2)} = R_{3(3)} = R_{4(3)} = \frac{ql}{6}$$

考虑到固定端节点 1 所受约束反力 $R = -ql$，于是，单元载荷移置后，各节点载荷 R_1、R_2、R_3、R_4（图 5-7(a)）分别为

$$\begin{cases} R_1 = R + R_{1(1)} = -\dfrac{5}{6}ql \\[2mm] R_2 = R_{2(1)} + R_{2(2)} = \dfrac{1}{3}ql \\[2mm] R_3 = R_{3(2)} + R_{3(3)} = \dfrac{1}{3}ql \\[2mm] R_4 = R_{4(3)} = \dfrac{1}{6}ql \end{cases} \tag{5-8}$$

4. 建立单元刚度矩阵

（1）用几何方程导出单元应变与节点位移的关系：

$$\varepsilon = \varepsilon_x = \frac{\partial u}{\partial x} = \frac{\mathrm{d}u}{\mathrm{d}x} \qquad \text{（本例为单向拉伸）}$$

将式(5-7)代入并整理，有：

$$\varepsilon = \begin{bmatrix} \dfrac{-1}{l} & \dfrac{1}{l} \end{bmatrix} \begin{bmatrix} u_i \\ u_j \end{bmatrix}$$

若记 $\{\varepsilon\} = \varepsilon$，则有：

$$\{\varepsilon\} = [B]\{\Delta\} \tag{5-9}$$

式中：$[B] = [B_i \quad B_j] = \begin{bmatrix} \dfrac{-1}{l} & \dfrac{1}{l} \end{bmatrix}$，称为应变矩阵，它反映了单元应变与节点位移之间的关系。

（2）用物理方程导出单元应力与节点位移的关系：

$$\sigma = \sigma_x = E\varepsilon_x$$

将式(5-8)代入并整理，有：

$$\{\sigma\} = E[B]\{\Delta\}^e \tag{5-10}$$
$$\{\sigma\} = [G]\{\Delta\}^e$$

式中：$[G] = [G_i \quad G_j] = \begin{bmatrix} \dfrac{-E}{l} & \dfrac{E}{l} \end{bmatrix}$，称为应力矩阵，它反映了单元应力与节点位移之间的关系。

（3）用虚功方程导出单元节点力与节点位移的关系。

对单元来讲，节点力是外力。设节点 i、j 处的节点力为 U_i、U_j，则单元 $(e)_{ij}$ 的节点力为

$$\{F\}^e = \begin{bmatrix} U_i \\ U_j \end{bmatrix}$$

根据虚功原理，单元虚功方程为

$$(\delta\{\Delta\}^e)^{\mathrm{T}}\{F\}^e = \int_{x_i}^{x_j} (\delta\{\varepsilon\})^{\mathrm{T}}\{\sigma\} A\mathrm{d}x$$

将式(5-8)代入并整理,有:

$$\{F\}^e = \int_{x_i}^{x_j} [B]^{\mathrm{T}}\{\sigma\} A\mathrm{d}x$$

再将式(5-9)代入并整理,得:

$$\{F\}^e = \int_{x_i}^{x_j} [B]^{\mathrm{T}}[G] A\mathrm{d}x \cdot \{\Delta\}^e \qquad (5\text{-}11)$$

$$\{F\}^e = [K]^e\{\Delta\}^e$$

式中:$[K]^e = \int_{x_i}^{x_j} [B]^{\mathrm{T}}[G] A\mathrm{d}x$ 称为单元刚度矩阵,它反映了单元节点力与节点位移之间的关系。

将$[B]$、$[G]$矩阵的元素代入,可求得单向拉伸时,单元刚度矩阵为

$$[K]^e = \begin{bmatrix} K_{11} & K_{12} \\ K_{21} & K_{22} \end{bmatrix} = \begin{bmatrix} \dfrac{EA}{l} & -\dfrac{EA}{l} \\ -\dfrac{EA}{l} & \dfrac{EA}{l} \end{bmatrix} \qquad (5\text{-}12)$$

5. 建立总刚度矩阵

针对不同的单元,可写成以下形式:

单元(1):
$$\begin{bmatrix} U_1 \\ U_2 \end{bmatrix}^{(1)} = \begin{bmatrix} K_{11} & K_{12} \\ K_{21} & K_{22} \end{bmatrix}^{(1)} \begin{bmatrix} u_1 \\ u_2 \end{bmatrix}$$

单元(2):
$$\begin{bmatrix} U_2 \\ U_3 \end{bmatrix}^{(2)} = \begin{bmatrix} K_{22} & K_{23} \\ K_{32} & K_{33} \end{bmatrix}^{(2)} \begin{bmatrix} u_2 \\ u_3 \end{bmatrix}$$

单元(3):
$$\begin{bmatrix} U_3 \\ U_4 \end{bmatrix}^{(3)} = \begin{bmatrix} K_{33} & K_{34} \\ K_{43} & K_{44} \end{bmatrix}^{(3)} \begin{bmatrix} u_3 \\ u_4 \end{bmatrix}$$

所有节点在单元对节点的节点力与节点载荷共同作用下应处于平衡状态,即

节点 1: $\quad U_1^{(1)} = R_1$

节点 2: $\quad U_2^{(1)} + U_2^{(2)} = R_2$

节点 3: $\quad U_3^{(2)} + U_3^{(3)} = R_3$ $\qquad (5\text{-}13)$

节点 4: $\quad U_4^{(3)} = R_4$

将单元刚度矩阵整理综合,可得以节点位移为未知量的线性方程组:

$$\begin{bmatrix} K_{11}^{(1)} & K_{12}^{(1)} & 0 & 0 \\ K_{21}^{(1)} & K_{22}^{(1)}+K_{22}^{(2)} & K_{23}^{(2)} & 0 \\ 0 & K_{32}^{(2)} & K_{33}^{(2)}+K_{33}^{(3)} & K_{34}^{(3)} \\ 0 & 0 & K_{43}^{(3)} & K_{44}^{(3)} \end{bmatrix} \begin{bmatrix} u_1 \\ u_2 \\ u_3 \\ u_4 \end{bmatrix} = \begin{bmatrix} R_1 \\ R_2 \\ R_3 \\ R_4 \end{bmatrix} \qquad (5\text{-}14)$$

若记

$$[K] = \begin{bmatrix} K_{11}^{(1)} & K_{12}^{(1)} & 0 & 0 \\ K_{21}^{(1)} & K_{22}^{(1)}+K_{22}^{(2)} & K_{23}^{(2)} & 0 \\ 0 & K_{32}^{(2)} & K_{33}^{(2)}+K_{33}^{(3)} & K_{34}^{(3)} \\ 0 & 0 & K_{43}^{(3)} & K_{44}^{(3)} \end{bmatrix}$$

$$\{\Delta\} = \begin{bmatrix} u_1 \\ u_2 \\ u_3 \\ u_4 \end{bmatrix} \quad \{F\} = \begin{bmatrix} R_1 \\ R_2 \\ R_3 \\ R_4 \end{bmatrix}$$

则式(5-11)可以写为

$$[K][\Delta] = [F] \tag{5-15}$$

式中：$[K]$、$[\Delta]$、$[F]$分别称为总体刚度矩阵、总体节点位移列阵和总体节点载荷列阵。

本例上述关系式为

$$\frac{3EA}{L} \begin{bmatrix} 1 & -1 & 0 & 0 \\ -1 & 2 & -1 & 0 \\ 0 & -1 & 2 & -1 \\ 0 & 0 & -1 & 1 \end{bmatrix} \begin{bmatrix} u_1 \\ u_2 \\ u_3 \\ u_4 \end{bmatrix} = \frac{ql}{6} \begin{bmatrix} -5 \\ 2 \\ 2 \\ 1 \end{bmatrix} \tag{5-16}$$

6. 求出节点位移

式(5-13)中的系数矩阵为一行列式值为零的奇异性矩阵。根据已知边界条件 $u_1 = 0$，处理该奇异矩阵后，有：

$$\frac{3EA}{l} \begin{bmatrix} 2 & -1 & 0 \\ -1 & 2 & -1 \\ 0 & -1 & 1 \end{bmatrix} \begin{bmatrix} u_1 \\ u_2 \\ u_3 \end{bmatrix} = \frac{ql}{6} \begin{bmatrix} 2 \\ 2 \\ 1 \end{bmatrix}$$

求解线性方程组，得节点位移：

$$\begin{bmatrix} u_1 \\ u_2 \\ u_3 \end{bmatrix} = \frac{ql^2}{18EA} \begin{bmatrix} 5 \\ 8 \\ 9 \end{bmatrix}$$

该有限元计算结果经其他力学分析证明是完全正确的，这显示了有限元法的有效性。

5.2.5　有限元分析软件

1. 有限元软件组成

有限元分析软件一般由以下三部分组成。

(1) 有限元前置处理　包括从构造几何模型、划分有限元网格，到生成、校核、输入计算模型的几何、拓扑、载荷、材料和边界条件数据。

(2) 有限元解算　进行单元分析和整体分析，求解位移、应力值等。

(3) 有限元后置处理　对计算结果进行分析、整理，并以图形方式输出，以便设计人员对设计结果作出直观判断，对设计方案或模型进行实时修改。

2. 常用的有限元软件

有限元分析是针对结构力学分析快速发展起来的一种现代计算方法。它是 20 世纪 50 年代首先在连续体力学领域——飞机结构静、动态特性分析中应用的一种有效的数值分析方法，随后广泛地应用于求解热传导、电磁场、流体力学等连续性问题。有限元分析软件目前最流行的有 ANSYS、ADINA、ABAQUS、MSC，其中 ADINA、ABAQUS 在非线性分析方面有较强的能力，目前是业内较为认可的两款有限元分析软件，ANSYS、MSC 进入我国比较早，所以在国内知名度高、应用广泛。

1) Ansys

Ansys 软件是美国 Ansys 公司研制的大型通用有限元分析软件,是世界范围内增长最快的计算机辅助工程(CAE)软件,能与多数 CAD 软件如 Creo、NASTRAN、Algor、I-DEAS、AutoCAD 等实现数据的共享和交换,是融结构、流体、电场、磁场、声场分析于一体的大型通用有限元分析软件。在核工业、铁道、石油化工、航空航天、机械制造、能源、汽车交通、国防军工、电子、土木工程、造船、生物医学、轻工、地矿、水利、日用家电等领域有着广泛的应用。Ansys 功能强大,操作简单方便,已成为国际最流行的有限元分析软件。

软件主要包括三个部分:前处理模块、分析计算模块和后处理模块。

前处理模块提供了一个强大的实体建模及网格划分工具,用户可以方便地构造有限元模型。

分析计算模块可进行结构分析(线性分析、非线性分析和高度非线性分析)、流体动力学分析、电磁场分析、声场分析、压电分析以及多物理场的耦合分析,可模拟多种物理介质的相互作用,具有灵敏度分析及优化分析能力。

后处理模块可将计算结果以彩色等值线显示、梯度显示、矢量显示、粒子流迹显示、立体切片显示、透明及半透明显示(可看到结构内部)等图形方式显示出来,也可将计算结果以图表、曲线形式显示或输出。

软件提供了 100 种以上的单元类型,用来模拟工程中的各种结构和材料。该软件有多种不同版本,可以运行在从个人机到大型机的多种计算机设备上。

2) Adina

Adina 出现于 1975 年,K. J. Bathe 博士带领其研究小组共同开发出 Adina 有限元分析软件。Adina 除了求解线性问题外,还具备分析非线性问题的强大功能——求解结构以及设计结构场之外的多场耦合问题。

在 1984 年以前,Adina 是全球最流行的有限元分析程序。由于其功能强大,被工程界、科学研究、教育等众多领域的用户广泛使用,后来出现的很多知名有限元程序来源于 Adina 的基础代码。

1986 年,K. J. Bathe 博士在美国马萨诸塞州 Watertown 成立 Adina R & D 公司,开始其商业化发展的历程。实际上,到 Adina 84 版本时已经具备基本功能框架,Adina 公司成立的目标是使其产品 Adina 专注求解结构、流体、流体与结构耦合等复杂非线性问题,并力求程序的求解能力、可靠性、求解效率全球领先。

经过 30 余年的持续发展,Adina 已经成为近年来发展最快的有限元软件及全球最重要的非线性求解软件,被广泛应用于各个行业的工程仿真分析,包括机械制造、材料加工、航空航天、汽车、土木建筑、电子电器、国防军工、船舶、铁道、石化、能源等领域。

Adina 系统是一个单机系统的程序,用于进行固体、结构、流体以及结构相互作用的流体流动的复杂有限元分析。借助 Adina 系统,用户无需使用一套有限元程序进行线性动态与静态的结构分析,而用另外的程序进行非线性结构分析,再用其他基于流量的有限元程序进行流体流动分析。此外,Adina 系统还是最主要的、用于结构相互作用的流体流动的完全耦合分析程序(多物理场)。

3) Abaqus

Abaqus 软件是知名的有限元分析软件,由成立于 1978 年的美国罗德岛州博塔市的 HKS 公司(现为 Abaqus 公司)开发。Abaqus 软件的主要任务是进行非线性有限元模型的分析计算。

近年来,我国的 Abaqus 用户也在逐年增加,大大推动了 Abaqus 软件的发展。伴随着基础理论与计算机技术的不断进步,Abaqus 公司也在逐步解决软件中的各种技术难题、改进软件,如今已逐步趋于完善。

作为工程软件之一,Abaqus 软件以其强大的有限元分析功能和 CAE 功能,被广泛运用于机械制造、土木工程、隧道桥梁、水利水工、汽车制造、船舶工业、航空航天、核工业、石油化工、生物医学、军用、民用等领域。

在这些领域中,可有效地进行相应的静态和准静态分析、模态分析、瞬态分析、接触分析、弹塑性分析、几何非线性分析、碰撞和冲击分析、爆炸分析、屈曲分析、断裂分析、疲劳和耐久性分析等结构分析和热分析外,还能进行热固耦合分析、声场和声固耦合分析、压电和热电耦合分析、流固耦合分析、质量扩散分析等。

Abaqus 除了能有效地求解各种复杂的模型并能解决实际工程问题之外,在分析能力和可靠性方面也更胜一筹。除此之外,Abaqus 具有丰富的单元库,可以模拟各种复杂的几何形状,并且具有丰富的材料模型库,如橡胶、金属、钢筋混凝土等,以供用户选择。Abaqus 以其强大的功能和友好的人机交互界面,赢得了普遍赞誉。

4) MSC 软件

MSC 是世界著名的有限分元析和计算机仿真预测应用软件 CAE 供应商和虚拟产品开发(VPD,Virtual Product Development)概念的倡导者。MSC 所提供的产品众多,广泛应用于航空、航天、汽车、船舶、通用机械、电子、核能、土木、医疗器械、生物力学、铁道、运输等领域,涉及内容如静态分析、动力学分析、热传导分析、显式瞬态分力动析、疲劳寿命分析、拓扑优化、运动仿真、噪声/声场分析、材料数据库及管理、仿真数据管理和控制系统仿真等,产品为世界众多著名公司使用。

MSC 公司的产品有 MSC. Patran、MSC. Nastran、MSC. Marc、MSC. Thermal、MSC. FEA、MSC. AFEA、MSC. Dytran、MSC. Adams、MSC. Easy5、MSC. Fatigue、MSC. Optishape、MSC. Akusmod、MSC. Explore、MSC. GS-Mesher、MSC. Mvision、MSC. Actran 等。MSC. Patran 和 MSC. Nastran 是 MSC 公司的旗舰产品。MSC. Patran 是 20 世纪 80 年代在美国国家宇航局(NASA)的资助下产生的新一代并行框架式有限元前后处理及分析仿真系统,其开放式、多功能的体系结构可将工程设计、工程分析、结果评估、计算和交互图形界面集于一身,构成一个完整的 CAE 集成环境。MSC. Nastran 则是世界上应用最为广泛的有限元软件。

3. 有限元前置处理

在进行有限元分析前,需要输入大量的数据,包括各个节点和单元编号、坐标、载荷、材料和边界条件数据等,这些工作称为有限元前置处理。为完成这些工作而编制的程序称为前置处理程序。由计算机实现的自动的有限元数据前置处理包括以下基本内容。

1) 网格自动划分

生成各种类型的单元及其组合而成的网格,产生节点坐标、节点编号、单元拓扑等数据。网格的疏密分布可由用户来控制,对生成的节点进行编号可减少总刚度矩阵带宽。利用计算机交互图形功能,可显示网格划分情况,以便用户检查和修改。图 5-9 所示为一微型汽车白车身的有限元网格模型。网格生成的算法很多,由计算机程序自动划分网格大致分为两类:基于规则形体的方法和直接对原始模型划分网格的方法。

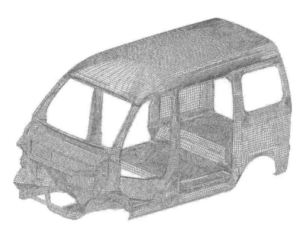

图 5-9　有限元网格图

基于规则形体的网格划分方法是一种半自动的方法,即先将几何模型剖分为若干个规则形体,分别对每个规则形体划分网格,然后拼装为完整模型的网格。这类方法算法简单,易于实现,计算效率高,网格及单元容易控制。但其缺点是剖分规则形体工作对用户有较高要求,数据准备量大。

直接对原始几何模型划分网格的方法是全自动的方法,包括四分法、八分法、拓扑分解和几何分解等。这类方法只要求用户描述几何模型边界,数据准备量小,网格局部加密比较方便。这类方法目前发展很快,正成为主流方法。但缺点是算法较复杂、编程难度大、计算效率较低。

原则上讲,有限元分析的精度取决于网格划分的密度,网格划分得越密、每个单元越小,则分析精度越高。但划分过细则使计算量太大,占用过多的计算机容量和机时,经济性差。网格划分的密度应取决于物体承载情况和几何特点。实际上,物体在承载后,其应力分布往往不均匀,最高应力区总是集中在具有某种几何特点的小区域内。因此,利用前置处理程序,采用有限元网格的局部加密办法比较好。

2）生成有限元属性数据

属性数据主要包括载荷、材料数据及边界条件描述数据。这些数据是和网格划分相联系的,因此要结合网格划分的方法来定义、计算和产生属性数据。

3）数据自动检查

有限元分析中的数据量大,易出错,因此在数据前置处理中应利用计算机将网格化的力学模型显示出来,以便对各种数据及时进行检查和修正,确保各种数据的正确无误。

4．有限元后置处理

对有限元分析后产生的大量结果数据,需要筛选出或进一步转换为设计人员所需要的数据,如危险截面应力值、应力集中区域等。

所谓后置处理,即利用计算机的图形功能,更加形象、有效地表示有限元分析的结果数据,使设计人员可以直观、迅速地了解有限元分析计算结果。为了实现这些目的而编制的程序,称为后置处理程序。

有限元分析数据后置处理包括：

1）对结果数据的加工处理

在强度分析中应力是设计中最关心的数据,因此在强度有限元后置处理程序中,应从有限元分析的结果数据中,经过加工处理,求出所关心的应力值。如梁单元应根据截面上的弯矩、轴力、剪力和截面的形状、尺寸计算出危险截面上的最大应力;板、壳单元除了输出弯矩和剪力外,要由单元厚度计算弯曲和拉伸合成的应力,并区分上、下表面和中心层处的应力等。

2) 结果数据的编辑输出

提供多种结果数据编辑功能,有选择地组织、处理、输出有关数据。如按照用户的要求输出规格化的数据文件;找出应力值高于某一阈值的节点或单元;输出某一区域内的应力等。

3) 有限元数据的图形表示

利用计算机的图形功能,以图形方式绘制、显示计算结果,直观形象地反映出大批量数据的特性及其分布状况,如图 5-10 所示。用于表示和记录有限元数据的图形主要有:网格图(见图 5-10(a))、结构变形图(见图 5-10(b))、应力等值线图(见图 5-10(c),图中不同的数字代表不同的应力值)、彩色填充图(云图)、应力矢量图和动画模拟等。

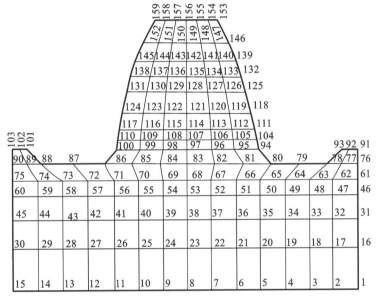

(a) 前置处理网格图

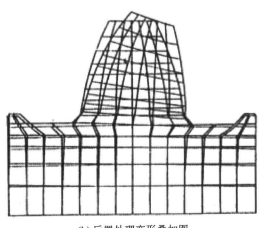

(b) 后置处理变形叠加图

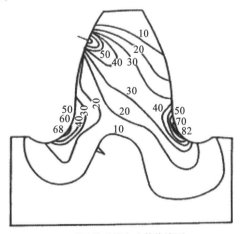

(c) 后置处理等应力等值线图

图 5-10　齿轮轮齿有限元分析的前后置处理图

图 5-10(a)所示的轮齿网格图为前置处理后显示的图形,而图 5-10(b)所示为后置处理程序显示输出的叠加起来的网格图和变形图,图 5-10(c)为轮齿等应力等值曲线图。

实践表明,前、后置处理程序的功能是有限元分析软件能否真正发挥作用、得到推广应用的关键,同时也是评价 CAD/CAM 系统的一项指标。

5.3 优 化 设 计

机械产品的设计,一般需要经过提出任务、调查分析、技术设计、结构设计、绘图和编写设计说明书等环节。传统机械产品的设计方法通常是在调查分析的基础上,参照同类产品,通过估算、经验类比或试验等方法来确定产品的初步设计方案。然后对产品的设计参数进行强度、刚度和稳定性等性能分析计算,检查各项性能是否满足设计指标要求。如果不能满足要求,则根据经验或直观判断对设计参数进行修改。因此,传统设计的过程是一个人工试凑和定性分析比较的过程。实践证明,按照传统方法得出的设计方案,可能有较大改进和提高的余地。在传统设计中也存在"选优"的思想,设计人员可以在有限的几种合格设计方案中,按照一定的设计指标进行分析评价,选出较好的方案。但是由于传统设计方法受到经验、计算方法和手段等条件的限制,得到的可能不是最佳设计方案。因此,传统设计方法只是被动地重复分析产品的性能,而不是主动地设计产品的参数。

优化设计(optimal design)技术提供了一种在解决机械产品设计问题时,能从众多的设计方案中寻找到尽可能完善或最为适宜的设计方案的先进设计方法。机械优化设计是在进行某种机械产品设计时,根据规定的约束条件,优选设计参数,使某项或几项设计指标获得最优值。产品设计的"最优值"或"最佳值",是指在满足多种设计目标和约束条件下所获得的最令人满意和最适宜的值。最优值的概念是相对的,随着科学技术的发展及设计条件的变动,最优化的标准也将发生变化。优化设计反映了人们对客观世界认识的深化,它要求人们根据事物发展的客观规律,在一定的物质基础和技术条件之下,得出最优的设计方案。

在产品生命周期中优化设计是设计过程的一部分,因此与优化设计相关的技术也可以看做是 CAD 的一部分。事实上,整个设计过程可以认为是一个优化过程。在这个过程中,生成了若干个可供选择的设计方案并且选择其中一个。从一般意义上来解释"优化"的话,这种陈述是正确的。然而,优化通常不用于概念方案之间的选择(例如,铆钉、螺钉或紧固件的选择),而是用于对产品最优尺寸的选择。从这个意义上说,优化是设计过程的一部分,而不是整个设计过程。

优化设计是现代设计方法的重要内容之一,它以数学规划为理论基础,以计算机和应用软件为工具,在充分考虑多种设计约束的前提下寻求满足预定目标的最佳设计。如飞行器和宇航结构的设计应在满足性能的要求下使其质量最轻;空间运载工具的设计应使其轨迹最优;连杆、凸轮、齿轮、机床等机械零部件的设计应在实现功能的基础上,使结构最优;机械加工工艺过程设计应在限定的设备条件下使生产率最高等。目前,优化设计在宇航、汽车、造船、机械、冶金、建筑、化工、石油、轻工等领域都得到了广泛的应用。

5.3.1 优化问题的数学模型

1. 设计变量

设计中可以用一组对设计性能指标有影响的基本参数来表示某个设计方案。有些基本参数可以根据工艺、安装和使用要求预先确定,而另一些则需要在设计过程中进行选择。需要在设计过程中进行选择的基本参数称为设计变量。一项设计若有 n 个设计变量 $x_1, x_2, \cdots, x_n$,则这 n 个设计变量可以按一定次序排列,用 n 维列向量来表示为 $\boldsymbol{X} = [x_1, x_2, \cdots, x_n]^\mathrm{T}$,即以 n 个设计量为坐标轴组成的实空间。

机械设计常用的设计变量有几何尺寸、材料性质、速度、加速度、效率、温度等。

机械优化设计时,作为设计变量的基本参数,一般是一些相互独立的参数,它们的取值都是实数。根据设计要求,大多数设计变量被认为是有界连续变量,称为连续量。但在一些情况下,有的设计变量取值是跳跃式的量,例如齿轮的齿数、模数,丝杠的直径和螺距等,凡属这种跳跃式的量称为离散变量。对于离散变量,在优化设计过程中常常先把它视为连续量,在求得连续量的优化结果后再进行圆整或标准化,以求得一个实用的最优方案。

2. 目标函数

根据特定目标建立起来的、以设计变量为自变量的可计算函数称为目标函数,它是设计方案评价的标准,因此也称评价函数。优化设计的过程实际上是寻求目标函数最小值或最大值的过程,如使目标达到质量最轻、体积最小等。

目标函数作为评价方案的标准有时不一定有明显的物理意义和量纲,它只是设计指标的一个代表值。正确建立目标函数是优化设计中很重要的一步工作,它既要反映用户的要求,又要直接、敏感地反映设计变量的变化,对优化设计的质量和计算的难易程度都有一定影响。

优化设计的过程实际上是寻求目标函数最小值或最大值的过程。因为求目标函数的最大值可转换为求负的最小值,故目标函数统一描述为

$$\min F(X) = F(x_1, x_2, \cdots, x_n) \tag{5-15}$$

目标函数与设计变量之间的关系可以用几何图形形象地表示出来。例如单变量时,目标函数是二维平面上的一条曲线,见图 5-11(a),双变量时目标函数是三维空间的一个曲面,见图 5-11(b)。曲面上具有相同目标函数值的点构成的曲线称为等值线(或等高线)。如图 5-11(b)所示,在等值线 a 上的所有的点,其目标函数值均为 15,在等值线 c 上的各点(设计点),目标函数值均为 25 等。将其投影到设计空间是一簇近似的共心椭圆,它们共同的中心点就是最优点(图 5-11(b)中的点 P)。形象地说,优化设计就是近似地求出这些共心椭圆的中心。若有 n 个设计变量时,目标函数是 $n+1$ 维空间中的超曲面,难于用平面图形表示。

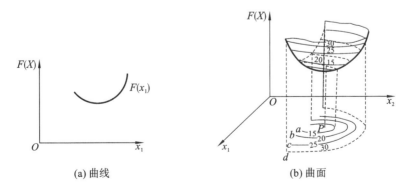

图 5-11 目标函数与设计变量之间的关系

3. 约束条件

在实际设计中设计变量不能任意选择,必须满足某些规定功能和要求。为实现一个可接

受的设计而对设计变量取值施加的种种限制称为约束条件。约束条件必须是对设计变量的一个有定义的函数,并且各个约束条件之间不能彼此矛盾。约束条件一般分为边界约束和性能约束两种。

(1) 边界约束又称区域约束,表示设计变量的物理限制和取值范围,如齿轮的齿宽系数应在某一范围内取值,标准齿轮的齿数应大于等于 17 等。

(2) 性能约束是由某种设计性能或指标推导出来的一种约束条件。这类约束条件一般总可以根据设计规范中的设计公式,或通过物理学和力学的基本分析推导出的约束函数来表示,如对零件的工作应力、变形、振动频率、输出扭矩波动最大值的限制等。约束条件一般表示为设计变量的不等式约束函数和等式约束函数形式:

$$\begin{cases} g_i(\boldsymbol{X}) = g_i(x_1, x_2, \cdots, x_n) > 0 \ \text{或} \ g_i(\boldsymbol{X}) = g_i(x_1, x_2, \cdots, x_n) \leqslant 0 \quad (i = 1, 2, \cdots, m) \\ h_j(\boldsymbol{X}) = h_j(x_1, x_2, \cdots, x_n) = 0 \quad (j = 1, 2, \cdots, p < n) \end{cases}$$

$$(5\text{-}16)$$

式中:m, p 为施加于该项设计的不等式约束条件数目和等式约束条件数目。

约束条件一般分为边界约束和性能约束两种。边界约束又称区域约束,表示设计变量的物理限制和取值范围。性能约束又称性态约束,是由某种设计性能或指标推导出来的一种约束条件。属于这类设计约束的如零件的工作应力、应变的限制;对振动频率、振幅的限制;对传动效率、温升、噪声、输出扭矩波动最大值等的限制;对运动学参数如位移、速度、转速、加速度的限制等。这类约束条件,一般总可以根据设计规范中的设计公式或通过物理学和力学的基本分析导出的约束函数来表示。

设计约束将设计空间分成可行域与非可行域两部分。可行域中的任一点(包括边界上的各点)都满足所有的约束条件,称为可行点。任一个可行点都表示满足设计要求的可行方案。

4. 优化设计的数学模型

建立数学模型是进行优化设计的首要关键任务,前提是对实际问题的特征或本质加以抽象,再将其表现为数学形态。

1) 数学模型描述

数学模型的规范化描述形式为

$$\begin{cases} \min F(\boldsymbol{X}) \quad \boldsymbol{X} = [x_1, x_2, \cdots, x_n]^{\mathrm{T}} \quad \boldsymbol{X} \in \mathrm{R}^n \\ g_i(\boldsymbol{X}) \geqslant 0 \quad i = 1, 2, \cdots, m \\ h_j(\boldsymbol{X}) = 0 \quad j = 1, 2, \cdots, p \end{cases}$$

$$(5\text{-}18)$$

当式(5-18)中的目标函数 $F(\boldsymbol{X})$、约束条件 $g_i(\boldsymbol{X})$ 和 $h_j(\boldsymbol{X})$ 是设计变量的线性函数时,称该优化问题是线性规划问题;如 $F(\boldsymbol{X})$、$g_i(\boldsymbol{X})$ 和 $h_j(\boldsymbol{X})$ 中有一个或多个是设计变量的非线性函数,则称为非线性规划问题。在机械设计中,由于像强度、刚度、运动学和动力学性能等这样一些指标均表现为设计变量的复杂函数关系,所以,绝大多数机械优化设计问题的数学模型都属于非线性规划问题。

2) 建立数学模型的一般过程

数学模型的正确与合理性直接影响设计的质量,建立数学模型甚至比求解更为复杂。

(1) 分析设计问题,初步建立数学模型。即使是同一设计对象,如果设计目标和设计条件不同,数学模型也会不同。因此,要弄清问题的本质,明确要达到的目标和可能的条件,选用或建立适当的数学、物理、力学模型来描述问题。

(2) 抓住主要矛盾,确定设计变量。理论上讲,设计变量越多,设计自由度就越大,越容易得到理想的结果。实际上,随着设计变量的增多,问题也随之复杂,给求解带来很大困难,甚至导致优化设计失败。因此,应抓住主要矛盾、关键环节,重点突破,适当忽略次要因素,合理简化。一般情况下,限制优化设计变量的个数有利于设计问题数学模型的简化。通常参照以往的设计经验和实际要求,尽可能地将那些对目标函数影响不大的参数取为常量。

(3) 根据工程实际提出约束条件。约束条件是对设计变量的限制,这种限制必须要根据工程实际情况来制订,以便使设计方案切实可行。约束条件的数目多,则可行的设计方案数目就减少,优化设计的难度增加。理论上讲,利用一个等式约束,可以消去一个设计变量,从而降低问题的阶次,但工程上往往很难做到设计变量是一定值常量,为了达到效果,总是千方百计使其接近一常量,反而使问题过于复杂化。另外,某些优化方法不支持等式约束。因此,实际上利用等式约束需很慎重,尤其结构优化设计尽量少采用等式约束。

(4) 对照设计实例修正数学模型。数学模型的建立不是一蹴而就的。初步建立模型之后,应与设计问题加以对照,并对函数值域、数学精确度和设计性质等方面进行分析,若不能正确、精确地描述设计问题,则需用逐步逼近的方法对模型加以修正。因此,需要经过多次反复修正。

(5) 正确求解计算,估价方法误差。如果数学模型的数学表达式比较复杂,无法求出精确解,则需采用近似的数值计算方法,此时应对该方法的误差情况有清醒的估计和评价。

(6) 进行结果分析,审查模型灵敏性。数学模型求解后,还应进行灵敏性分析,也就是在优化结果的最优点处,稍稍改变某些条件,检查目标函数和约束条件的变化程度。若变化大,则说明灵敏性高,就需要重新修正数学模型。因为,工程实际中设计变量的取值不可能与理论计算结果完全一致,灵敏性高,可能对最优值产生很大影响,造成设计的实际效果比理论分析差很多。

5.3.2　优化设计过程

从设计方法来看,机械优化设计和传统的机械设计方法有本质的差别。一般将优化设计过程分为以下几个阶段。

(1) 根据机械产品的设计要求确定优化范围。

针对不同的机械产品归纳设计经验,参照已积累的资料和数据分析产品的性能和要求,确定优化设计的范围和规模。产品的局部优化(如零部件)与整机优化(如整个产品)无论在数学模型还是优化方法上都相差甚远。

(2) 分析优化对象,准备各种技术资料。

进一步分析优化范围内的具体设计对象,重新审核传统的设计方法和计算公式能否准确描述设计对象的客观性质与规律,是否需进一步改进完善。必要时应研究手工计算时忽略的各种因素和简化过的数学模型,分析它们对设计对象的影响程度,重新决定取舍,并为建立优化数学模型准备好所需的数表、曲线等各种技术资料,进行相关的数学处理(如统计分析、曲线拟合等),为下一步工作打下基础。

(3) 建立合理而实用的优化设计数学模型。

数学模型描述了工程问题的本质,反映了所要求的设计内容。它是一种完全舍弃事物的外在形象和物理内容(包括该事物的性能、参数关系、破坏形式、结构几何要求等本质内容)的抽象模型。建立合理、有效、实用的数学模型是实现优化设计的根本保证。

（4）选择合适的优化方法。各种优化方法都有其特点和适用范围,所选取的优化方法应适合设计对象的数学模型,解题成功率要高,要易于达到规定的精度要求,要能在占用机时少、人工准备工作量小的情况下满足可靠性和有效性好的选取条件。

（5）选用或编制优化设计程序。根据所选择的优化方法选用现成的优化程序或用算法语言自行编制程序。准备好程序运行时需要输入的数据,并在输入时严格遵守格式要求,认真进行检查核对。

（6）计算机求解,优选设计方案。

（7）分析评价优化结果。采用优化设计方法的目的就是要提高设计质量,使设计达到最优,若不认真分析评价优化结果,则使得整个工作失去意义,前功尽弃。在分析评价优化结果之后,或许需要重新选择设计方案,甚至需要重新修正数学模型,以便产生最终有效的优化结果。

5.3.3　机械设计中的常规优化方法

1. 优化问题分类

从不同的角度出发,优化问题可以分成不同的类别。

无约束优化问题:不带约束条件的优化问题称为无约束优化问题。

约束优化问题:带有约束条件的优化问题称为约束优化问题。

线性规划问题:目标函数和约束条件均为设计变量的线性函数的优化问题。

非线性规划问题:目标函数、约束函数中有一个或多个是非线性函数的优化问题。机械优化设计的问题大多属于约束非线性优化问题。

二次规划问题:当目标函数为设计变量的二次函数,约束条件为线性函数时,称为二次规划问题(是一种特殊的非线性规划问题)。

整数规划问题:当设计变量中有一个或一些只能取为整数时,称为整数规划问题。

几何规划问题:当目标函数和约束函数为广义多项式时,称为几何规划问题。

动态规划问题:当目标函数为一个较复杂的机械系统,需经多阶段的决策过程求优时,称为动态规划问题。

随机规划问题:当设计变量为随机取值时,称为随机规划问题。

按照目标函数个数的不同,优化问题可分为单目标优化问题和多目标优化问题。

当优化设计中有模糊因素的影响,并对这些影响加以考虑时,属于模糊优化问题。

2. 常用的优化方法

在建立优化数学模型后,怎样求解该数学模型,找出其最优解,也是机械优化设计的一个重要问题。求解优化数学模型的方法称为优化方法。一个好的优化方法应当是:总的计算量小、储存量小、精度高、逻辑结构简单。常用的优化方法分类如图 5-12 所示。

1) 无约束非线性优化方法

无约束非线性优化方法有数值法(又叫直接法)和解析法(又叫间接法)两大类。数值法是指在求优过程中,不利用目标函数的可微性等性态,而通过计算和比较目标函数值变化情况来迭代求优的方法,例如单纯形法、鲍威尔(Powell)法等。解析法是利用目标函数的性态(如可微性)来求优的方法,例如梯度法、共轭梯度法、牛顿法、变尺度法等。

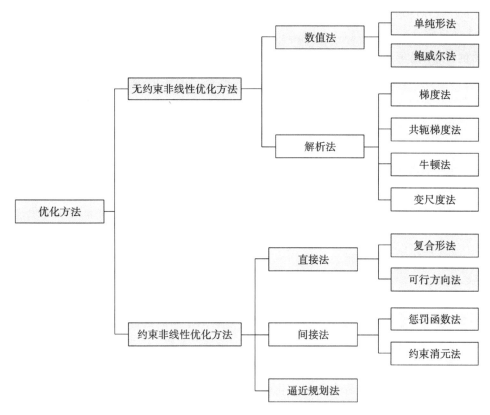

图 5-12　常规优化方法

（1）单纯形法。其基本思想是在 n 维设计空间中，取 $n+1$ 个点，构成初始单纯形，求出各顶点所对应的函数值，并按大小顺序排列。去除函数值最大点 X_{max}，求出其余各点的中心 X_{cen}，并在 X_{max} 与 X_{cen} 的连线上求出反射点及其对应的函数值，再利用"压缩"或"扩张"等方式寻求函数值较小的新点，用以取代函数值最大的点而构成新单纯形。如此反复，直到满足精度要求为止。由于单纯形法考虑到设计变量的交互作用，故是求解非线性多维无约束优化问题的有效方法之一。但所得结果为相对优化解。

（2）鲍威尔法。它是直接利用函数值来构造共轭方向的一种共轭方向法。其基本思想是不对目标函数作求导数计算，仅利用迭代点的目标函数值构造共轭方向。该法收敛速度快，是直接搜索法中比坐标轮换法使用效果更好的一种算法，适用于维数较高的目标函数，但编程较复杂。

（3）梯度法。梯度法又称一阶导数法，其基本思想是以目标函数值下降最快的负梯度方向作为寻优方向求极小值。虽然算法比较古老，但可靠性好，能稳定地使函数值不断下降。适用于目标函数存在一阶偏导数、精度要求不很高的情况。该法的缺点是收敛速度缓慢。

（4）共轭梯度法。共轭梯度法是一个典型的共轭方向法，它的每一个搜索方向是互相共轭的，而这些搜索方向仅仅是负梯度方向与上一次迭代的搜索方向的组合，因此，存储量少，计算方便。

（5）牛顿法。其基本思想是先把目标函数近似表示为泰勒展开式，并只取到二次项；然后，不断地用二次函数的极值点近似逼近原函数的极值点，直到满足精度要求为止。该法在一定条件下收敛速度快,尤其适用于目标函数为二次函数的情况。但计算量大,可靠性较差。

(6) 变尺度法。它又称拟牛顿法。其基本思想是,设法构造一个对称矩阵$[A]^{(k)}$来代替目标函数的二阶偏导数矩阵的逆矩阵$([H]^{(k)})^{-1}$,并在迭代过程中使$[A]^{(k)}$逐渐逼近$([H]^{(k)})^{-1}$,从而减少了计算量,又仍保持牛顿法收敛快的优点,是求解高维数(10~50)无约束问题的最有效算法。

2) 约束非线性优化方法

约束非线性优化问题的求解方法,大致可分成直接法、间接法和逼近规划法三种:直接法是直接处理约束的求解方法,例如复合形法、可行方向法等。间接法是将约束优化问题通过一定形式的变换,转化为一系列无约束优化问题,然后用无约束优化方法求解,例如惩罚函数法(SUMT 法)、约束消元法等。逼近规划法是用约束线性优化去逼近约束非线性优化进行求解的方法。

(1) 复合形法。它是一种直接在约束优化问题的可行域内寻求约束最优解的直接解法。其基本思想是,先在可行域内产生一个具有大于 $n+1$ 个顶点的初始复合形,然后对初始复合形的各顶点函数值进行比较,判断目标函数值的下降方向,不断地舍弃最差点而代之以满足约束条件且使目标函数下降的新点。如此重复,使复合形不断向最优点移动和收缩,直到满足精度要求为止。该法不需计算目标函数的梯度及二阶导数矩阵,计算量少,简明易行,工程设计中较为实用。但不适用于变量个数较多(大于 15 个)和有等式约束的问题。

(2) 可行方向法。在工程实际的优化设计中,随着设计变量数和约束条件数的增多,采用随机方向搜索法和复合形法求解问题,其计算效率偏低,这时可采用可行方向法,它是求解大型约束优化问题的主要方法之一,其收敛速度快,效果较好,但程序较复杂。可行方向法的搜索方向必须是可行的,即从一个初始可行点出发,沿着搜索方向进行一维搜索后,得到的新点必须仍然是可行点。

(3) 罚函数法。又称序列无约束极小化方法。是一种将约束优化问题转化为一系列无约束优化问题的间接解法。其基本思想是,将约束优化问题中的目标函数加上反映全部约束函数的对应项(惩罚项)构成一个无约束的新目标函数,即罚函数。根据新函数构造方法不同,又可分为:

①外点罚函数法。罚函数可以定义在可行域的外部,逐渐逼近原约束优化问题最优解。该法允许初始点不在可行域内,也可用于等式约束。但迭代过程中的点是不可行的,只有迭代过程完成才收敛于最优解。

②内点罚函数法。罚函数定义在可行域内,逐渐逼近原问题最优解。该法要求初始点在可行域内,且迭代过程中任一解总是可行解。但不适用于等式约束。

③混合罚函数法。是一种综合外点、内点罚函数法优点的方法。其基本思想是,不等式约束中满足约束条件的部分用内点罚函数;不满足约束条件的部分用外点罚函数,从而构造出混合函数。该法可任选初始点,并可处理多个变量及多个函数,适用于具有等式和不等式约束的优化问题。但在一维搜索上耗时较多。

3. 优化方法的选择

实际工程设计所涉及的因素十分复杂,形式多种多样,如何针对具体问题选择适用而有效的优化方法是很重要的。一般应考虑以下因素:

（1）优化设计问题的规模，即设计变量数目和约束条件数目的多少。

（2）目标函数和约束函数的非线性程度、函数的连续性、等式约束和不等式约束以及函数值计算的复杂程度。

（3）优化方法的收敛速度、计算效率，稳定性、可靠性，以及解的精确性。

（4）是否有现成程序，程序使用的环境要求、通用性、简便性、执行效率、可靠程度等。

目前，优化设计软件已成为比较成熟的软件产品。在 CAD/CAM 中应尽可能选用现成的优化方法软件，以节省人力、机时，尽快得到优化设计结果，满足 CAD/CAM 的需要。

5.3.4　现代优化算法

随着优化理论的发展，一些新的智能算法得到了迅速发展和广泛应用，成为解决传统优化问题的新方法，如遗传算法、蚁群算法、粒子群算法等。这些算法大大丰富了现代优化技术，也为具有非线性、多极值等特点的复杂函数及组合优化问题提供了切实可行的解决方案。现代智能优化算法主要包括：模拟退火算法（Simulated Annealing，SA）、遗传算法（Genetic Algorithm，GA）、禁忌搜索算法（Tabu Search，TS）、蚁群算法（Ant Colony Optimization，ACO）、粒子群优化算法（Particle Swarm Optimization，PSO）等。这些优化算法都是通过模拟揭示自然现象和过程来实现，其优点和机制的独特，引起了国内外专家学者的高度重视。以下对几种常用的现代智能优化算法进行介绍。

现代优化算法解决组合优化问题，如旅行商问题（traveling salesman problem，TSP），二次分配问题（quadratic assignment problem，QAP），作业调度问题（job-shop scheduling problem，JSP）等效果很好。

（1）模拟退火算法　模拟退火算法得益于材料的统计力学的研究成果。统计力学表明材料中粒子的不同结构对应于粒子的不同能量水平。在高温条件下，粒子的能量较高，可以自由运动和重新排列。在低温条件下，粒子能量较低。如果从高温开始，非常缓慢地降温（这个过程称为退火），粒子就可以在每个温度下达到热平衡。当系统完全被冷却时，形成处于低能状态的晶体。

（2）遗传算法　遗传算法是一种基于自然选择原理和自然遗传机制的搜索（寻优）算法，它是模拟自然界中的生命进化机制，在人工系统中实现特定目标的优化。遗传算法的实质是通过群体搜索技术，根据适者生存的原则逐代进化，最终得到优解或准优解。它必须做以下操作：初始群体的产生、求每个个体的适应度、根据适者生存的原则选择优良个体、被选出的优良个体两两配对，通过随机交叉其染色体的基因并随机变异某些染色体的基因后生成下一代群体，按此方法使群体逐代进化，直到满足进化终止条件。

（3）禁忌搜索算法　禁忌搜索算法是组合优化算法的一种，是局部搜索算法的扩展。禁忌搜索算法是人工智能在组合优化算法中的一个成功应用。禁忌搜索算法的特点是采用了禁忌技术。所谓禁忌就是禁止重复前面的工作。禁忌搜索算法用一个禁忌表记录下已经到达过的局部最优点，在下一次搜索中，利用禁忌表中的信息不再或有选择地搜索这些点。禁忌搜索算法实现的技术问题是算法的关键。

（4）蚁群算法　蚂蚁是自然界中常见的一种生物，人们对蚂蚁的关注大都是因为"蚁群搬家，天要下雨"之类的民谚。然而随着近代仿生学的发展，这种似乎微不足道的小东西越来越

多地受到学者们的关注。1991年意大利学者 M. Dorigo 等人首先提出了蚁群算法,人们开始
了对蚁群的研究:相对弱小,功能并不强大的个体是如何完成复杂的工作的(如寻找到食物的
最佳路径并返回等)。在此基础上一种很好的优化算法逐步发展起来。蚁群算法的特点是模
拟自然界中蚂蚁的群体行为。科学家发现,蚁群总是能够发现从蚁巢到食物源的最短路径。
经研究发现,蚂蚁在行走过的路上留下一种挥发性的激素,蚂蚁就是通过这种激素进行信息交
流。蚂蚁趋向于走激素积累较多的路径。找到最短路径的蚂蚁总是最早返回巢穴,从而在路
上留下了较多的激素。由于最短路径上积累了较多的激素,选择这条路径的蚂蚁就会越来越
多,到最后所有的蚂蚁都会趋向于选择这条最短路径。基于蚂蚁这种行为而提出的蚁群算法
具有群体合作、正反馈选择、并行计算等三大特点,并且可以根据需要为人工蚁加入前瞻、回溯
等自然蚁所没有的特点。在使用蚁群算法求解现实问题时,先生成具有一定数量蚂蚁的蚁群,
让每一只蚂蚁建立一个解或解的一部分,每只蚂蚁从问题的初始状态出发,根据"激素"浓度来
选择下一个要转移到的状态,直到建立起一个解,每只蚂蚁根据所找到的解的好坏程度在所经
过的状态上释放与解的质量成正比例的"激素"。之后,每只蚂蚁又开始新的求解过程,直到寻
找到满意解。

(5)粒子群优化算法　粒子群优化算法模拟鸟群随机搜索食物的行为。粒子群优化算法
中,每个优化问题的潜在解都是搜索空间中的一只鸟(叫做"粒子")。所有的粒子都有一个由
被优化的函数决定的适应值(fitness value),每个粒子还有一个速度决定它们"飞行"的方向和
距离。粒子群算法初始化为一群随机的粒子(随机解),然后根据迭代找到最优解。每一次迭
代中,粒子通过跟踪两个极值来更新自己:第一个是粒子本身所找到的最优解,这个称为个体
极值;第二个是整个种群目前找到的最优解,这个称为全局极值。也可以不用整个种群,而是
用其中的一部分作为粒子的邻居,称为局部极值。

5.4　计算机仿真

一种新产品的开发总要经历设计、分析、计算、修改的反复过程。即使这样,也不能完全保
证被设计产品达到预期的要求。通常还需制造样机,并进行试验,检测产品性能指标,确定设
计方案的优劣。如果发现问题,则要修改设计方案或参数,重新制造样机,重新试验,致使新产
品的开发耗资大、周期长。有的产品的性能试验是十分危险的;还有的产品根本无法实施样机
试验,如航天飞机、人造地球卫星。因此,迫切需要有一种方法和技术改变上述状况。仿真理
论和技术正是为此应运而生的。

5.4.1　仿真的基本概念及分类

1. 仿真的基本概念

随着科学技术的进步,尤其是信息技术和计算机技术的发展,"仿真"的概念不断发展和完
善。通俗的仿真基本含义是指:模仿真实的系统或过程,通过使用模型来模拟和分析现实世界
中系统的行为,以寻求对真实系统或过程的认识。它所遵循的基本原则是相似性原理。仿真
模型是对现实系统有关结构信息和行为的某种形式的描述,是对系统的特征与变化规律的一
种定量抽象,是人们认识事物的一种手段或工具。仿真的过程是基于从实际系统或过程中抽
象出来的仿真模型,设计一个实际系统的模型,对它进行实验,以便理解和评价系统的各种运

行策略。

这里的模型是指广义的模型,包含物理模型(物理实体或视图等)、概念模型(框图、特殊规定的因)、分析模型(数学模型、模拟模型等)、知识模型、信息模型等。

2. 仿真的分类

不同的模型特性,有不同方式的仿真方法。从仿真实现的角度来看,模型特性可以分为连续系统和离散事件系统两大类。由于这两类系统的运动规律差异很大,描述其运动规律的模型也有很多不同,因此相应的仿真方法不同,分别对应为连续系统仿真和离散事件系统仿真。除了可按模型的特性分为连续系统仿真和离散事件系统仿真外,还可以从不同的角度对系统仿真进行分类。典型的分类方法如下。

1) 按计算机类型分类

(1) 模拟仿真。它是指采用数学模型,在模拟计算机上进行的实验研究。描述连续物理系统的动态过程,比较自然、逼真,具有仿真速度快、失真小、结果可靠的优点,但受元器件性能影响,仿真精度较低,对计算机控制系统的仿真较困难,自动化程度低。模拟计算机的核心是运算部分,它由我们熟知的模拟运算放大器为主要部件构成。

(2) 数字仿真。它是指采用数学模型,在数字计算机上借助数值计算方法所进行的仿真实验、计算与仿真的精度较高。理论上计算机的字长可以根据精度要求"随意"设计,因此其仿真精度可以是无限的,但是由于受到误差积累、仿真时间等因素影响,其精度也不宜定得太高。数字仿真的优点:对计算机控制系统的仿真比较方便;仿真实验的自动化程度较高,可方便实现显示、打印等功能。但数字仿真计算速度比较低,在一定程度上影响到仿真结果的可信度。但随着计算机技术的发展,仿真速度问题会在不同程度上有所改进。数字仿真没有专用的仿真软件支持,需要设计人员用高级程序语言编写求解系统模型及结果输出的程序。

(3) 混合仿真。它结合了模拟仿真与数字仿真两种仿真方式。

(4) 现代计算机仿真。它采用先进的微型计算机,基于专用的仿真软件、仿真语言来实现,其数值计算功能强大,使用方便、易学。

2) 根据模型的种类分类

(1) 物理仿真。它是指运用几何相似、环境相似的条件,构成物理模型进行仿真。其主要应用于原物理系统昂贵,或者是无法实现的物理场,或者是原物理系统的复杂性难以用数学模型描述等场景,如电力系统仿真、风洞试验等。

(2) 数字仿真。它运用性能相似原则,即将物理系统全部用数学模型来描述,并把数学模型变换为仿真模型,在计算机上进行实验研究。

(3) 半实物仿真。在该仿真系统中,一部分是实际物理系统或与实际等价的物理场,另一部分是安装在计算机里的数学模型。将数学模型、实体模型、相似物理场组合在一起进行仿真。这类仿真技术又称为硬件在回路中的仿真。

仿真类型的选取策略是按工程阶段分级选取。在产品的分析设计阶段,采用计算机仿真,边设计、边仿真、边修改,结合有限元分析和优化设计等现代设计方法,使设计在理论上尽量达到最优。进入研制阶段,为提高仿真可信度和实时性,将部分已试制成品(部件等)纳入仿真模型。此时,采用半物理仿真。到了系统研制阶段,说明前两级仿真均证明满足要求,最后只能采用全物理仿真证明设计的可行性。上述计算机仿真与物理仿真的关系可表示成图 5-13 的形式。

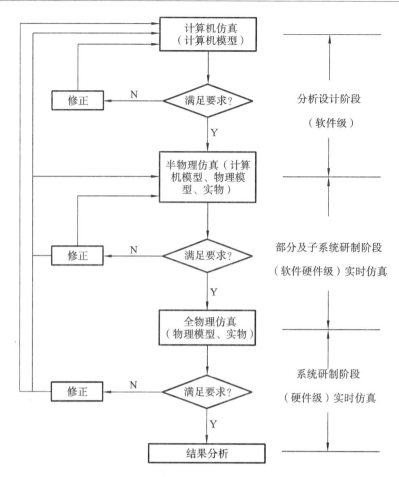

图 5-13　计算机仿真与物理仿真的关系

5.4.2　计算机仿真的一般过程

计算机仿真的基本方法是将实际系统抽象描述为数学模型,再转化成计算机求解的仿真模型,然后编制程序,上机运行,进行仿真实验并显示结果。其一般过程如图 5-14 所示。

1. 建立数学模型

系统的数学模型是系统本身固有特性以及在外界作用下动态响应的数学描述形态。它有多种表达形式,如连续系统的微分方程、离散系统的差分方程、复杂系统的传递函数以及机械制造系统中对各种离散事件的系统分析模型等。要注意的是,仿真所需建立的数学模型应与优化设计等其他设计方法中建立的数学模型相协调。某种情况下,二者是统一的,即使不统一,也不应相互矛盾、相互违背。

2. 建立仿真模型

在建立数学模型的基础上,设计一种求解数学模型的算法,即选择仿真方法,建立仿真模型。如果仿真模型与假设条件偏离系统模型,或者仿真方法选择不当,则将降低仿真结果的价值和可信度。一般而言,仿真模型对实际系统描述得越细致,仿真结果就越真实可信,但同时,仿真实验输入的数据集就越大,仿真建模的复杂度和仿真时间都会增加。因此,需要在可信度、真实度与复杂度之间认真加以权衡。

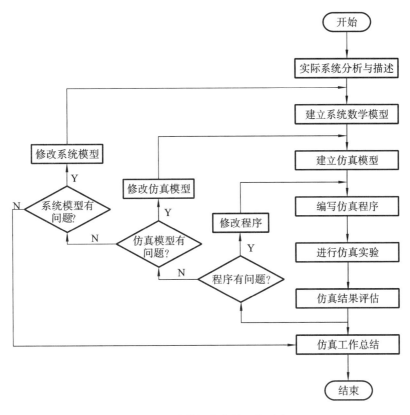

图 5-14　计算机仿真的一般过程

3. 编写仿真程序

根据仿真模型，画出仿真流程图，再使用通用高级语言或专用仿真语言编制计算机程序。目前，世界上已发表过数百种各有侧重的仿真语言。常用的有 SIMULA、SLAM、SIM-SCRIPT、CSMP、Q-GERT、GASP、GPSS、CSL 等，与通用高级语言相比，具有仿真程序编制简单、仿真效率高、仿真过程数据处理能力强等特点。

4. 进行仿真实验

选择并输入仿真所需要的全部数据，在计算机上运行仿真程序，进行仿真实验，以获得实验数据，并动态显示仿真结果。通常是以时间为序，按时间间隔计算出每个状态结果，在屏幕上轮流显示，以便直观形象地观察到实验全过程。

5. 仿真结果评估

对仿真实验结果数据进行统计分析，对照设计需求和预期目标，综合评价仿真对象。

6. 仿真工作总结

对仿真模型的适用范围、可信度，仿真实验的运行状态、费用等进行总结，为以后的工作积累经验。

5.4.3　计算机仿真技术的应用及发展趋势

计算机仿真技术是一门新兴的综合性技术，它运用专门的软件，将仿真结果以数字介体传达给人们。因此，当人们通过计算机媒体进行浏览仿真结果时就能够有身临其境的感觉，可以自由选择角度。一方面，仿真技术的应用得益于控制工程和系统工程的发展，在控制工程和系统工程中逐步探索计算机仿真技术;另一方面,计算机仿真技术可以逐步缩短开发周期,在提高产品质量的同时减少损失,并大大降低人工成本,提高工作效率,在节约经费开支等方面发挥巨大的作用。

1. 计算机仿真技术的应用

(1)交通领域。交通是一个复杂的人机系统,交通安全仿真以虚拟现实技术的方法为基础,评价体系先建立虚拟环境,然后在这个虚拟环境中加入各种可以诱发事故的因素,最后再对某路段和某区域的交通安全水平施行全程的跟踪与评价。计算机的仿真过程是交通安全仿真及评价系统的核心。该仿真过程是一种可视化的仿真,与传统的数字仿真不同。例如,评价某路段的交通安全时,不仅用传统的绝对数法和事故率法来评价,还要考虑交通者的感知与行为。我们可以在这个虚拟的环境中,选择不同的交通工具,设置不同的交通环境,分别从交通者和第三者的角度进行事故的可能性实验及分析,最终实现对该路段的安全性评价。计算机仿真也是交管部门建设和完善交通设施的依据,是一种分析交通事故的新方法。

(2)制造领域。汽车制造是机械行业的重要组成部分。大多实验课题具有难度大、实地成本高的特点。引入计算机仿真技术,可以有效缓解上述问题。例如将计算机仿真技术引入产品模型中,主要是利用其分析产品的静、动态性能、可装配性、可制造性等,使产品能够更好地满足需求。对于产品的研发,既要考虑产品所达到的实用功能是否能满足实际需求,还要考虑产品的外观、尺寸等诸多因素,而应用计算机仿真技术,这些工作显得轻而易举。

(3)教育领域。计算机仿真在教育领域的应用主要是计算机模拟实验,计算机模拟实验强调了实验的设计思想和实验方法,打破了教与学、理论与实践、课内与课外的界限,更加强调实验者的主动性。通过计算机的模拟,加深学生对思想、方法、仪器的结构和设计原理的理解,还可以练习实验技能,巩固知识,提高学生实验的兴趣和实验水平。计算机模拟实验系统充分运用人工智能、控制理论和教师专家系统建立内在模型,利用可操作的仿真方式,实现了实验教学的各个环节。

2. 计算机仿真技术发展方向

突飞猛进的计算机软硬件技术带动了仿真技术的飞速发展。近几年,仿真技术领域的新技术、新成果展示了良好的发展前景。

(1)网络化仿真。随着计算机和网络的应用与发展,计算机仿真技术逐步实现了网络化,利用网络技术实现仿真系统共享,就可以避免社会资源的重复开发,还可以适当收费来补充开发成本。

(2)虚拟制造技术。计算机仿真技术发展的另一方向是虚拟制造技术。虚拟制造技术是一种领先的制造技术。它运用计算机仿真技术和虚拟现实技术,借助计算机实现对产品制造的管理与控制。

(3)面向对象的仿真建模。与传统的人工建模相比有了很大的进步,它最大限度地调动了计算机的符号处理能力,加快了人们认识和转换仿真对象的速度。这种方法可以充分提升系统的建模能力。最重要的是,仿真技术容易掌握和使用,实际操作的技术人员可以利用仿真技术更好地为系统服务。

(4)分布式仿真。分布式仿真是通过计算机网络连接分散在各地的仿真设备,构成空间与时间互相耦合的虚拟仿真环境。分布式仿真系统可以理解为由多个子模型组成的仿真模型。在分布式仿真系统中,这方面的现有技术包括:动态、静态数据分割技术,功能分割技术,避免通信闭锁技术等。

(5) 智能仿真。在建模、仿真模型设计、仿真结果的分析和处理阶段,引入知识表达及处理技术,使仿真、建模的时间缩短,在分析中提高模型知识的描述能力,引入专家知识和推理帮助用户做出优化决策;运用智能仿真可以及时修正、维护模型,实现更好的智能化人机界面,使计算机与人之间的沟通变得人性化,增加自动推理学习机制,从而增强仿真系统自身的寻优能力。

(6) 其他仿真。可视化仿真更加形象直观地显示仿真全过程,有效辨别仿真过程的真实性和正确性,而且结果也简单,方便理解。近年来出现的动画仿真本质上也属于可视化仿真。将声音加入可视化仿真,就同时得到了视觉和听觉的多媒体仿真。而在多媒体仿真的基础上,植入三维动画,强调交互功能,又可以得到支持触觉、嗅觉、味觉的虚拟现实仿真。随着科技的不断发展,仿真技术将更好地为人类服务。

5.4.4　仿真在 CAD/CAM 系统中的应用

仿真在 CAD/CAM 系统中的应用主要表现在以下几个方面:

(1) 产品形态仿真　例如产品的结构状态、外观、色彩等形象化属性。

(2) 零部件装配关系仿真以及工作环境空间的配置仿真　可通过仿真检验产品装配结构是否合理、是否发生干涉;人工操作是否方便,是否符合人机学原理;工作环境管道安装、电力、供暖、供气、冷却系统与机械设备布局是否合理等。

(3) 运动学仿真　模拟机构的运动过程,包括自由度约束状况、运动轨迹、速度和加速度变化等。如加工中心机床的运动状态、规律,机器人各部分结构、关节的运动关系。

(4) 动力学仿真　分析计算机械系统在质量特性和力学特性作用下系统的运动和力的动态特性。例如模拟机床工作过程中的振动和稳定性情况,机械产品在受到冲击载荷后的动态性能。

(5) 零件工艺过程几何仿真　根据工艺路线的安排,模拟零件从毛坯到成品的金属去除过程,检验工艺路线的合理性、可行性和正确性。

(6) 加工过程仿真　例如数控加工自动编程后的刀具运动轨迹模拟,刀具与夹具、机床的碰撞干涉检查,切削过程中刀具磨损、切屑形成,工件被加工表面的生成等。

(7) 生产过程仿真　例如 FMS 仿真,模拟工件在系统中的流动过程,展示从上料、装夹、加工、换位、再加工……直到最后下料、成品放入立体仓库的全部过程。其中包括机床运行过程中的负荷情况、工作时间、空等时间,刀具负荷率、使用状况、刀库容量,运输设备的运行状况,系统的薄弱环节或瓶颈工位,系统调整,仿真修改后的生产过程运行状况。图 5-15 所示为生产线仿真实例。

目前,市场上已有商品化仿真软件系统,如许多 CAE 软件系统都含有运动学分析与仿真功能模块。这些相对成熟的系统为广大用户的仿真需求提供了先进的技术手段和高水平的仿真平台,用户可以根据自己的要求选择适宜的商品化软件。随着计算机技术、CAD/CAM 技术的不断发展,仿真技术将会得到进一步的广泛应用,在生产、科研、开发领域发挥出越来越大的作用。

图 5-15　生产线仿真

5.4.5　工程仿真实例介绍

1. 仿真背景

泥水盾构机泥水环流系统管道内针对泥浆密度、黏度、渣石粒径变化对携渣能力的影响及压力损失分析；本仿真涉及流体仿真计算，使用仿真软件为 Fluent1 9.2 以及 EDEM 2020。

2. 仿真内容

单一工况下（给定密度、黏度、渣石规模、渣石粒径），直管（或某一倾斜角度下）内泥浆携渣运动过程 EDEM-Fluent 耦合仿真。

3. 仿真模型建立

选取泥水环流系统内所需研究的部分管道，进行结构简化并建模，模型以及计算域如图 5-16 所示。

该计算域为通径 300 mm 的泥水管路内部流场，管路由三段组成：第一段为入口（INTLET）处长 1000 mm 的水平直管；第二段为坡度为 1∶2、高度为 2000 mm 的直管；第三段为出口（OUTLET）处长 1000 mm 的水平直管。

4. 仿真方法与过程

采用 EDEM-Fluent 耦合的方法进行管道内泥浆对携渣能力的影响的数值模拟。打开 EDEM 软件中耦合求解器，通过 Fluent 软件读编译的耦合接口文件，实现耦合接口的连接，耦合接口文件是根据 DDPM 模型编译所得。将建立的网格模型导入 EDEM 中，根据模拟盾构机实际工况中相关参数的设计进行设置，打开 Fluent 软件读取流体域网格，并根据模拟盾构机实际工况中相关参数进行设置。同时要保证 Fluent 软件中的时间步长是 EDEM 软件中的整数倍（本仿真为 50 倍），两者之间时间步长的比值应在 1～100 倍之间，这样 Fluent 每保存一个时间点，EDEM 有相应的时间点与之匹配实现数据的实时交换。计算总时长为 20 s。

仿真采用联想 ThinkStation 微型工作站（配置为：Intel I9 9700 CPU、32GB 内存、256G SSD＋2T 硬盘、P660 显卡），一个 CFD-DEM 耦合时间步长计算耗时约为 8～10 s，整个仿真过程耗时约为 100 h。

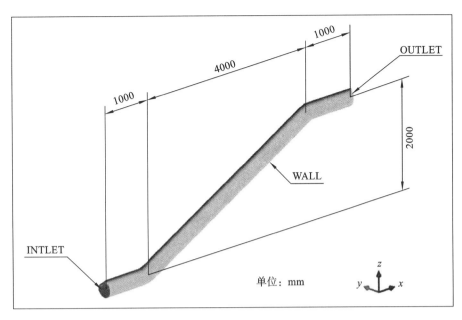

图 5-16　仿真模型

5．仿真后处理展示

（1）EDEM 颗粒分布图。

图 5-17 为 EDEM 中颗粒速度分布云图，从图中可以看出管内颗粒分布情况以及管内颗粒堆积情况。

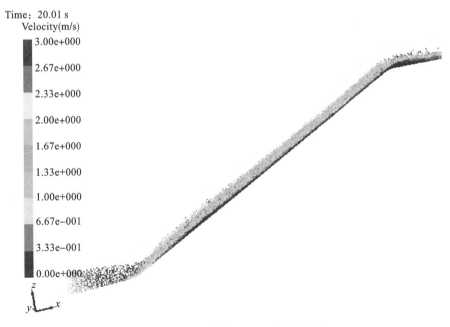

图 5-17　EDEM 仿真 0～8s 颗粒分布图

（2）FLUENT 压力与速度云图。

图 5-18、图 5-19 为 FLUENT 仿真计算后处理所得的管道截面流场压力与速度云图和管

道内表面流场压力与速度云图,从这些云图中可以清晰地了解管道内流场速度、压力等参数的分布情况。

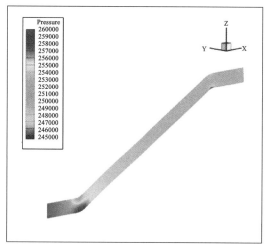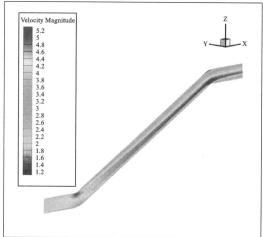

图 5-18　管路中截面流场压力与速度分布图

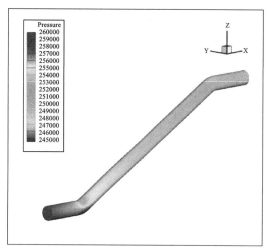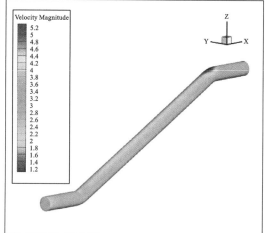

图 5-19　管路内表面流场压力与速度分布图

习　　题

5-1　计算机辅助工程分析的主要内容及其分析计算方法有哪些?

5-2　常用的有限元分析软件有哪些? 这些软件分别运用于哪些领域的仿真实验?

5-3　论述有限元分析的基本原理和分析步骤。

5-4　有限元分析数据前、后置处理包括哪些内容?

5-5　有限元分析软件与 CAD 系统其他软件的连接应注意什么问题?

5-6　若已知一单级标准直齿圆柱齿轮传动的传递功率、转速、传动比,且齿轮所用材料和热处理工艺已确定,以传动装置的体积最小作为优化目标,试建立其优化设计数学模型。

5-7　优化设计问题的求解方法有哪几类? 求解优化问题的基本思路及策略是什么?

5-8　比较各种优化方法的思想、特点及适用范围。

5-9　举例说明仿真在 CAD/CAM 系统中的应用。

第6章 计算机辅助工艺设计

本章要点

本章对计算机辅助工艺设计(CAPP)中的零件信息的描述和输入、派生式 CAPP 系统、创成式 CAPP 系统以及 CAPP 专家系统等内容做了较全面的介绍。重点介绍 CAPP 的基本概念、基本组成和类型,零件信息描述的内容和基本方法,人机交互式输入方法,从 CAD 系统中直接输入零件信息,派生式 CAPP 系统特点以及工作原理、开发过程,创成式 CAPP 系统的特点和工作原理,创成式 CAPP 系统的工艺决策和工序设计,CAPP 专家系统的工作原理和体系结构,工序设计进程中的决策过程,工艺知识库和工艺规则库的建立,基于实例推理的 CAPP 系统,CAPP 专家系统的知识表达及推理等。

6.1 计算机辅助工艺设计的概述

工艺设计是确定从原材料到成品的转变过程,是产品设计和实际生产之间的纽带,它为生产提供指导文件和信息,是其他一切生产准备工作的依据。工艺设计通过输入零件信息,在特定制造环境和制造资源的约束控制下,输出生产零件所需制造信息的过程。

计算机辅助工艺过程设计是利用计算机的信息处理和信息管理优势,采用先进的信息处理技术和智能技术,辅助工艺设计人员完成零件的工艺路线和工序内容等工艺文件的过程。通过向计算机输入被加工零件的几何信息(形状、尺寸等)和工艺信息(材料、热处理、批量等),帮助工艺设计人员完成工艺设计中的各项任务,最后生成产品生产所需的各种工艺文件和数控加工编程、生产计划制定和作业计划制定所需的相关数据信息,作为数控加工程序的编制、生产管理与运行控制系统执行的基础信息。CAPP 的信息处理流程如图 6-1 所示。

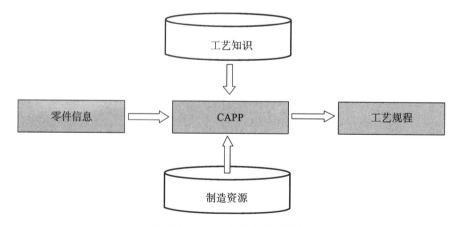

图 6-1 CAPP 的信息处理流程

利用 CAPP 技术来辅助完成工艺过程的设计并输出工艺规程,可缩短工艺设计周期,对设计变更作出快速响应,提高工艺部门的工作效率和工作质量;但为了满足 CAD/CAPP/CAM 集成系统及 CIMS 发展的需求,对 CAPP 的认识应进一步扩展,即对其广义的理解:CAPP 一边向生产规划最佳化及作业计划最佳化发展;CAPP 另一边向扩展能够生成 NC 指令发展,使其起到连接 CAD 和 CAM 及 MRPⅡ等应用系统的桥梁作用,成为现今许多先进制造技术的技术基础之一。

6.1.1 CAPP 系统的基本构成

CAPP 的基本结构(见图 6-2)主要包括以下模块。

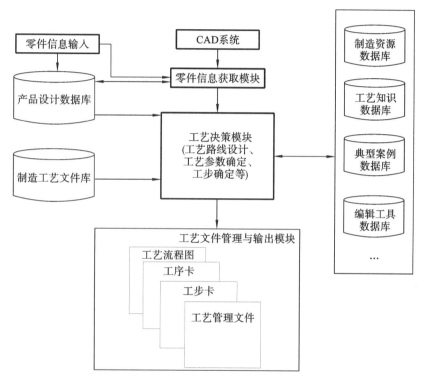

图 6-2 CAPP 系统的基本结构

(1)零件信息获取模块 零件信息是 CAPP 系统进行工艺过程设计的依据和对象,零件信息的描述和输入是 CAPP 系统的重要组成部分。其获取方式有人工交互输入、从 CAD 系统直接获取或这两种相结合的输入方式。

(2)工艺决策模块 工艺决策模块是 CAPP 系统控制和运行的核心,它的作用是以零件信息为依据,按预定的规则或方法,对工艺信息进行检索或编辑处理,提取和生成零件工艺过程所要求的全部信息。包括加工工艺流程的决策、选定加工设备、定位安装方式、加工要求、加工参数,提供形成 NC 指令所需的刀位文件,以及生成工艺过程卡、工序卡和工步卡。

(3)工艺文件管理与输出模块 一个 CAPP 系统可能拥有成百上千个工艺文件,需要对这些工艺文件进行管理和维护。工艺文件的输出包括工艺文件的格式化显示和打印输出等内容。可输出工艺流程图、工序和工步卡、工序图等各类文档,并可利用编辑工具对生成的文件进行修改后得到所需的工艺文件。

(4)制造资源数据库 存储企业或车间的加工设备、工装工具等制造资源的相关信息,如设备名称、规格、加工能力、精度指标等信息。

（5）工艺知识数据库　该数据库是CAPP系统的基础，用于存放产品制造工艺规则、工艺标准、工艺数据手册、工艺信息处理的相关算法和工具信息等，如加工方法、排序规则、机床、刀具、夹具、量具、工件材料、切削用量、成本核算等信息。

（6）制造工艺文件数据库　该数据库存放CAPP系统生成的产品制造工艺信息，传输出工艺文件、数控加工编程和生产管理与运行控制系统使用。

（7）典型案例数据库　该数据库存放各零件族典型零件的工艺流程图、工序卡、工步卡、加工参数等数据，供系统参考使用。

（8）编辑工具数据库　该数据库存放工艺流程图、工序卡、工步卡等系统输入输出模板、手册查询工具和系统操作工具集等，用于有关信息输入、查询和工艺文件编辑。

实际系统的设计开发可以根据具体要求和条件的不同，对其结构和组成进行相应的调整。

6.1.2　CAPP系统的基本类型

CAPP一般可以分为检索式、派生式、创成式、CAPP专家系统以及混合式等多种类型。常见类型为前三种，而派生式CAPP系统可以看成是检索式CAPP系统的发展，CAPP专家系统也可以看作是创成式CAPP系统的发展，混合式则可以是其中几种类型的综合。

1. 检索式CAPP系统

检索式CAPP系统是一种标准工艺的检索系统。所谓标准工艺是指经过长期生产实践检验所形成的某些零件的工艺，整理后以编号标明，存储在标准工艺库中。它不需要输入零件的详细信息，可以只根据少数几个总体信息检索出合适的标准工艺。这种系统比较简单，易于实现，运行稳定可靠，有较高的实用价值。但缺点是由于标准工艺数量有限，覆盖面小，因此应用范围较窄。

检索式CAPP系统的特点如下。

优点：检索式CAPP系统容易建立，简单实用，尤其适用于工艺规程较为稳定的工厂。

缺点：检索式CAPP系统功能弱，生成工艺规程的自动决策能力差，局限性大。

2. 派生式CAPP系统

派生式CAPP系统是建立在成组技术基础上，首先把尺寸、形状、工艺相近似的零件组成一个零件族，对每个零件族设计一个主样件，主样件的形状能够覆盖族中零件所有特征，因而也最为复杂。然后对每个族的主样件制定一个最优的工艺过程并以文件形式存放在计算机中。当要制定某一零件的工艺过程时，输入此零件编码以及有关几何和工艺参数，经分类识别找到此零件所属的族，调出该族的主样件工艺文件，进行交互编辑修改，形成新的工艺设计，或输出工艺卡供制造部门使用，或将信息存储起来供数控编程使用。

派生式CAPP系统的特点如下。

优点：派生式CAPP系统编制工艺规程的功能比检索式系统强，程序设计简单，易于实现，特别适用于回转类零件的工艺规程设计，目前仍是回转类零件计算机辅助工艺规程设计的主要方式。因此被广泛应用于企业生产中及技术研发中心，例如徐工集团2000年研制开发的G系列装载机就使用了该系统。

缺点：派生式CAPP系统由于通常以企业现有工艺规程为基础，因而有一定的局限性。

3. 创成式 CAPP 系统

创成式 CAPP 系统是一种自动进行工艺过程设计的系统,工艺过程设计,只需要用户输入零件的几何信息和有关的加工信息,计算机通过搜索以及逻辑决策,就能自动制定出工艺文件。它不需要派生法中的主样件工艺文件,能对随机而来的零件制定出新的工艺文件。

创成式 CAPP 系统的特点如下。

优点:通过逻辑推理、自动决策生成零件的工艺规程;具有较高的柔性,适应范围广;便于计算机辅助设计和计算机辅助制造系统的集成。

缺点:由于用计算机模拟人的思维过程还有很多技术难题,目前已开发的创成式 CAPP 系统,实际上是与派生式混合使用的,又被称为半创成式 CAPP 系统,所以目前已开发的一些创成式 CAPP 系统还达不到使用的程度。

4. CAPP 专家系统

CAPP 专家系统(也称智能型 CAPP 系统)以知识结构为核心,按数据、知识、控制三级结构来组织系统。推理机与知识库是专家系统的两大组成部分。知识库存储从工艺专家那里得到的工艺知识,是专家系统的基础。知识表达方法是知识库的核心,它不仅涉及计算机中存储信息的数据结构,而且包括智能管理这些数据结构以进行推理的过程。推理机控制并执行对问题的求解,它根据已知事实,利用知识库中的知识,按一定的推理方法和控制策略进行推理,得到问题的答案。推理机是专家系统的控制中心。CAPP 专家系统运行时,通过推理机中的控制策略,从知识库搜索能够处理零件当前状态的规则,然后执行该规则,并把每一次执行规则得到的结论按照先后次序记录下来,直到零件加工到终结状态,这个记录就是零件加工所要求的工艺规程。CAPP 专家系统可以在一定程度上模拟人脑进行工艺设计,使工艺设计中的许多模糊问题得以解决,特别是对箱体、壳体类零件,由于它们结构形状复杂,加工工序多,工艺流程长,而且可能存在多种加工方案,工艺设计的优劣取决于人的经验和智慧,因此,一般 CAPP 系统很难满足这些复杂零件的工艺设计要求,而 CAPP 专家系统能汇集众多工艺专家的经验和智慧,并充分利用这些知识,进行逻辑推理,探索解决问题的途径与方法,因而能给出合理的甚至是最佳的工艺决策。

6.1.3　CAPP 的发展和趋势

随着计算机集成制造技术的发展,计算机辅助工艺规划上与 CAD 相接,下与 CAM 相连,是连接设计与制造的桥梁,设计信息只能通过工艺设计才能生成制造信息,产品设计只能通过工艺设计才能与制造实现功能和信息的集成。CAPP 在集成制造中的作用如图 6-3 所示。由此可见 CAPP 在实现生产自动化中占有重要地位。

随着 CAD、CAPP、CAM 单元技术日益成熟,同时又由于 CIMS 及 IMS 的提出和发展,促使 CAPP 向智能化、集成化和实用化方向发展。当前,研究开发 CAPP 系统的热点问题有:

①产品信息模型的生成与获取;

②CAPP 体系结构研究及 CAPP 工具系统的开发;

③并行工程模式下的 CAPP 系统;

④基于分布式人工智能技术的分布式 CAPP 专家系统;

⑤人工神经网络技术与专家系统在 CAPP 中的综合应用;

⑥面向企业的实用化 CAPP 系统;

⑦CAPP 与自动生产调度系统的集成。

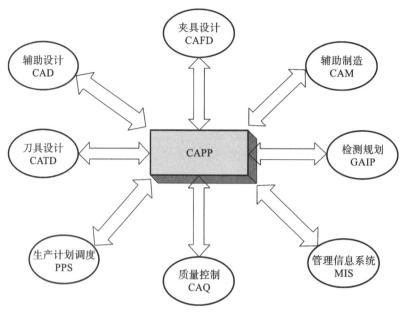

图 6-3　CAPP 在集成制造中的作用

6.2　零件信息和计算机辅助工艺设计的步骤

6.2.1　零件信息包含的内容及描述方法

1. 零件信息包含的内容

各类 CAPP 系统在计算机硬件、软件系统的支撑下和在资源以及标准的约束控制下，将信息通过不同机制(不同类型 CAPP 系统的作用)转变成所需的各种文档。进行工艺设计所需处理的信息不仅量大，而且信息之间的关系错综复杂，这使得信息输入成为 CAPP 的关键技术之一。

零件信息的准确描述是实现 CAPP 的前提条件，也是 CAPP 系统进行工艺决策分析的可靠保证。零件的信息包括两个方面的内容：零件的几何信息和零件的工艺信息。CAPP 系统对零件图形信息的描述有两个基本要求：一是描述零件的各组成表面的形状、尺寸、精度、粗糙度以及形状公差等；二是应明确各组成表面的相互位置关系及其位置公差与连接次序。依据这两个方面的信息内容，CAPP 系统才能够确定零件加工表面的加工方法以及相应的加工顺序。

1) 几何信息

零件的几何信息是指零件的几何形状和尺寸，几何信息是零件信息中最基本的信息。对于一些简单形状的零件，可以从零件的整体形状进行描述。对于复杂形状的零件，则可以将其分解为若干形体，然后对每个形体的形状进行描述，并描述各个形体之间的位置关系；也可将复杂形状的零件信息分解为若干组成型面，再对每个型面进行描述，同时描述各型面之间的位置关系，即可得到零件的整体几何形状和尺寸。由于零件的种类繁多、形状各异，为了便于零件几何形状的描述，可利用成组技术的相似性原理进行描述。

2）工艺信息

工艺信息指毛坯特征、零件材料、零件各表面的加工精度和表面粗糙度、热处理、表面处理、尺寸公差和形状位置公差以及相应的技术要求,这些信息都是制定工艺过程时必需的,又称为非几何信息。

在计算机辅助工艺过程设计时,只有几何信息和工艺信息同时具备才能进行工作。通常,CAD 只提供零件的几何信息,要想进行工艺过程设计,还必须加上工艺信息。

此外,由于工艺设计与生产规模、生产条件有密切关系,在零件信息描述时,还需要有每一种产品中该零件的件数、生产批量、生产节拍等生产管理信息。

2. 零件信息描述的基本方法

零件信息的描述在 CAPP 系统中起着重要的作用,因而人们在开发 CAPP 系统时,针对不同的零件和应用环境,提出了不同的零件信息描述和输入的方法。

1）基于成组技术原理的零件分类编码描述法

零件分类编码描述法是基于成组技术,制定或选用一套编码系统,根据零件的几何形状和工艺特征,利用该编码系统对零件进行编码。把零件的设计、制造等信息以代码的形式进行定义,然后将这些零件编码输入计算机来粗略描述零件的几何形状、尺寸和精度信息。

所谓编码,就是按照一定的规则选用一定数列的字码来表示所要描述的特征,这种编码规则和方法称为零件编码法则。运用这些法则构成的系统称为分类编码系统。分类编码系统是根据零件的几何形状特征、加工尺寸及加工精度等要求对每个零件赋予字母或数字符号,并用这些简单的字母或数字符号来描述设计特征(几何形状、尺寸太小、结构、毛坯等)和工艺特征(工艺过程、加工方法、夹具、加工设备等)信息,它是标识相似性的重要手段,常称为 GT 代码。

编码系统的结构是多种多样的,但是从基本结构来看,常用的有三种,即链式结构、树式结构和混合结构。链式结构的各码位之间是并列、平行的关系,每个码位内各特征码具有独立的含义,与前后位无关。树式结构的各码位之间是隶属关系,即除第一码位内的特征项外,其他码位特征的确切含义都要根据前一码位来确定。混合结构兼有链式结构和树式结构的优点。许多零件分类编码系统都是由混合环节组成的。

目前,较常用的分类编码系统有德国的奥匹兹系统(Opitz 系统)、日本的 KK-3 系统及我国机械工业部的 JLBM-1 系统等。

（1）Opitz 系统。

Opitz 系统是德国阿亨工业大学 H. Opitz 提出的一个十进制九位码的混合编码结构分类系统,由五位主码和四位辅码组成,表 6-1 给出了 Opitz 系统的基本结构。

表 6-1　Opitz 系统基础结构表

主　　码					辅　　码			
一	二	三	四	五	六	七	八	九
零件名称	外形及外形要素	内形及内形要素	平面加工	辅助孔及齿	尺寸	原材料	毛坯形状	特征精度

Opitz 系统采用混合结构、选择组合方式建立纵向分类标志的分类系统。其特点为:①系统的总体结构简单,便于记忆和手工分类;②主码侧重表示零件的结构特征,但实际上隐含着工艺特征(如,零件的尺寸标志不仅仅反映了零件的结构大小,同时也表明了零件的加工过程中所用的机床和工艺装备的规格);③某些码位不能充分反映信息;④分类不够严密和准确。

如上所述，Opitz 系统虽然考虑了精度问题，且有一个横向分类环节来表示精度，但是鉴于精度问题的复杂性，该系统的精度表示还是欠缺的，这主要表现在以下几点：

第一，精度分类环节中只表示出了在哪些形状特征方面有精度要求，不能具体表示出精度的具体要求。

第二，精度的要求没有细化和分类，比如没有表示出尺寸、位置和表面加工质量等类别。

第三，形状特征和其精度要求不能一一对应，不利于工艺生成。

第四，零件工艺创成时，所需的零件信息要求精确详细，但编码系统对零件信息的表述不够详细。

因此，在实际应用中为了满足要求应对其进行改进。改进的方法如下：

第一种方法，增加横向分类环节，即增加该系统的码位长度。这是最常见的扩展系统的方法。该方法中增加的环节可以根据需要确定其含义，如可以表示位置精度、形状精度，但增加码位将增加系统数据的存储空间和运算量。

第二种方法，增加某些标志位的含义，即使某些结构特征标志位在表示结构特征的同时也表示出相应的精度信息。其具体的做法是使某些结构特征标志位由原来的整数变为小数，小数部分表示精度信息。该方法相当于增加了标志位。

第三种方法，使用柔性编码，柔性编码系统是码位长度可变，码位取值可变的编码系统。

第四种方法，综合以上方法既增加横向分类环节又增加某些标志位的含义，必要时还可采用柔性编码。在实际应用中，可以采用其中的一种方法或几种方法综合使用来达到系统的要求。

（2）KK-3 系统。

KK-3 系统是日本通用省机械技术研究所提出草案，复经日本机械振兴协会成组技术研究会下属的零件分类编码系统分会修改而成的，是一个供大型企业使用的十进制 21 位代码的混合结构系统。其特点是：①系统的前 7 位代码作为设计专用代码，便于设计部门使用；②结合零件各部分形状加工顺序关系安排码位的顺序；③采用了按零件的功能和名称作为分类标志，便于设计部门检索使用；④系统的某些环节设置不当，零件出现率低。

（3）JLBM-1 系统。

我国的 JLBM-1 编码系统是原机械工业部为在机械加工中推行成组技术而开发的一种零件分类编码系统，该系统先后经过 4 次修改，并于 1984 年起作为我国机械工业的技术指导资料，并成为指导性技术文件（JB/Z 251—1985），其结构如图 6-4 所示。该系统是由零件名称类别码、形状及加工码、辅助码所组成的 15 位分类编码系统。采用 JLBM-1 编码系统的示例零件编码描述如图 6-5 所示。

对于不同的企业和产品形象，可首先在其中选用一个系统，然后在其基础上进行修改。GT 代码的缺点是零件的信息描述较粗略，特别是零件的几何参数和工艺参数的定量描述不够。例如，零件表面的几何尺寸和加工精度、各表面之间的位置精度要求等，均不能很具体地描述，一般情况下必须采用人机交互方式对有关信息进行补充。为了克服这一局限性，有人采用扩大码位取值（如在 0～9 外，再增加 A～Z）、增加码位，或采用分级的柔性码结构等，能在一定范围内弥补对有关参数定量描述的不足。但编码系统的复杂性会有所增加，GT 码的生成和处理也会相应增加难度。

2）型面特征描述

这种方法可以对零件信息进行详细描述，能将零件的所有设计信息都输入计算机中，并能

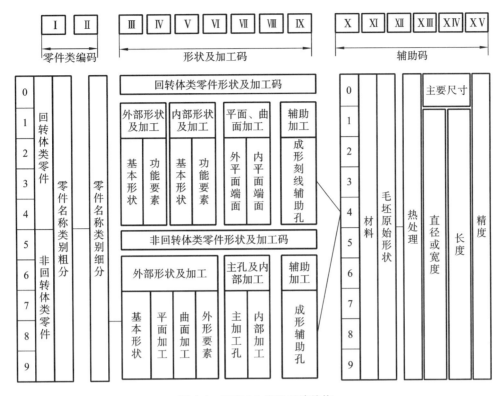

图 6-4　JLBM-1 编码系统结构

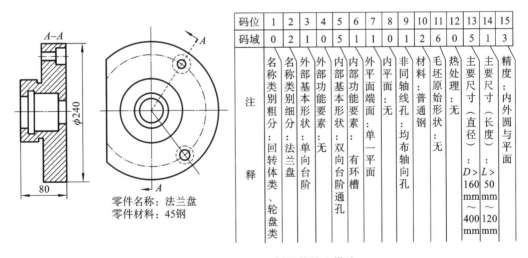

图 6-5　JLBM-1 示例零件编码描述

与加工方法等相对应,使 CAPP 系统取得零件全部与精确定量的输入数据,为工艺决策提供可靠依据。

　　型面特征描述法把零件看成是由若干种基本型面按一定规则组合而成,每一种型面都可以用一组特征参数给予描述,型面的种类、特征参数以及型面之间的关系都可以用代码表示。每一种型面也都对应着一组加工方法,可根据加工精度和表面粗糙度要求来确定。首先确定达到型面技术要求的最终加工方法,有了最终加工方法后,再确定前面的加工方法。典型的型面单元如表 6-2 所示。

表 6-2 典型型面单元

型面单元名称		简图	型面单元名称		简图	型面单元名称		简图
平面	三角形 正三角形	 △	四边形	平面 任意四边形	 ◁	圆柱面	内圆柱面 圆孔	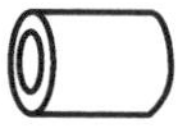 ⬭
	等腰三角形	 △		多边形 正多边形	⬡		  椭圆孔①	⬭
	直角三角形	◣		 任意多边形	⬠		 球面 圆球面	 ◯
	任意三角形 	△		圆形	◯		 椭球面	 ⬭
	四边形 正方形	▢		 环行	◎		 锥面 圆锥面	 △
	矩形	▭		 扇形	◗		  椭圆锥面①	△
	梯形	⏢		 椭圆形	⬭		 环面 圆环面	 ◯
	平行四边形	 ▱	圆柱面	外圆柱面 正圆柱面	⬭		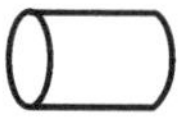 椭圆环面	 ⬭
	菱形	◇		 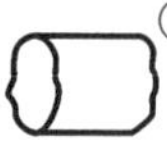 椭圆柱面①	⬭		其他 成形面	 ⌒

①图中用非光滑曲线表示椭圆。

为了满足 CAPP 对零件信息的需求,型面特征可分为以下几种类型:

(1)几何形状特征:一般是组成零件型面特征的几何单元。如圆柱面、圆锥面、螺纹面、圆柱齿轮面、导轨面等,它们都可用一组参数来描述,如圆柱面的直径和长度等。为了便于描述和计算机处理,还可以将零件型面的几何形状划分为内部型面和外部型面、主特征型面或辅助特征型面等。

(2)拓扑特征或方位特征:用于表示各几何形状的顺序关系或位置关系。

(3)精度特征:用于描述几何形状的尺寸公差、形状公差、位置公差以及表面粗糙度等信息。

(4)材料特征:描述型面的材料及热处理信息。

(5)其他技术特征:描述上述四大类特征尚没有包括的技术特征参数。

从以上分析可以看出,零件型面特征描述的信息量很大,需要人工逐个型面进行分析后把信息逐条手工输入,因此信息输入的效率很低,过程十分烦琐,而且容易发生错误,严重影响 CAPP 系统的效率。

3)特征识别法

通过分析 CAD 系统(一般是二维图形系统)所提供的结构化数据文件(如".dxf"文件),按一定的算法识别,提供 CAPP 系统能识别的工艺信息。该方法尽管能克服手工输入零件信

息的种种弊端,但也存在如下严重的局限性:

(1) 一般 CAD 系统都是以解析几何为其绘图基础,其图形定义的基本单元是点、线、面及其拓扑关系,其输出的是一些底层信息,从大量底层信息中提取加工表面特征这样一些高层次工艺信息是非常困难的。

(2) 在 CAD 图形文件中,虽然有诸如公差、表面粗糙度、热处理等工艺信息的标注,但缺乏与相应型面间对应关系的描述,难以识别和应用。

因此,该方法只能用于一些简单的、特定的零件。

4) 基于三维特征造型的零件信息描述与输入方法

CAD 系统特征造型方法是采用成组代码对零件描述的思想,在 CAD 系统内部对零件的几何信息和工艺信息进行结构化描述,其对零件造型与绘图的基本单元已不是底层的点、线、面,而是参数化的几何形体或特征体素,如圆柱轴段、圆锥轴段、倒角、倒圆、孔、槽、凸缘、肋等,零件的定义是各种特征体素的拼装,并有可能赋予各特征体素有关的尺寸、公差、表面粗糙度等工艺信息。零件信息采用基于特征的方法进行描述,它摆脱了零件类别的限制,突出了零件的共性。它会大大方便产品设计者的构思与操作,特别是有可能为 CAD/CAPP/CAM 提供统一的零件信息模型,为 CAD/CAPP/CAM 的信息集成创造条件,但这种零件定义方法难度大、对计算机系统要求高。

5) 基于产品数据交换规范(STEP)的产品建模与信息输入方法

要想根本上实现 CAD/CAPP/CAM 的信息集成,最理想的方法是为产品建立一个完整的、语义一致的产品信息模型,以满足产品生命周期各阶段(产品的需求分析、产品的设计、加工、装配、测试、销售、售后服务和报废处理等)对产品信息的不同需求和保证对产品信息理解的一致性,使得各应用领域(如 CAD、CAPP、CAM、CNC、MIS 等)可以直接从该模型中提取所需信息。为此,经过几年国际范围内的研究和开发,出现了 ISO 的 STEP 产品定义数据交换标准以及在美国流行的 PDES 标准等通用的数据结构规范来描述产品信息。显然,只要各 CAD 系统对产品或零件的描述符合这个数据规范,其输出的信息既包含了点、线、面以及它们之间的拓扑关系等底层信息,又包含了几何形状特征以及加工和管理等方面的信息,那么 CAD 系统的输出结果就能被其下游工程(如 CAPP、CAM 等系统)所接受和应用。目前 STEP/PDES 正在不断发展和完善之中。

6.2.2　计算机辅助工艺设计的步骤

计算机辅助工艺设计的步骤大致如图 6-6 所示。

1. 零件信息输入

输入零件信息是进行 CAPP 工作的第一步,对零件信息描述的准确性、科学性和完整性将直接影响所设计的工艺过程的质量、可靠性和效率。因此,对零件的信息描述应满足以下要求:

①信息描述的完整性是指要能够满足 CAPP 工作的需要,而不是描述全部信息。

②信息描述要易于被计算机接收和处理,界面友好,使用方便,工作效率高。

③信息描述要易于被工艺师理解和掌握,便于被操作人员运用。

④CAPP 信息描述应统一考虑(模块和软件),以便实现信息共享。

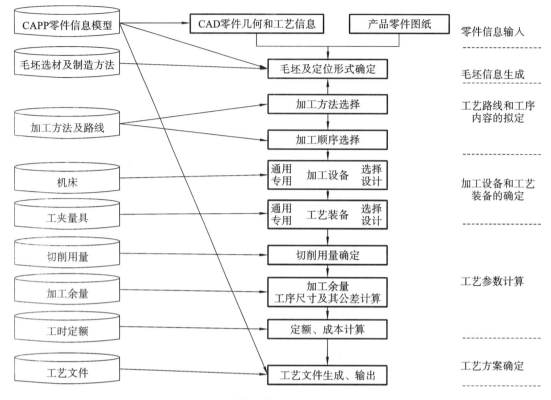

图 6-6 计算机辅助工艺设计的步骤

2. 工艺路线和工序内容拟定

该项工作的主要内容包括：定位和夹紧方案的选择、加工方法的选择和加工顺序的安排等。通常，先考虑定位基准和夹紧方案的选择，再进行加工方法的选择，最后进行加工顺序安排。应该指出，零件工艺路线和工序内容的拟定是 CAPP 的关键工作，工作量大，目前多采用人工智能、模糊决策方法等求解。

3. 加工设备和工艺装备确定

根据所拟定的零件工艺过程，从制造资源库中寻找各工序所需要的加工设备、夹具、刀具及辅助工具等。如果是通用的，库中没有，可通知有关部门采购；如果是专用的，则应提出设计任务书，交有关部门安排研制。

4. 工艺参数计算

工艺参数主要是指切削用量、加工余量、时间定额、工序尺寸及其公差等。在加工余量、时间定额、工序尺寸及其公差的计算中，当涉及求解工艺尺寸链时，可用计算机来完成，最终生成零件的毛坯图。

5. 工艺文件输出

工艺文件的输出可按工厂要求使用表格形式输出，在工序卡中应该有工序简图，可根据零件信息描述系统的输入信息绘制，也可从产品 CAD 中获得。工序简图可以是局部图，只要能表示出该工序所加工的部位即可。

6.3　派生式 CAPP 系统

6.3.1　派生式 CAPP 系统特点及工作原理

1. 派生式 CAPP 系统的特点

派生式 CAPP 系统的特点如下：

(1) 派生式 CAPP 系统的研发以成组技术为理论基础，利用成组技术的相似性原理将零件分类编码。

(2) 对于相似性较强的零件，有较好的实用价值。

(3) 多适用于结构比较简单的零件。由于派生式工艺过程设计的零件多采用编码描述，对于复杂的或不规则的零件则不适用。

(4) 派生式 CAPP 系统由于通常以企业现有工艺规程为基础，在不同企业间的系统推广方面有较大的局限性。

(5) 在企业内部应用范围比较广泛，有较好的适用性；在回转类零件中应用普遍；继承和应用了企业较成熟的传统工艺，但柔性较差；对于复杂零件和相似性较差的零件难以形成零件组。

2. 派生式 CAPP 系统的工作原理

派生式 CAPP 系统是在成组技术的基础上，按照零件结构、尺寸和工艺的相似性，把零件划分为若干零件族，并将一个零件族中的各个零件所具有的型面特征合成为主样件。然后根据主样件制定出反映本企业最佳制造方案的典型工艺过程，以文件的形式存储在计算机的数据库中。

对于每一个相似零件族，系统可以采用一个公共的制造方法来加工，这种公共的制造方法以标准工艺的形式出现，它可以从专家、工艺人员的集体智慧和生产实践中总结制定出来，然后存储在计算机中。当为一个新零件设计工艺过程时，从计算机中检索标准工艺文件，然后经过一定的编辑和修改可以得到该零件的工艺过程，即通过零件信息的描述，CAPP 系统使可以归属于某个零件族的任何新零件，都可以参照所属零件族的典型工艺过程自动删改而生成新的工艺过程。图 6-7 所示为美国国际计算机辅助制造公司开发的 CAM-I 派生式 CAPP 系统的工作原理框图，比较具有代表性。

6.3.2　派生式 CAPP 系统的工作流程

利用开发完成的派生式 CAPP 系统就可以生成某类零件的工艺规程。由于其针对性强，通常生成的工艺规程内容比较详细，包括零件规格尺寸，加工工序及设备，各工序中的工步、刀具切削参数、加工尺寸、工步时间（机动时间加辅助时间），以及工序时间、定额和工序加工费用等，功能更完整的系统还可以绘制出工序图。

一般的派生式 CAPP 系统的工作流程如图 6-8 所示。

进入 CAPP 系统主流程后，按提示输入图号以及批量，系统依据图号自动从零件信息库中调出该零件的各参数数据；然后 CAPP 系统运行成组编码模块，自动生成该零件的成组编码，再检索零件特征矩阵文件。如果成组编码落在某一个零件族的特征矩阵内，说明这个零件属于该零件族，就可调出该零件族的典型工艺过程，按派生式方法去生成零件的工艺规程；根

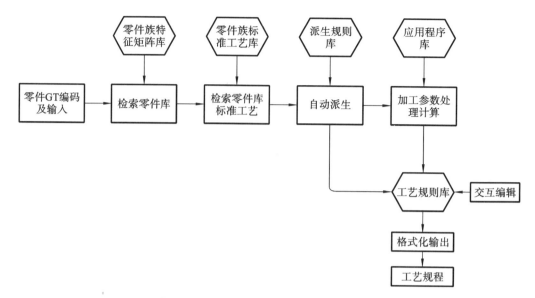

图 6-7　派生式 CAPP 系统的工作原理框图

据典型零件的工艺过程,先生成毛坯尺寸;再按典型工艺过程规定的工序工步逐个搜索零件信息。例如,若典型工艺过程中有铣削工序,在铣削工序中又有铣平面、铣平键槽等工步,如果零件信息没有平键槽,这个工步会自动删除;当某个工步搜索到相应的零件型面时,调用对应的切削参数计算模块,代入该型面的特征参数值,计算出切削参数和工时定额,从各种文件中选择刀夹量具。这时原先所在工序选定的机床型号和最终时间等就保存起来。这样一直进行到典型工艺过程最后一个工序的最后一个工步,于是一份完整的工艺规程就生成了。

系统通常还提供人机交互方式修改工艺模块,用户可以对生成的零件工艺规程进行编辑修改。在修改完成后,计算机把编制出的零件工艺规程存入相应的工艺文件库中,以备今后调用或打印输出。

通常派生式 CAPP 系统是针对企业的生产实际和实用的角度开发的,能大大提高零件工艺编制的速度,而且使得工艺文件的编制更为规范化和标准化。派生式 CAPP 系统的工作阶段如图 6-9 所示。

6.3.3　派生式 CAPP 系统工艺决策

派生式 CAPP 系统的开发过程包括零件编码、零件分组、设计主样件、设计标准工艺规程、建立工步代码文件、工艺数据处理与工艺数据库的建立、设计各种功能子程序、CAPP 系统总程序设计。

1. 零件编码

对已有的零件进行编码,目的是将零件图上的信息代码化,把零件的属性用数字代码来表示,便于计算机识别。可以根据具体情况选用通用的分类系统,也可选用适合于本部门产品特点的专用分类系统。

编码方法有手工编码和计算机编码两种方法。手工编码是编码人员根据分类系统的编码法则,对照零件图用手工方式逐一编出各码位的代码。手工编码效率低,劳动强度大,而且容易出错,不同的编码人员编出的代码往往不一致。现在大部分都采用计算机辅助编码,使用十分方便。

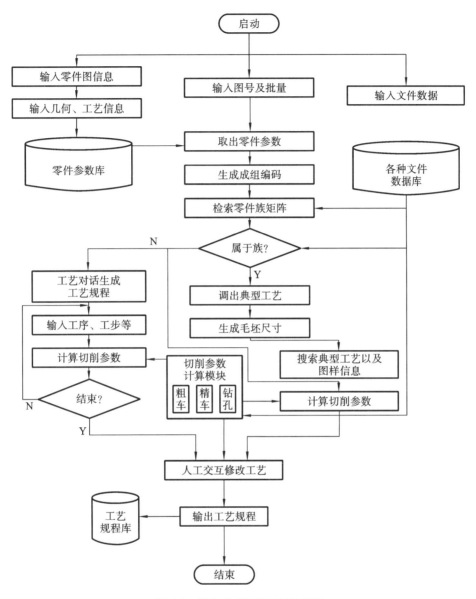

图 6-8　派生式 CAPP 系统流程图

2．零件分组

　　零件组的划分是建立在零件特征相似性的基础上，分组时首先要确定相似性准则，即分组的依据。为了合理制定标准件，必须对零件进行分组，并且建立零件族特征矩阵库。一个零件组可以用一个矩阵表示。一个零件组一般要包含若干个相似零件，这个零件有这一组零件所有的加工工艺，可以把每个相似零件组或者零件组用一个样件来表示，以便于设计出有针对性的优化的典型工艺，尺寸相似的可以使用同类型甚至同规格的机床和工艺设备。

　　零件组的划分可采用直接观察法、工艺流程分析法、分类编码法和顺序分枝法四种方法。其中分类编码法是应用比较广泛的一种方法，该方法又可以分为特征数据法和特征矩阵法。

1）直接观察法

　　实际工作中一般采用直接观察法初步划分零件组。一般由有经验的工艺人员分析观察所

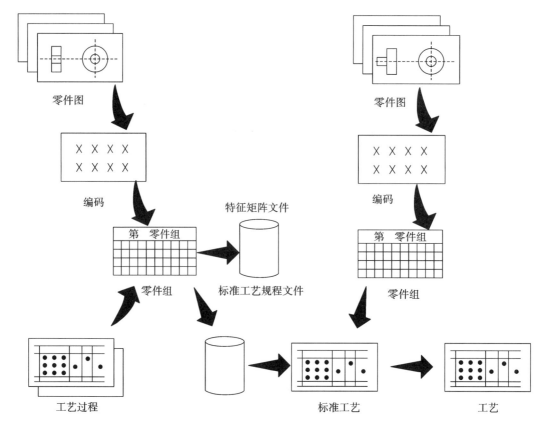

图 6-9　派生式 CAPP 系统工作阶段

有零件图,按尺寸、结构、材料、精度以及工艺相似性等将零件划分为零件组。这个方法完全凭经验,简单易行。为了易于制定典型工艺过程以及派生新工艺,一个零件组包括的零件种类不宜过多或过少,对于结构简单和相似性强的零件,其零件种类一般不超过 100 件,对于较复杂的零件,一个零件组包含的零件种类数一般也不少于 20 种。

　　2)工艺流程分析法

　　该方法是把工艺流程相似的零件划分为一个零件组,也可用两个方法划定的零件组进行工艺流程分析,将个别工艺流程特殊的零件剔除或对工艺流程进行修改,最终确定零件组的范围。

　　3)分类编码法

　　(1)特征数据法。

　　从零件代码中选择几位特征性强,对划分零件组影响较大的码位作为零件分组的主要依据,而忽略那些影响不大的码位。特征矩阵法是根据对零件特征信息的统计分析结果,并考虑到车间加工水平、工装设备条件、设备负荷、管理水平等条件,对每位代码划定一个范围,作为分组的依据,每个特征矩阵对应一个码域,即一个零件组。

　　(2)特征矩阵法。

　　为了较好地确定分组依据,建立特征矩阵,首先对所有零件的代码,按代码大小的顺序重新排列,然后对零件的结构特征信息分布情况进行统计分析,在此基础上制定出分组的标准,即确定若干个特征矩阵,对零件进行分组。这些排序、统计分析、分组的工作都可以用计算机来完成。

采用特征矩阵法对零件进行分组的原理如下:所有的零件代码均可以用矩阵来表示。如代码为 130213411 的零件可用图 6-10 的矩阵来表示。而用一个矩阵也可以表示一个零件族,如图 6-11 所示。零件族的矩阵也叫码域,表示含有一定范围的零件特征的矩阵,第一列可记为 1100000000,第二列可记为 1111100000……这个特征矩阵就变成 9 个十位数。每一个特征矩阵都可以用这样一组数据来表示,并以文件形式存储在计算机中,成为特征矩阵文件。

	1	2	3	4	5	6	7	8	9
0			/						
1	/				/			/	/
2				/					
3		/				/			
4							/		
5									
6									
7									
8									
9									

图 6-10　一个零件的特征矩阵

	1	2	3	4	5	6	7	8	9
0	/	/	/			/	/	/	/
1	/	/	/	/	/				
2		/	/			/			
3		/	/			/	/		
4		/	/						
5							/	/	
6								/	
7									
8									
9									

图 6-11　一个零件族中零件的特征矩阵

分组时,将零件代码与特征矩阵进行比较,如果与零件代码各个位的数值相对应的矩阵位置上都是 1,就认为该零件与此矩阵相匹配,该零件就分入这个组。如果和零件代码相对应的矩阵位置上有一位不是 1,而是 0,则认为该零件与此矩阵不匹配,该零件就不能分入这个组。分组的方法是先用一个矩阵与所有零件相比较,把与此矩阵相匹配的零件划分为第一个零件组,同时打印出此特征矩阵和属于该组的零件图号和代码。再用第二个矩阵和剩下的零件相比较,再划分出第二个零件组,再重复这一过程,直到所有特征矩阵对零件筛选完毕,最后把和所有矩阵都不匹配的零件单独编成一组,也打印出它们的图号和零件代码。图 6-12 为分组程序的流程图。

实践表明,仅采用一种方法划分出的零件组往往不够理想,最好将上述三种方法接合起来使用,反复进行才能划分出合理的零件组。

4) 顺序分枝法

顺序分枝法是将待分类的全部零件按其工艺过程逐个判别,归属于相应的各级分枝组,进入各级分枝组的零件在工序类型、数量和顺序上完全一致;然后遵循一定的并枝原理把各级分枝组合并为零件种类适当的加工族。

3. 设计主样件

设计主样件又叫零件组的复合零件,是指能将零件组内所有型面特征复合在一起的零件。复合零件包含一组零件的全部形状要素,它是组内有代表性、最复杂的零件,有一定的尺寸范围,可以是实际存在的某个零件,但更多的是将组内零件的所有特征进行合理组合而成的假想零件。根据复合零件,便可具体地、有针对性地进行典型工艺的设计。

设计复合零件时,对于零件种类不多的零件组,先分析全部零件图,取出形状最复杂的零件作为基础件,再把其他图样上不同的形状特征加到基础件上去,就得到复合零件。对于比较大的零件组,先合成一个组合件,然后再由若干个组合件合成整个零件组的复合零件。图6-13所示为一复合零件示例。

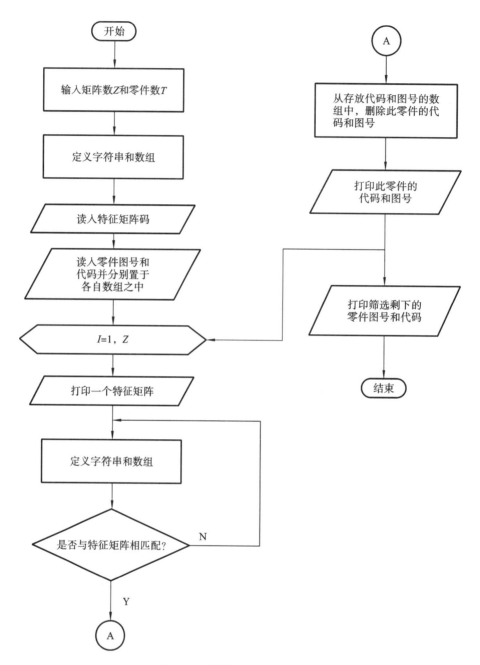

图 6-12　零件分组程序流程图

4. 设计标准工艺规程

标准工艺规程应能满足该零件组所有零件的加工要求,并能反映工厂实际工艺水平,尽可能是合理可行的。设计时对零件组内各零件的工艺要进行仔细分析、概括和总结,每一个形状要素都要考虑在内。另外要征求有经验的工艺人员和专家的意见,博采众长。

有些企业在设计标准工艺规程时采用复合工艺路线法。即在同组零件中选择结构最复杂、工序最多、安排合理、有代表性的工艺过程作为加工该组零件的基本工艺过程,再将此基本工艺过程与组内其他零件的加工工艺相比较,把其他零件有而基本工艺过程没有的工序按合

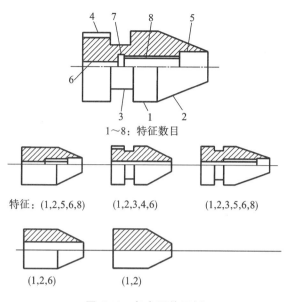

图 6-13　复合零件示例

理顺序——添入,最终便可得到一个工序齐全、安排合理、能满足全组零件要求的复合工艺,作为该零件组的典型工艺。

5. 建立工步代码文件

标准工艺规程包括各种加工工序,一个工序又可以分为多个操作工步,所以操作工步是标准工艺规程中最基本的组成要素。如车外圆、钻孔、铣平面、磨外圆、滚齿、拉花键等。标准工艺规程如何存储在计算机中,怎样随时调用,又怎样进行筛选,主要依靠工步代码。而工步代码的设计与 GT 代码系统有关。工步代码随所采用的零件编码系统的不同而不同。若采用 JCBM-1 代码系统,一般可用五位代码对工步进行标识,如图 6-14 所示。其中前两位码表示工步名称(具体含义见表 6-3),第三位代码表示零件代码中需要这一工步的码位,第四、五位代码分别代表了需要这一操作工步的码位上的最小数和最大数。可以根据 CAPP 系统的应用对象不同进行定义。

例如代码为 09412 的工步含义:前两位代码 09 表示铣平面;第三位代码 4 表示零件 JCBM 代码的第四位;后两位代码 1 与 2 代表此零件要铣平面。

调用工步:标准工艺文件用操作工步代码来表示。当计算机检索到某一工步时,只要根据工步代码第三位的数值,查看零件这一码位的数值是否在工步代码的第四位和第五位数值范围内,如果在这个范围内,则保留这一工步,否则将删除这一工步。

6. 工艺数据处理与工艺数据库的建立

在工艺设计过程中,要进行大量的工艺数据处理,如机床和工艺装备的选择、切削用量(切削速度、进给速度和切削深度)和加工余量的确定,工时定额的确定以及加工成本的估算等。这些工艺数据很难在标准工艺文件中完全确定下来,必须根据企业的机床和工艺装备等有关信息,将工艺手册上的切削用量数据用数据库的形式存储下来,由工艺人员或有关程序进行检索,并进行运算和优化处理。对于工序图的绘制,则必须应用 CAD 的图形系统,可采用人机交互的方法直接绘制,或者直接调用 CAD 的零件图,在此基础上采用人机交互的方法进行编辑修改,或者利用数据库中的有关数据,调用参数化绘图程序自动生成。

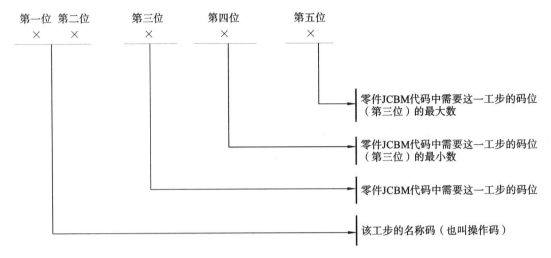

图 6-14　工步代码的设计

表 6-3　工步代码及含义

代码	含义	代码	含义	代码	含义
01	粗车外圆	11	粗车外圆	21	滚齿
02	粗车端面	12	精车端面	22	插齿
03	切槽	13	精车锥面	23	拉花键
04	钻孔	14	精镗内孔	24	拉键槽
05	钻辅助孔	15	加工内螺纹	25	磨齿
06	镗孔	16	磨外圆	26	钳工倒角
07	车外螺纹	17	磨端面	27	钳工去毛刺
08	粗车锥面	18	磨锥面	28	检验
09	铣平面	19	磨平面	29	渗碳淬火
10	倒角	20	磨内孔	30	磁力探伤

1）切削参数的确定

切削参数包括切削速度、进给速度和切削深度。其中进给速度受机床和表面粗糙度要求的制约。在确定切削深度时要考虑工件毛坯的尺寸、粗加工、半精加工和精加工的切削用量以及合理的走刀次数。此外,还要考虑工件的允许变形和刀具耐用度等因素。在 CAPP 系统中,一般采用查表法、经验公式法或者二者相结合的方法。一般来说,查表法可以得到较合理的切削参数,但这种方法需要存储大量数据,这些数据不应该是简单照搬工艺手册中的数据,应根据企业实际情况,对工艺手册中的参数加以筛选和补充,制定出适于具体企业的切削参数数据。

一般来说,采用查表法和经验法所得到的切削参数不是最佳参数,还应进行最优化处理。特别是采用数控机床加工时,由于主轴转速和进给速度可以无级调速,对切削速度、进给速度进行优化处理是必要的,但目前还没有实用的优化算法,有待进一步的理论和试验研究。

2）工时定额的计算

工时定额是衡量劳动生产率以及计算加工费用（零件成本的一部分）的主要依据，是企业合理组织生产、进行经济核算、提供产品报价、提高劳动生产率的重要基础。手工计算工时定额采用查表法和估算方法，不仅花费时间，还由于主观因素的加入而存在一定的任意性和出错可能性，以及准确性和一致性差等情况，不能满足工厂现代化生产发展的需要。目前，用计算机制定工时定额一般采用查表法和数学公式法。

利用公式计算工时定额时，一般是计算加工单个零件某一工序所需的时间，其基本公式如下：

$$T_d = (\sum T_0 \times K) + \sum T_z \tag{6-1}$$
$$T_b = (T_j + T_f) \times (1 + K_1) \tag{6-2}$$

式中：T_d 为单件单工序时间；

T_b 为工步加工时间；

T_j 为基本时间，包括机动、手动和机手并动时间；

T_z 为工件装夹时间；

T_f 为每一加工工步的辅助时间；

K_1 为清理场地、休息等平摊到各工步上的时间与作业的百分比；

K 为与机床、加工材料及批量有关的系数。

工艺数据库的建立是一个劳动量很大的工作过程，要花费很多的人力和时间。开始时，可以建立各种数据文件，之后再逐步积累完善。

7. 设计各种功能子程序

由于 CAPP 系统中要应用各种计算方法，为此需预先将各种计算公式和求解方法编成各种功能子程序，如切削参数的计算，加工余量和工序尺寸公差的计算，切削时间和加工费用的计算，工艺尺寸链的求解，切削用量的优化和工艺方案的优化等。在系统运行过程中，如需要应用某种计算方法，可以随时调用。

8. CAPP 系统总程序设计

上述各项准备工作完成以后，用一个主程序和界面把所有子程序连接起来，每一单元功能可以采用模块结构形式，可以单独调试和修改，再把各个功能模块组合起来，就构成了 CAPP 系统的总程序。

6.4　创成式 CAPP 系统

6.4.1　创成式 CAPP 系统的构成及工作原理

1. 创成式 CAPP 系统的特点

创成式 CAPP 系统能很方便地设计出新零件的工艺过程，通过逻辑推理、自动决策生成零件的工艺规程。其具有很大的柔性，还可以和 CAD 系统以及自动化的加工系统相连接，实现 CAD/CAM 的一体化。但系统实现较为困难，目前只能处理特定环境下的特定零件。

要完全实现创成式的 CAPP 系统，必须解决三个关键问题：

（1）零件的信息必须要用计算机能识别的形式完全准确地描述。这些形式包括柔性编码、型面描述、体元素描述、特征描述。

（2）收集大量的工艺设计知识和工艺决策过程决策逻辑，并以计算机能够识别的方式存储。

（3）工艺过程的设计逻辑和零件信息的描述必须收集在统一的工艺数据库中。

由于零件图样上的各种信息要完全准确地描述还存在困难，针对工艺经验知识建立有效的工艺决策模型还有待进一步解决，尚没有完备的工艺过程优化理论和数学模型，因此，要完全做到以上三点，还有一定的困难。

至今创成式 CAPP 系统这个名词的定义还是一个不太完整的概念，即只要带有工艺决策逻辑的系统常被称为是创成式 CAPP 系统。由于目前还不能完全实现创成式 CAPP 系统，所以将派生式和创成式互相结合，综合采用两种方法的优点，这种系统就称为半创成式系统，也叫综合式 CAPP 系统。现在世界各国研制出的创成式 CAPP 系统，实际都属于这种类型，仅具有有限的创成功能。

2. 创成式 CAPP 系统的工作原理

与派生式 CAPP 系统不同，创成式 CAPP 系统是根据零件信息，依据 CAPP 系统中的工艺数据和决策方法生成零件的工艺过程。创成式 CAPP 的基本思路是：一个零件是由若干个待加工的型面特征组成的；每个型面特征及其相关属性（形状、尺寸和精度）在很大程度上决定了它的加工工艺。零件加工工艺过程的创成是指：首先将零件离散化为许多单个的制造特征，这些离散化的制造特征是没有顺序的；然后对每一个制造特征，根据其加工约束和设计要求，匹配一组相应的加工方法，即加工方法链（一个或一组表面的加工工序序列）；综合零件各特征的加工方法链，按照待加工特征的优先顺序和工艺设计原则，使用工艺逻辑推理将其排序并组合为工序和工步，形成零件有序的加工过程，最终得到零件的工艺过程。其中加工工艺链体现了工艺过程生成的逆向推理过程，也反映了工艺人员长期积累的实际经验。因此，工艺逻辑推理和加工方法链的确定是创成式 CAPP 的核心。可见，创成式 CAPP 的工艺生成过程是一个从整体到离散，从无序到有序的转化过程。

创成式 CAPP 的基本工作原理如图 6-15 所示。其中工艺数据库和知识库是选择工艺方法的一种常用的决策表。它是某一类型面特征的不同加工方法与型面特征属性之间的相关矩阵。在零件信息描述完成后，创成式 CAPP 系统的工作步骤可归纳为：

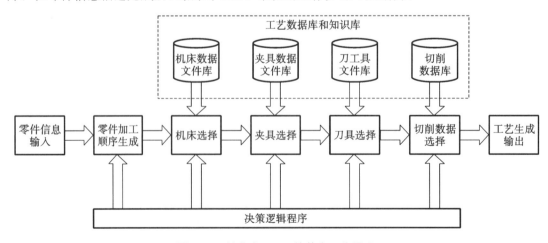

图 6-15　创成式 CAPP 的基本工作原理

（1）通过某种逻辑判断工具或规则，逐个确定哪些工艺能够加工这一型面特征，再按照逆

向推理过程递推中间的工艺,形成该特征的加工方法链;

（2）将所分析零件中的各个型面特征的相同工艺方法,纳入同一工序,并按照工艺设计的原则和待加工特征的优先顺序进行工序的排序,形成工艺路线;

（3）对每一工序中的工步进行详细设计,包括选择刀具、确定切削参数、计算工时定额和加工费用等,最后输出工艺规程。

其中,确定工艺路线、进行工序和工步的排序组合是实现创成法的关键。对一个零件来说,在确定了所有离散化的型面特征的加工方法链后,进行有序化的分类处理,把相同的加工方法归纳到相应的工序中,称为工步的归纳或工序组合;然后把一个工序中的工步进行排序,以确定该工序中各个工步的加工次序,称为工步排序或工序设计。工序组合和工序设计的决策逻辑与企业的制造资源和工艺人员的设计习惯密切相关。创成式 CAPP 系统的基本结构可用图 6-16 简要表示。

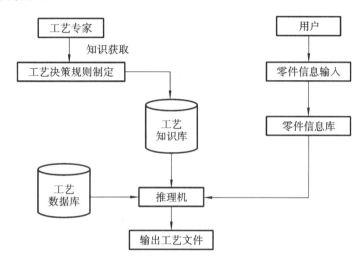

图 6-16　创成式 CAPP 系统的基本结构

6.4.2　创成式 CAPP 系统的工艺决策

1. 创成式 CAPP 系统的工艺决策逻辑

创成式 CAPP 系统的研制涉及选择、计算、规划、绘图以及文件编辑等工作,是一个十分复杂的问题,而建立工艺决策逻辑则是其核心问题。从决策基础来看,它又包括逻辑决策、数学计算以及创造性决策等方式。创造性决策将依靠人工智能的应用,建立 CAPP 专家系统来解决。

1）建立工艺决策逻辑的依据

建立工艺决策逻辑一般应根据工艺设计的基本原理、工厂生产实践的总结以及对具体生产条件的分析研究,并集中有关专家、工艺人员的智慧以及工艺设计中常用的、并行有效的原则（如各表面加工方法的选择,粗、细、精、超精加工阶段的划分,装夹方法的选择,机床、刀具类型规格的选择,切削用量的选择,工艺方案的选择等）,结合各种零件的结构特征,建立起相应的工艺设计逻辑。还要广泛收集各种加工方法的加工能力范围和所能达到的经济精度以及各种特征表面的标准工艺规程方法等数据,存储在计算机中。

用创成法设计工艺规程时,计算机将根据输入的零件特征几何信息和加工技术要求,自动选择相应的工艺决策逻辑,确定其加工方法,或者选择已储存在计算机中的某些工艺规程片断,然后经综合编辑,生成所需的工艺规程。

2) 工艺决策逻辑的主要形式

现在有很多种工艺决策逻辑用于创成式 CAPP 系统中,其中最常用的形式是决策树和决策表。

（1）决策树。

决策树又称判定树,是一种树状的图形,它由树根、节点和分枝组成。树根和分枝间用数值互相联系,通常用来描述事物状态转换的可能性以及转换过程和转换结果。其结构与软件设计的流程图很相似。分枝上方给出向一种状态转换的可能性或条件（确定性条件）。若条件满足,继续沿分枝前进,实现逻辑与,即"AND"关系;当条件不满足时则转向出发节点的另一分枝,实现逻辑或,即"OR"关系,在每一分枝的终端列出了应采取的动作。所以,从树根到终端的一条路径就可以表示一种决策规则。

图 6-17 表示孔、槽、螺孔的加工方法选择决策树,其中孔的加工方法选择要考虑孔径、位置度公差和孔径公差等问题,所选用的加工方法各有不同,比较复杂,而选择槽和螺孔的加工方法相对简单,只需要根据尺寸大小和精度要求选择不同的刀具及进给量。

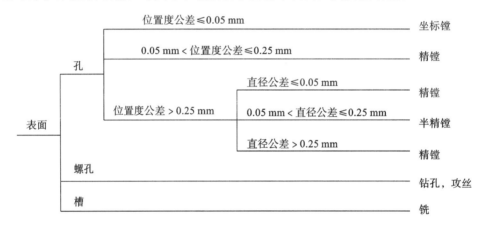

图 6-17　加工方法选择决策树

决策树具有直观,易于建立、扩展和维护,以及便于编程等特点,很适合工艺规程设计。

（2）决策表。

决策表又称判定表,它用表格形式来描述和处理"条件"和"动作"之间的关系。它用横竖两条双线或粗线将表格划分为四个区域,其中左边分别为条件项目和决策项目,右边分别为条件状态和决策行动,右边每一列即为一条决策规则,如图 6-18 所示。决策表是将一类不易用语言表达清楚的工艺逻辑关系,用一个表格形式表达的方法,它是计算机软件设计的基本工具。图

条件项目	条件状态
决策项目	决策行动

图 6-18　决策表格式

6-17所示的加工方法选择决策树可以表示为图6-19所示的决策表。决策表具有表达清晰,格式紧凑,便于编程的特点,但难于扩展和修改。

图 6-20 为选择孔加工的简易决策表。在决策表中,当某一条件是真实的,则取值为 T（TRUE）或 Y（YES）;当条件是假的,则取值为 F（FALSE）或 N（NO）。条件状态也可以用空格表示,空格表示这一条件是真是假与该规则无关,或无所谓。条件项目也可以用具体数值或

数值范围表示,决策行动可以是无序的决策行动,用×表示,也可以是有序的决策行动,并给以一定序号。图 6-21 所示为加工方法选择决策表示例。

尺寸精度高	F	T	T
位置度高		F	T
钻孔	×		
钻铰		×	
钻镗			×

图 6-19　加工方法的决策表

尺寸精度 > 0.1	F		
尺寸精度 < 0.1		T	T
位置度	T	T	
位置度			T
钻孔	×	1	2
钻铰		2	
钻镗			2

图 6-20　孔加工决策表示例

槽	T						
螺孔		T					
孔			T	T	T	T	T
位置度公差≤0.05 mm			T				
0.05 mm < 位置度公差≤0.25 mm				T			
位置度公差 > 0.25 mm					T	T	T
直径公差≤0.25 mm					T		
0.05 mm < 直径公差≤0.25 mm						T	
直径公差 > 0.25 mm							T
精镗			×	×	×	×	×
半精镗			×	×	×	×	
精镗					×	×	
坐标镗			×				
铣		×					
钻孔，攻丝	×						

图 6-21　加工方法选择决策表示例

2. 创成式 CAPP 系统中的逆向编程原理

在创成式 CAPP 系统中,工艺规程设计有两种方法,一种方法是从零件毛坯开始进行分析,选择一定的加工方法和顺序,直到能加工出符合最终目标要求的零件形状,这称为正向编程;另一种方法是从零件最终的几何形状和技术条件开始分析,反向选择合适的加工工序,直到零件恢复成无需加工的毛坯,这种方法称为逆向编程,又称反向编程。

在逆向编程系统中,将零件的最终状态作为前提。一个零件的工艺规程设计是从图样上规定的几何形状和技术条件开始考虑,然后填补金属切削过程。用这种方法进行编程,很容易满足最终目标的要求,而且其加工过程的中间状态也容易确定,即从已知要求出发选择预加工方法比较容易满足,这就保证了加工质量。另外,逆向编程还便于确定零件在加工过程中的工序尺寸和公差以及自动绘制工序图。所以逆向编程原理在已开发的创成式 CAPP 系统中得到了较多的应用。

3. 创成式 CAPP 系统的工序设计

创成式 CAPP 系统不以标准工艺规程为基础,而是开始就由软件系统根据零件信息直接生成一个新的工艺规程。所以当系统选择了零件各个表面的加工方法以及安排了加工顺序后,还必须进行详细的工序设计。特别是对于在数控机床或加工中心机床上加工的零件来说更为重要。

工序设计的主要内容是:机床、刀具和夹具的选择,工步顺序的安排,工序尺寸和公差的计算,切削用量的确定,工时定额和加工成本的计算,工序图的生成和绘制,工序卡片的编辑和输出等工作。其中很多任务与工艺过程设计是一样的,需要采用各种逻辑决策、数学计算、计算机绘图和文件编辑等手段来完成。这里仅简单介绍其中一些主要内容。

1)工序内容的确定和工步顺序的安排

在安排零件的工艺路线时,一般都分层次、分阶段地考虑各个工序的加工顺序。例如划分粗、细、精、超精等不同加工阶段,整个加工过程要符合先加工基准、后加工一般的原则。在具体安排时常常把主要表面的加工工序作为基本工艺路线,把一般表面和辅助表面的加工工序按合理的顺序安排到基本路线中去,有些还要作适当的合并。

在工序设计中,主要根据零件形状特征选择加工基准,确定装夹方式、安装次数以及安排各个表面的加工顺序等。上述工作都可以像工艺过程设计那样,采用各种逻辑决策和数学计算等方法来解决,但必须按不同的零件形状和不同的工序分别设计。

对于粗加工工序应尽可能采用较大的切削深度,力求以最少的行程次数加工工件。对外表面从直径大的台阶面开始加工,对内表面从直径小的台阶孔开始加工,以保证工件的刚度。对于细、精加工工序,应特别注意零件轴向尺寸的标注方式,首先考虑工件端面的加工顺序,然后由此根据零件表面与端面的邻接关系确定细、精加工工序的表面加工顺序。

2)工序尺寸和公差的计算

零件在加工过程中,各工序的加工尺寸和公差是根据逆向编程原理进行计算的。以零件图上的最终技术要求为前提,首先确定最终工序的尺寸及公差,然后再按选定的加工余量推算出前道工序的尺寸,其公差则按该工序加工方法可达到的经济精度来确定。这样按加工顺序相反的方向,逐步计算出所有工序的尺寸和公差。

当工序设计中遇到定位基准与设计基准不重合的情况时,就要进行工序尺寸换算,对于位置尺寸关系比较复杂的零件,这种换算就比较复杂,必须采用工艺尺寸链求解的方法来解决。现在 CAPP 系统中已有多种计算机辅助求解工艺尺寸链的方法,例如工序尺寸图解法、尺寸跟踪法、尺寸树法等。这些方法都可以作为一种通用的功能子程序,需要时可以随时调用。

3)工序图的自动绘制

工序图的自动绘制是创成式 CAPP 系统的难点。由于图形语言直观、简洁,适合工厂使用,特别是目前我国大多数工厂中还使用附有工序图的工序卡片,所以 CAPP 系统若能自动绘制出工序图,则可大大提高它的实用价值。

工序图的自动绘制与零件图的绘制是不一样的。一般零件图的绘制是用某种绘图语言,对零件形状进行描述,再由计算机将这种语言翻译成绘图指令,进行图形绘制,而工序图的绘制则有所不同。一个零件的加工过程包含许多工序,从毛坯到成品其形状是不断变化的,若对每个工序图都进行人工描绘再绘制,就不能实现工序图的自动绘制。所以绘制工序图必须从CAPP 系统本身获得每个工序的图形信息,自动绘制出工序图,并能把工序尺寸、公差以及各种技术要求标注在工序图上。

零件由毛坯状态向最终状态的演变过程中,需经过一个个不同的加工状态,逐步去掉自身多余的材料而最终完成演变。这些不同的加工状态反映在图形上就是各加工工序的工序图。所以从逻辑上看,零件图与工序图的关系如同树根与树枝的关系,即工序图是由零件图延伸和派生出来的。

为了使 CAPP 系统能自动生成和绘制工序图,必须对 CAPP 系统的零件信息描述和输入方法提出更高的要求:首先,对零件信息的描述必须完整,对零件的几何形状和技术要求信息必须详细输入;其次,零件信息输入时,除了必需的数据和符号以外,还必须完整地输入零件的图形信息,并在计算机内生成零件图形,存储在图形文件中。因为没有图形信息,也就不可能生成工序图;另外,为了适应零件从毛坯到成品,其形状不断变化的特点,为图形的数据结构设计一个动态链表。这个动态链表能记录工件在每个加工工序中的形状、尺寸、公差和其他技术要求。当要绘制某一工序图时,只要把动态链表中某一工序的记录内容输入绘图子程序,就可以自动绘制出需要的工序图,并能把该工序的工序尺寸、公差及其他技术要求标注在工序图上。

工序图的自动绘制与零件信息描述的完整性有关,也与零件的设计模型以及将设计模型如何转换成生产模型有关。目前工序图的自动绘制,仅对规则的回转体零件可以实现,而对于复杂形状的箱体零件还有待进一步开发。

6.4.3　创成式 CAPP 系统的实现

一般情况下,创成式 CAPP 系统包括零件信息输入、工艺过程设计、工艺知识库、工艺数据库和工艺文件输出等模块,其实现方法也就围绕这几部分进行。

1. 基于特征的零件信息描述

创成式 CAPP 系统采用基于特征的方法进行零件的描述。根据所加工零件结构和加工特点,将特征分为平面、孔、槽、轮廓、腔体等几大类,每一大类又可细分为若干小类。零件信息采用基于特征的方法进行描述,它摆脱了零件类别的限制,突出了零件的共性。

根据面向对象程序设计的方法和基于特征的工艺设计的特点,在创成式 CAPP 系统中,把零件特征、加工所用的机床、刀具、夹具、切削参数分别定义为不同的对象类,并对每一对象类进行抽象。在数据模型抽象化过程中,既包括了对反映零件特征几何形状和加工信息的数据抽象,又包括了为完成零件特征加工所需要的工艺方法。对机床、刀具、夹具、切削用量选择等工艺设计知识进行抽象,并将工艺设计知识作为特征类的成员函数封装在特征类的定义中,在此基础上建立类层次结构。

零件信息的输入可采用人机交互方法和从 CAD 数据库中直接读入零件信息的方法实现。

2. 工艺决策逻辑系统构建

采用人工智能原理,建立零件的工艺决策逻辑系统。根据所定义的特征,建立相应的特征加工工艺知识库以及推理机。在建立工艺知识库时,全面考虑影响特征工艺决策的因素,即除了考虑特征的加工精度和表面粗糙度外,还要综合考虑零件的材料、尺寸、热处理要求以及其他的约束参数。当要为某一特征选择加工方法时,只要从工艺知识库中选择特征工艺知识与所要加工的特征进行匹配,选出符合条件的一条工艺知识,作为当前特征的加工方法即可。零件各特征的加工方法确定后,还需要总结出一系列的工艺排序决策规则,对零件的加工顺序进行合理安排。根据零件的形状特点和特征分布情况,将零件划分为几个加工方位面,把每一个方位面所包含的加工特征作为一个工序来处理,在一个工序中,把每一个特征作为一个工步来处理,对工序和工步的顺序,都应有一定的排序决策规则。例如减少换刀次数,尺寸形状相同的特征表面,尽量安排用同一把刀加工;为缩短走刀路径,相邻特征尽可能安排在相邻次序上加工;各种特征的加工顺序一般为平面、孔、槽、轮廓等。

3. 采用面向对象的方法实现工艺决策

在工艺决策的实现中,常采用面向对象的方法。零件被分解为一个个特征,通过人机交互或从 CAD 数据库中读入零件特征信息后,系统决策部分进行特征识别;对不同特征引用不同的工艺决策逻辑,选择出不同特征的加工方法、机床、刀具、切削参数;最后,根据一定的排序工艺决策,生成合理的工艺路线。上述过程包括特征的存储、识别、决策、排序,工艺文件生成、显示等过程。

4. 建立工艺数据库

每一种加工特征都有相应的加工方法,所有的加工方法都必须要有相应的刀具和切削用量数据。根据加工零件的材料、形状特征、具体加工环境等因素的不同需要选择不同切削用量,所以必然要建立工艺数据库,包括加工知识库、刀具库、切削用量库及其管理机制,以便用户可以在友好的用户界面下,根据自己的实际加工环境对各库进行修改、增加、删除、查询、浏览等操作,对工艺信息进行动态的、有组织的收集、分类、整理等定量化和规范化处理。

5. 工艺文件的输出

根据零件特征信息,经过系统的工艺决策,即可生成工艺文件。通常系统可以生成两类工艺文件,一类是工艺规程文件,另一类是输出 CAPP 与 NCP 的接口文件直接向 NC 编程系统传输零件加工信息。NCP 系统读取接口文件,经特征识别和进一步计算处理后,即可生成刀位数据文件和 NC 指令代码。

6. 常用的创成式 CAPP 系统

1) CAPSY 系统

CAPSY 系统是柏林工业大学(TU Berlin)开发的图形人机对话式创成式 CAPP 系统。CAPSY 系统能和 CAD 系统和 NC 编程系统配套使用。

2) BITCAPP 系统

BITCAPP 系统是一个适用于 FMS 的创成式 CAPP 系统,是由北京理工大学针对 FMS 中所加工的兵器零件开发的。

6.5　CAPP 专家系统

专家系统(expert system)是人工智能的一个分支,它是一个智能的计算机程序,即运用知识和推理步骤来解决只有专家才能解决的复杂问题。目前专家系统的应用领域包括数学、物理、化学、生物、农业、地质、气象、交通、冶金、化工、机械、政治、军事、法律、空间技术、环境科学、信息管理系统、金融和信息高速公路等。

6.5.1　CAPP 专家系统的工作原理和基本构成

1. CAPP 专家系统的工作原理

CAPP 专家系统与一般的 CAPP 系统的工作原理不同,结构上也有很大差别。一般的 CAPP 系统(见图 6-22(a))在结构上主要由两个部分组成,即零件信息输入模块和工艺规程生成模块。其中工艺规程生成模块是 CAPP 系统的核心,它包含有工艺设计知识和决策方法,而且这些知识都采用计算机能识别的程序语言编制在系统程序中。当输入零件的描述信息后,系统经过一系列的判断,然后调用相应的子程序或程序段,生成工艺规程。当使用环境有变化时,就必须修改系统程序。这对于用户来说是比较困难的,所以这种系统的适应性较差。而 CAPP 专家系统(见图 6-22(b))由零件信息输入模块、知识库、推理机三部分组成。其中知识库和推理机是互相独立的。CAPP 专家系统不再像一般的 CAPP 系统那样,在程序的运行过程中直接生成工艺规程,而是根据输入的零件信息频繁地去访问知识库,并通过推理机中的控制策略,从知识库中搜索能够处理零件当前状态的规则,然后执行这条规则,并把每一次执行规则得到的结论部分按照先后顺序记录下来,直到零件加工达到一个终结状态,这个记录就是零件加工所要求的工艺规程。

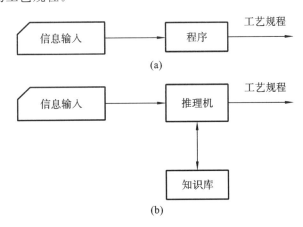

图 6-22　一般 CAPP 系统与 CAPP 专家系统的工作原理

CAPP 专家系统以知识结构为核心,按数据、知识、控制三级结构来组织系统,其知识库和推理机相互分离,这就增加了系统的灵活性。当生产环境有变化时,可以通过修改知识库,加入新规则,使之适应新的要求,因而解决问题的能力大大加强。CAPP 专家系统的优点如下。

(1)可变性。当生产环境改变时,如更新设备、采用新技术或把该系统移植到其他工厂,专家系统只要给系统知识库输入新的知识就能适应,不需改写程序。

(2)透明性。专家系统和用户有更友好的交互界面。系统能随时向用户提供运行的过程和决策理由,向用户做出各种解释,所以系统的工作是"透明的"。必要时,工艺人员还可做出干预和选择,以最终制定出优化的工艺规程。

(3)可扩展性。随着科学技术的发展和生产条件的改进,专家系统可以不断补充和更新知识,以扩展和提高系统的工艺过程设计水平。

CAPP 专家系统能处理多义性和不确定的知识,在一定程度上,可以模拟人脑进行工艺设计,使工艺设计中很多模糊问题得以解决。特别是对箱体类零件的工艺设计,由于它们结构形状复杂,加工工序多,工艺流程长,而且对于同一类零件可能存在多种加工方案。工艺设计的优劣主要取决于人的经验和智慧。因此采用一般原理设计的 CAPP 系统都很难满足这些复杂零件的工艺设计要求。而 CAPP 专家系统能汇集众多工艺专家的知识和经验,并充分利用这些知识,进行逻辑推理,探索解决问题的途径和方法,因而能给出合理完善甚至最优的工艺决策。

　　CAPP 是连接 CAD 与 CAM 的桥梁,是实现 CIMS 的中心环节。使用 CAPP 专家系统为实现 CAD/CAM 一体化提供了良好的技术前景。CAPP 专家系统可以通过人工智能接口直接从 CAD 数据库中取得零件信息,有利于同 CAD 系统的结合。有些 CAPP 专家系统还考虑了与生产管理系统的智能接口,从而为实现 CIMS 创造有利条件。

　　2. CAPP 专家系统的组成

　　CAPP 专家系统的组成如图 6-23 所示。作为工艺设计专家系统的特征,其知识库由零件信息规则组成;其推理机是系统工艺决策的核心,它以知识库为基础,通过推理决策,得出工艺设计结果。系统各模块的功能如下。

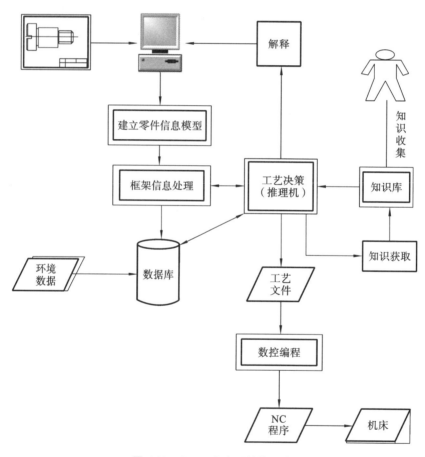

图 6-23　CAPP 专家系统的组成

　　1) 建立零件信息模型模块

　　该模块采用人机交互式方式收集和整理零件的几何拓扑信息以及工艺信息并以框架形式表示。

　　2) 框架信息处理模块

　　该模块处理所有框架描述的工艺知识,包括内容修改、存取等,起到推理机和外部数据信息接口的作用。

3）工艺决策模块

工艺决策模块即系统的推理机,它以知识库为基础,作用于动态数据库,给出各种工艺决策。

4）知识库

知识库用来存储特定领域的知识。在 CAPP 专家系统中,知识库用来存储各种工艺知识,这些知识通常有三种类型:第一种类型是事实知识,如各种手册、资料中共同的知识;第二种类型是过程知识,如各种推理法则、规则、方法等;第三种类型是控制知识,主要是指系统本身的控制策略。知识的获取通常由知识工程师来完成,也可由工艺人员会同软件工程师一同来完成。

5）数控编程模块

该模块为在数控机床上的加工工步或工序编制加工控制指令(此模块可以没有)。

6）解释模块

解释模块是系统与用户的接口,用来解释各种决策过程。

7）知识获取模块

通过向用户提问或通过系统的不断应用,来扩充和完善知识库。

6.5.2　工序设计中的决策过程

1. 毛坯选择

系统首先打开材料库,查找该零件材料牌号所属的材料类别,将材料类别名记录在数据库中;然后,确定毛坯的类型和一个坯料所加工的零件数。毛坯类型在系统的规则中有棒料、管料、铸件和锻件四种。系统采用反向设计,即从零件到毛坯的推理过程,对零件模型的加工方法进行修正,修正后的结果就是毛坯的模型。因此,毛坯的具体尺寸和坯料的零件数是在系统运行最后确定的,图 6-24 为毛坯选择流程图。毛坯选择的冲突消解策略是按规则的可信度大小来实现的,即从多个触发规则中,选出具有最大可信度值的规则作为启用原则,予以执行。

2. 各表面最终加工方法的选择

系统采用反向设计选择各表面最终加工方法,其步骤是:首先确定能达到质量要求的各加工表面最终成形的加工方法;然后再确定其他工序及进行工艺路线安排等。图 6-25 是工艺设计的任务分解图,图中将各表面最终加工方法选择分为三类:①外部型面特征最终加工方法的确定;②内部型面特征最终加工方法的确定;③特征元素最终加工方法的确定。系统首先选择主要表面的加工方法。因此,先处理型面特征,后处理特征元素(单一的特征表面)。最终加工方法选择的规则也按此分为三组。

影响最终加工方法选择的因素很多,其影响是通过规则来体现的,反映在规则的条件部分中。主要考虑零件的

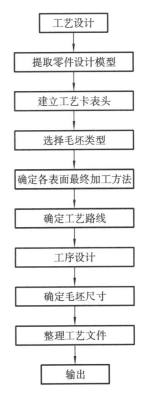

图 6-24　毛坯选择流程

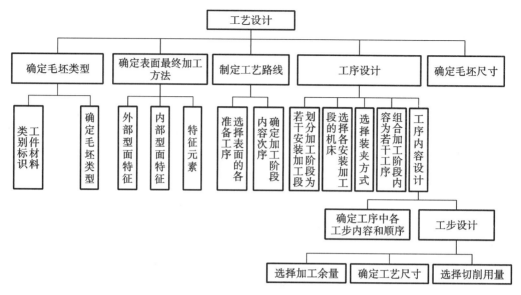

图 6-25   工艺设计的任务分解图

材料类别、型面特征、表面情况、技术要求和尺寸范围等。零件表面状况是通过零件的某些热处理工序的表面硬度值来表示的,零件的技术要求通常是以表面粗糙度和精度等级给出的。

表面最终加工方法选择过程中的冲突策略是将所有触发规则都记录该规则的结论,几个规则有相同的结论则要进行可信度值的"合并",最后取具有最大可信度值的结论作为最终的推理结果,即作为该表面的最终加工方法。

3. 工艺路线的确定

在零件各加工表面的最终加工方法选定以后,就需确定各表面加工的基本工序以及确定这些加工方法在工艺路线中的顺序和位置,即安排工艺路线。系统制定加工路线是以加工阶段的划分为依据,这些加工阶段内容的确定、各表面一系列加工工序的确定以及加工阶段的顺序制定是同时进行的。从零件信息模型开始,将形成此零件模型的加工内容汇集到相应的加工阶段中,同时对零件模型进行修改,并确定上一道工序的加工内容。这样一边记录加工阶段的内容,一边修改零件模型,直到零件无须再加工形成毛坯为止。

工艺路线的推理过程是按顺序搜索规则进行的,凡是被触发的规则都是可能启用的规则,对于解决同一问题可启用的不同规则是通过可信度值大小决定其取舍的,这要对规则集进行多次的搜索,直到没有一个规则可以被启用为止。

4. 工序设计

划分了加工阶段后,就要将同一加工阶段中的各加工表面的加工内容组合成若干工序。系统主要采用工序集中原则,将加工阶段中的加工内容划分成若干个安装工序,即在一次安装中可以进行加工的内容放在一起,然后选择在每次安装中的加工内容所适用的机床。如果相邻加工阶段所采用的机床一致,则划为同一工序,否则为不同工序。工序划分好后,接着是确定工序中零件的装夹方法和进行工序内容设计。

工序内容的设计就是确定每次安装中的各个加工表面的加工顺序和内容以及确定工步的顺序和内容。系统用产生式规则描述这些知识和原则,在进行推理时,所有被触发的规则都作为启用规则执行,并进行多次顺序搜索,直到一个搜索循环结束没有新的加工位置变动为止。

5. 零件模型的修改

系统采用反向设计,从零件最终形状开始不断修改零件模型,直到零件无须加工形成毛坯为止。因此,每个切削工步确定以后,就假设它完成了"切削加工",这时的"切削"不是去除零件材料,而是填充材料,即将零件此时的模型用该切削工步应切除的材料变为填充材料,达到该切削工步执行前的状态。

6. 机床和夹具的选择

机床选择分两步进行:首先按加工工序的性质选择机床的类型;然后通过分析零件的结构、尺寸并与机床允许加工的零件尺寸范围进行比较,选择合适的机床型号。机床参数用框架形式记录在知识库中。规则的调用是顺序搜索,一旦有规则被触发,即作为启用规则执行,得出结论,结束搜索。夹具的选择过程与机床选择过程类似。

7. 加工余量的选择

加工余量数据来自机械加工工艺设计手册和工厂资料。系统采用规则的形式表示常用的加工余量值和选择该值的条件。规则的调用也是采用顺序搜索,冲突消解策略是按存储次序决定优先启用规则,一旦有规则被触发,即作为启用规则执行,得出结论,结束搜索。但这时搜索的顺序是按规则集的存储次序从后向前,即最新输入的规则优先得到匹配,以使新加入的知识优先得到应用。

8. 切削用量的选择

切削用量包括背吃刀量、进给量和切削速度。其中背吃刀量是通过零件加工余量、所选择机床的最大允许背吃刀量和零件的经济加工精度等因素来确定。进给量和切削速度的选择是通过激活规则来实现的。

6.5.3 CAPP 专家系统的知识表示及推理

知识是 CAPP 专家系统的基础,为了使计算机能够模拟人类的思维模式,它首先应具有相关的知识。怎样将人类拥有的知识存储到计算机中,并且存储的知识能够让计算机方便地调用,就要求在知识存储时必须采用适当的模式表示,这是知识表示(knowledge representation)要解决的问题。

所谓知识表示,就是以一定的形式对所获取的领域知识进行规范化表示,即知识的符号化过程。目前,经常使用的知识表示方法有产生式规则、框架、谓词逻辑、语义网络等。至于针对某一具体问题应采用哪种知识表示方法,则与问题的性质和求解的方法有密切的关系。

一种好的知识表示方法应满足下列几点要求:

(1) 有表达能力:指该表示方法能正确地、有效地将问题求解所需要的各类知识表示出来;

(2) 可访问性:指系统能有效地利用知识库的知识;

(3) 可扩充性:由该表示方法组成的知识库可以很方便地加以扩充;

(4) 相容性:知识库中的知识应保持一致;

(5) 可理解性:所表示的知识应易读、易懂,便于知识获取、知识库检查、修改及维护;

(6) 简洁性:知识表示应简单明了且便于操作。

1. 产生式规则表达法

1) 产生式表达

这是专家系统中用得最多的一种知识表示方法。它将专家的知识用一系列产生式规则来表示。产生式规则是一个以"如果这个条件满足的话,就应当采取这个操作"形式表示的语句。可以写成"IF…THEN…"的形式。例如规则:

如果　某种动物是哺乳动物,并且吃肉

那么　这种动物称为食肉动物

IF　数控系统电源发生故障且有备用电源

THEN　接上备用电源

产生式的 IF(如果)被称为条件、前项或产生式的左边,它说明应用这条规则必须满足的条件;THEN(那么)部分被称为操作、结果、后项或产生式的右边,在产生式系统的执行过程中,如果某条规则的条件满足了,那么,这条规则就可以被应用,也就是说,系统的控制部分可以执行规则的操作部分。产生式的二边可用谓词逻辑、符号和语言的形式,或用很复杂的过程语句来表示。这取决于所采用数据结构的类型。附带说明一下,这里所说的产生式规则和谓词逻辑中所讨论的产生式规则,从形式上看都采用了 IF-THEN 形式,但这里所讨论的产生式更为通用。在谓词运算中的 IF-THEN 实质上是表示了蕴涵关系。也就是说要满足相应的真值表。这里所讨论的条件和操作部分除了可以用谓词逻辑表示外,还可以有其他多种表示形式,并不受相应的真值表的限制。

用产生式规则表示的知识是一种过程型知识,它主要描述那些如何应用其他知识的知识,即领域专家在推理过程中所使用的原理和规则。

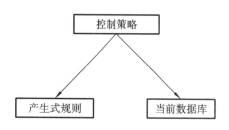

图 6-26　产生式系统的组成

2) 产生式系统的组成

用产生式规则表示过程性知识的系统一般称为产生式系统(production system),它由当前数据库、产生式规则和控制策略三个基本部分组成,它们之间的关系如图 6-26 所示。

产生式系统是因波斯特(Post)于 1943 年提出的产生式规则而得名的。1965 年,美国的纽厄尔和西蒙利用这个原理建立一个人类的认知模型。同时,斯坦福大学利用产生式系统结构设计出第一个专家系统 DENDRAL。

产生式系统用来描述若干个不同的以一个基本概念为基础的系统。这个基本概念就是产生式规则或产生式条件和操作对的概念。在产生式系统中,论域的知识分为两部分:用事实表示静态知识,如事物、事件和它们之间的关系;用产生式规则表示推理过程和行为。由于这类系统的知识库主要用于存储规则,因此又把此类系统称为基于规则的系统(rule-based system)。

当前数据库有时也被称作上下文、动态数据库或暂时存储器,其中存储有原始事实。它是产生式规则的存储中心。在启用某一条产生式规则之前,当前数据库内必须准备好该条规则的前提条件。例如在上述例子中,在得出该动物是食肉动物的结论之前,必须在当前数据库中已存有"该动物是哺乳动物"和"该动物吃肉"这两个事实。在规则的执行过程中,如果一条规则的条件部分被满足,这条规则就可以被应用,也即系统的控制部分可以执行规则的操作部分。执行产生式规则的操作部分会引起当前数据库的变化,这就使其他产生式规则的条件可能被满足。

　3）控制策略

　　控制策略的作用是说明下一步应该选用什么规则,也就是如何应用规则。通常从选择规则到执行操作分三步:匹配、冲突解决和操作。

　　(1)匹配。在这一步,把当前数据库与规则的条件部分相匹配。如果两者完全匹配,则把这条规则称为触发规则。当按规则的操作部分去执行时,称这条规则为启用规则。被触发的规则不一定总是启用规则,因为可能同时有几条规则的条件部分被满足,这就要在解决冲突步骤中来解决这个问题。在复杂的情况下,在数据库和规则的条件部分之间可能要进行近似匹配。

　　(2)冲突解决。当有一条以上规则的条件部分和当前数据库相匹配时,就需要决定首先使用哪一条规则,这称为冲突解决。例如,设有以下两条规则:

　　规则　R1　IF　fourth dawn
　　　　　　　　　　short yardage
　　　　　　　　THEN punt
　　规则　R2　IF　fourth dawn
　　　　　　　　　　short yardage
　　　　　　　　　　within 30 yards(from the goal line)
　　　　　　　　THEN field goal

　　这是两条关于美式足球的规则。R1 规则规定进攻一方如果在前三次进攻中前进的距离少于 10 码(short yardage),那么在第四次进攻(fourth dawn)时,可以踢悬空球(punt)。R2 规则规定,如果进攻这一方在前三次进攻中,前进的距离少于 10 码,而进攻的位置又在离对方球门线 30 码距离之内,那么就可以射门(field goal)。

　　如果当前数据库包含事实"fourth dawn"和"short yardage"以及"within 30 yards",则上述两条规则都被触发,这就需要用冲突解决来决定首先使用哪一条规则。有很多种冲突解决策略,其中一种策略是先使用规则 R2,因为 R2 的条件部分包括了更多的限制,因此规定了一个更为特殊的情况。这是一种按专一性来编排顺序的策略,称为专一性排序。冲突解决的策略,也即确定规则启用的顺序,一般有下列几种方法:

　　①专一性排序。如果某一规则条件部分规定的情况,比另一规则条件部分规定的情况更有针对性,即规则的条件部分包含了最多的前提条件,因而规定了一个更为专门的情况,则这条规则具有较高的优先级。

　　②规则排序。如果规则编排的顺序就表示了启用的优先级,则称之为规则排序。

　　③把规则条件部分的所有条件按优先级次序编排起来,运行时首先使用的条件部分包含较高优先级数据的规则。

　　④规模排序。按规则的条件部分的规模排列优先级,优先使用满足的条件较多的规则。

　　⑤就近排序。把最近使用的规则放在最优先的位置。这和人类的行为有相似之处。如果某一规则经常被使用,则人们倾向于更多地使用这条规则。

　　⑥按规则的可信度排序。如同时有几条带有可信度的规则被触发,则选用可信度值最大的规则为启用规则。

　　⑦上下文限制。把产生式规则按它们所描述的上下文分组,也就是说按上下文对规则分

组。在某种上下文条件下,只能从与其相对应的那组规则中选择。

不同的系统,使用上述这些策略的不同组合。

(3) 操作。操作就是执行规则的操作部分。经过操作以后,当前数据库将被修改。然后,其他的规则有可能被使用。例如某一选择加工方法的规则为:

IF　　　表面形状是外圆柱体

　　　　　加工精度要求低于 6 级高于 9 级

　　　　　粗糙度要求低于 0.2,高于 1.6

　　　　　材料是黑色金属

THEN　　推荐的加工方法是磨削

　　　　　当前数据库修改内容为

　　　　　(Ⅰ)加工前精度要求为 9 级

　　　　　(Ⅱ)加工前粗糙度要求为 3.2

　　　　　(Ⅲ)加工前直径留有 0.4 mm 余量

当此规则的前提条件得到满足,系统则建议采用磨削加工方法。并指出当前数据库应修改的内容。这也是零件在磨削前必须达到的预加工精度要求。这时可以把预加工要求作为前提条件,继续选择预加工方法。

2. 框架表示法

框架表示法是一种结构化表示方法。框架通常由事物各个方面的"槽"和每个槽拥有的若干"侧面"以及每个侧面拥有的若干个值组成。槽用于描述对象的某一方面属性,侧面用于描述相应属性的一个方面。槽和侧面所具有的属性值分别称为槽值和侧面值。大多数实用系统必须同时使用许多框架,并可使它们形成一个框架系统。框架表示法已获广泛应用,然而并非所有问题都可以用框架表示法。

在一个用框架表示知识的专家系统中可以含有多个框架,形成框架网络,因此需要给它们赋予不同的框架名。同样,在一个框架内的不同槽和不同侧面也需要分别赋予不同的槽名和侧面名。一个框架中的槽值或侧面值可以是另一个框架的框架名。建立了联系之后的框架网络可以通过一个框架找到另一个框架。

一个框架的结构表示如下:

＜框架名＞

＜槽 1＞＜侧面 11＞＜值 111＞…＜侧面 12＞＜值 121＞…

…＜槽 2＞＜侧面 21＞＜值 211＞…

…

＜槽 n＞＜侧面 nl＞＜值 n11＞…

＜侧面 nm＞＜值 nm1＞

…

例如,在工艺设计中将铣刀的信息用框架表示,如图 6-27 所示。

框架表示法与其他表示法相比存在自身的特点,其最突出的特点在于框架表示法中的结构性、继承性和自然性。框架表示法的结构性特点在于它善于表达结构性知识,将知识的内容结构关系及知识间的联系表示出来,因此,它是一种组织起来的结构化的知识表示方法。这一

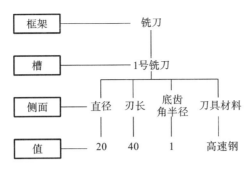

图 6-27　铣刀信息框架表示

特点是产生式规则表示所不具备的。框架表示法的继承性特点就是框架表示法通过使槽值为另一个框架的名字实现框架间的联系,建立起表示复杂知识的框架网络。在框架网络中,下层框架可以继承上层框架的槽值,也可以进行补充和修改,这样不仅减少了知识的冗余,而且较好地保证了知识的一致性。框架表示法的自然性特点体现了人们在观察事物时的思维活动,当遇到新事物时,通过从记忆中调用类似事物的框架,并将其中某些细节进行修改、补充,就形成了对新事物的认识,这与人们的认识活动是一致的。

用框架表示知识的专家系统主要由两部分组成,一是由框架网络构成的知识库;二是由一组程序构成的框架推理机。前者的作用是提供求解问题所需要的知识,后者的作用是针对用户提出的问题,运用知识库中的知识完成问题求解。

(1) 框架推理的基本过程在框架表示法的专家系统中,推理是通过框架匹配和填槽来实现的。首先用问题框架表示要求解的问题,然后把初始问题框架与知识库中已有的框架进行匹配,即把两个框架相应的槽名和槽值逐个进行比较,如果两个框架的各对应槽能够满足预先规定的某些条件,就认为这两个框架可以匹配。由于框架的继承关系,一个框架所描述的某些属性和值可能是从其上层框架继承过来的,因此,两个框架的比较往往要牵涉到它们的上层或上上层框架。

(2) 框架的不确定性匹配,如果两个框架完全匹配,则称为确定性匹配;如果两个框架的对应槽值不能完全一致,但满足预先指定的条件,则称为不确定性匹配。

(3) 框架推理是以框架网络的层次结构为基础,按照一定的搜索策略,不断寻找可匹配的框架并进行填槽的过程。在此过程中,有可能找到了合适的框架,得到了问题的解而成功结束,也可能因找不到问题的解而被迫终止。

由于框架表示法不善于表示过程性知识,因此,框架表示法常与产生式表示法结合使用。

习　　题

6-1　简要分析 CAPP 系统的基本组成和功能,并说明 CAPP 的作用和意义。

6-2　什么是零件族?怎样划分零件族?

6-3　零件分类编码有哪些基本的结构形式?各有什么特点?

6-4　叙述派生式 CAPP 系统的特点及工作原理。

6-5　什么是复合零件?如何建立复合零件工艺?

6-6　叙述创成式 CAPP 系统的特点及工作原理。

6-7　分析比较派生式 CAPP 系统和创成式 CAPP 系统的异同。

6-8　如何建立派生式 CAPP 系统、创成式 CAPP 系统？说明所要做的工作和步骤。

6-9　在 CAPP 系统为什么要建立工艺信息数据库？它包括哪些内容？

6-10　在 CAPP 系统为什么要进行零件编码？常用的编码原理和系统有哪些？它们各有何特点？

6-11　简述 CAPP 专家系统的构成及其工作特点。

6-12　简述基于实例 CAPP 系统的推理求解过程。

第7章　计算机辅助制造技术

本章要点

本章对计算机辅助制造、计算机辅助数控编程的基本原理、内容和步骤进行介绍,内容主要包括数控机床选择及其坐标系统确定、加工刀具补偿方法、数控铣削编程基本术语、数控程序结构、常用数控指令、智能制造以及柔性制造等;并以数控铣为例介绍手工编程的过程;分析自动编程语言及其编程的步骤和信息处理方法;对数控加工图形交互自动技术以及数控检验和仿真进行介绍。

7.1　计算机辅助制造概述

7.1.1　计算机辅助制造的概念

计算机辅助制造是指数控编程等生产准备工作,可以直接利用 CAD 模型进行 NC 程序自动编制。按照应用范围 CAM 分为广义 CAM 和狭义 CAM。广义 CAM 是指工程技术人员利用计算机辅助系统和工具,完成从生产准备到制造的整个过程的活动,包括生产作业计划、工艺规划、NC 自动编程、工装设计、生产过程控制、质量检测与控制等;而狭义 CAM 一般是指产品加工的 NC 程序编制,包括选择机床、选择刀具、加工参数设定、刀具路径规划、刀具轨迹仿真和 NC 代码生成等。

7.1.2　数字化制造

数字化制造是指在数字化技术和制造技术融合的背景下,并在虚拟现实、计算机网络、快速原型、数据库和多媒体等支撑技术的支持下,根据用户的需求迅速收集资源信息,对产品信息、工艺信息和资源信息进行分析、规划和重组,实现对产品设计和功能的仿真以及原型制造,进而快速生产出达到用户要求性能的产品的制造全过程。

数字化制造定义的内涵是指制造领域的数字化,它是制造技术、计算机技术、网络技术与管理科学的交叉融合、发展与应用的结果,也是制造企业、制造系统与生产过程、生产系统不断实现数字化的必然趋势。

7.1.3　CAM 的发展与未来

CAD/CAM 技术起源于航空和军事工业,并且随着计算机科学的发展迅速在全球机械行业中得到广泛的应用。CAD/CAM 的应用大大提高了产品的设计质量,缩短了产品的设计周期。CAD/CAM 技术的应用是我国机械行业赢得市场竞争力非常重要的工具,因此研究其现有技术以及未来的发展趋势对加快机械行业 CAD/CAM 技术的发展有着非常重要的意义。

CAM 技术未来的发展会出现以下趋势:

(1) 集成化。CAM 与 CAD 实现集成已经是当前 CAM 技术发展的趋势,即要求提高生产的自动化程度,逐步形成一个以工厂生产自动化为目标的 CIMS。所谓计算机集成制造系统,它是通过计算机及其软件,将制造工厂的全部生产活动,包括设计、制造、管理及整个物流与信息流,实现计算机的高度集成,把各种分散的自动化系统有机地集成起来,构成一个完整的生产系统,从而获得更高的效率。这是科技发展的必然结果,也是市场激烈竞争的要求。可以预见,CIMS 将在 21 世纪的工业生产中占主导地位。

（2）智能化。对设计出的产品编出合理的工艺流程是一个十分复杂的过程,这需要相当的实践经验,目前的 CAM 技术尚不能解决这一问题,为此提出了在 CAM 系统中引进人工智能技术。该系统一般具有大量的专家水平的知识和经验,用来分析解决某领域的问题。

（3）网络化。

①共享网络资源。在网络内的各台计算机可共享程序和数据及其他资源。

②平衡负载。当网络上的某台计算机工作特别繁重时,把一部分工作分配到其他计算机去完成。特别是要处理复杂计算图形时,可把这些任务交给具有高速计算能力和图形处理能力的计算机。

③提高系统性能价格比。在网络中可用一些小型机、工作站和 PC 来代替价格昂贵的大型机,共同完成要在大型机上才能完成的工作。

（4）云协作。云技术使 CAD/CAM 可以从工作场所中的单台计算机转移到通过 SaaS（软件即服务）模型进行通用访问。这意味着几个人可以同时处理同一个项目,而跨部门和地域共享变得更加容易。

7.2　数控加工技术及数控机床

数控机床出现不久,计算机就被用来帮助人们解决复杂零件的数控编程问题,即产生了计算机辅助数控编程。计算机辅助数控编程技术经历了数控语言自动编程、图形自动编程、CAD/CAM 集成数控编程等几个阶段。

7.2.1　数控加工技术

数控加工是指根据零件图样及工艺要求等原始条件编制零件数控加工程序（简称为数控程序）,输入数控系统,控制数控机床中刀具与工件的相对运动,从而完成零件的加工。数控加工的基本工作流程如图 7-1 所示。

（1）根据零件加工图样,首先按零件图所规定的工件形状和尺寸、材料、技术要求,进行工艺程序的设计与计算,确定零件加工的工艺过程、工艺参数和刀具数据（包括加工顺序、刀具与工件相对运动的轨迹、行程和进给速度等）。

（2）使用数控编程规定的指令代码,按数控装置所能识别的代码形式编制零件加工程序单。

（3）通过手动方式或直接数字控制方式将加工程序输入数控机床控制系统,该控制系统将加工程序编译成计算机能识别的信息,进行一系列的控制与运算,将运算结果以脉冲信号形式送给数控机床的伺服机构。

（4）伺服机构带动机床各运动部件按照规定的速度和移动量有顺序地动作,自动完成工件的加工过程。

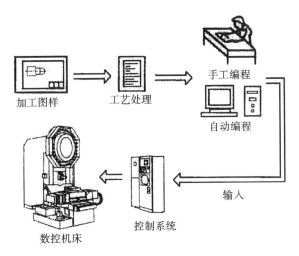

图 7-1　数控加工的基本工作流程

7.2.2　数控系统

数控系统是指根据计算机存储器中存储的控制程序,执行部分或全部数值控制功能,并配有接口电路和伺服驱动装置的专用计算机系统。通过利用数字、文字和符号组成的数字指令来实现一台或多台机械设备动作控制,它所控制的通常是位置、角度、速度等机械量和开关量。

数控系统及相关的自动化产品主要是为数控机床配套。数控机床是以数控系统为代表的新技术对传统机械制造产业的渗透而形成的机电一体化产品,数控系统装备的机床大大提高了零件加工的精度、速度和效率。这种数控的工作母机是国家工业现代化的重要物质基础之一。

7.2.3　数控机床

数控机床是按照事先编制好的加工程序自动地对零件进行加工的高效自动化设备。在数控机床上加工零件时,要把加工零件的全部工艺过程、工艺参数和刀具轨迹数据转换为可控制机床的信息,完成零件的全部加工过程。程序编制是数控加工的重要工作,数控机床对所加工零件的质量控制与生产效率,很大程度上取决于所编程序的正确、合理与否。加工程序不仅应保证加工出合格产品,同时还应使数控机床的各项功能得到合理的利用及充分的发挥,使数控机床能安全、可靠及高效地工作。

数控机床的种类、型号繁多,按机床的运动方式进行分类,现代数控机床可分为点位控制(position control)、二维轮廓控制(2D contour control)和三维轮廓控制(3D contour control)数控机床三大类。

点位控制数控机床的数控装置只能控制刀具从一个位置精确地移动到另一个位置,在移动过程中不作任何加工。这类机床有数控钻床、数控镗床、数控冲孔机床等。

二维轮廓控制数控机床的数控系统能同时对两个坐标轴进行连续轨迹控制,加工时不仅要控制刀具运动的起点和终点,而且要控制整个加工过程中的走刀路线和速度。二维轮廓控制数控机床也称为两坐标联动数控机床,即能够同时控制两个坐标轴联动。对于所谓的两轴半联动是在两轴的基础上增加了 Z 轴的移动,当机床坐标系的 X、Y 轴固定时,Z 轴可以做周期性进给。两轴半联动加工可以实现分层加工。

三维轮廓控制数控机床的数控系统能同时对三个或三个以上的坐标轴进行连续轨迹控

制。三维轮廓控制数控机床又可进一步分为三坐标联动、四坐标联动和五坐标联动数控机床。三个坐标轴联动数控机床,可以用来完成型腔的加工;而四个以上坐标轴联动的多坐标数控机床的结构复杂,精度要求高、程序编制复杂,适于加工形状复杂的零件,如叶轮叶片类零件。

一般而言,三轴机床可以实现二轴、二轴半、三轴加工;五轴机床也可以只用到三轴联动加工,而其他两轴不联动。

数控机床的坐标轴和运动方向是进行数控编程时说明机床运动以及空间位置的前提和依据。数控机床的坐标系,包括坐标轴、坐标原点和运动方向,对于数控编程和加工,是十分重要的内容。数控编程员和机床操作者都必须非常清楚坐标系,否则编程时易混乱,从而导致操作时发生事故。为了准确地描述机床的运动,简化程序的编制方法,并使所编程序有互换性,ISO 841 及我国 JB/T 3051—1999 标准对数控机床的坐标系作了规定。

1. 坐标系及运动方向的规定

1)刀具相对静止而工件运动的原则

由于机床的结构不同,利用机床加工时,有的机床是刀具运动,工件固定,有的机床刀具固定,工件运动。为编程方便,特规定对于所有的机床都按照刀具运动、工件固定来编程。这一原则使编程人员能够在不知道刀具运动还是工件运动的情况下确定加工工艺,并只要根据零件图样即可进行数控加工的程序编制。这一规定使编程工作有了统一的标准,无需考虑具体数控机床各部件的运动方向。

2)机床坐标系的规定

在数控机床上加工零件,机床的动作由数控系统发出的指令来控制。为了确定机床的运动方向和距离,要在机床上建立一个坐标系,即机床坐标系,也称标准坐标系。在编制程序时,以该坐标系来规定运动方向和距离。

机床坐标系采用右手笛卡儿直角坐标系,如图 7-2 所示。图中规定了 X、Y、Z 三个直角坐标轴的方向,则每个坐标系的各个坐标轴与机床的主要导轨平行。根据右手螺旋法则,可以方便地确定出 A、B、C 三个旋转坐标轴的方向。

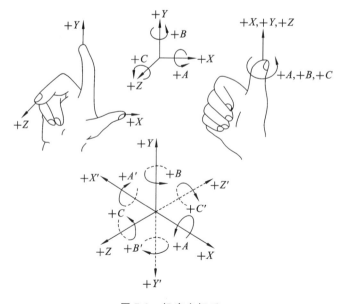

图 7-2　机床坐标系

2. 坐标轴的规定

数控机床的某一部件运动的正方向规定为增大刀具与工件之间距离的方向，即刀具离开工件的方向便是机床某一方向的正方向。在确定机床坐标轴时，一般先确定 Z 轴，然后确定 X 轴和 Y 轴，最后确定其他轴。

1）Z 轴

Z 轴的运动由传递切削力的主轴所决定，与机床主轴轴线平行的标准坐标轴即为 Z 轴。对于铣床、镗床、钻床等是主轴带动刀具旋转，该主轴为 Z 轴；对于车床、磨床和其他成形表面的机床是主轴带动工件旋转，该旋转主轴为 Z 轴。如机床上有多个主轴，则选一垂直于工件装夹平面的主轴作为主要的主轴。Z 轴的正方向是增加刀具与工件之间距离的方向，而对于钻、镗加工，钻入或镗入工件的方向是 Z 轴的负方向。

2）X 轴

X 轴总是水平的，它平行于工件的装夹平面，是刀具或工件定位平面内运动的主要坐标轴。

在无回转刀具和无回转工件的机床上（如牛头刨床），X 坐标平行于主要切削方向，以该主切削力方向为正方向。

对于工件旋转的数控机床（如数控车床、磨床等），X 轴的方向是在工件的径向上，且平行于横向滑座。刀具离开工件旋转中心的方向为 X 轴正方向，如图 7-3 所示。

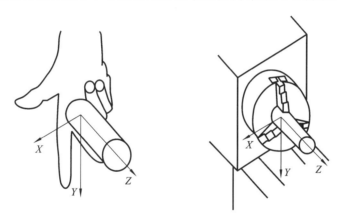

图 7-3　卧式车床坐标系

对于刀具旋转的数控机床（如数控铣床、镗床等），如 Z 轴是垂直的，当从主轴向立柱看时，X 轴的正方向指向右方，图 7-4 所示为立式铣床坐标系示意图；如 Z 轴是水平的（主轴是卧式的），当从主轴向工件方向看时，X 轴的正方向指向右方。

3）Y 轴

Y 轴垂直于 X、Z 轴。按照右手直角笛卡儿坐标系来判定 Y 轴及其正方向。

4）旋转运动坐标轴

A、B、C 轴相应地表示其轴线平行于 X、Y、Z 轴的旋转方向。A、B、C 轴的正向为在相应 X、Y、Z 轴正向上按照右手螺旋法则取右旋螺纹前进的方向。

5）附加轴

如果在 X、Y、Z 轴以外，还有平行于它们的轴，可分别指定为 U、V、W。如还有第三组运动，则分别指定其轴为 P、Q 和 R。如果在第一组回转运动 A、B、C 轴之外，还有平行或不平行

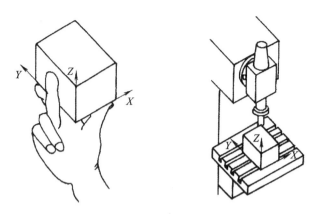

图 7-4　立式铣床坐标系

于 A、B、C 轴的第二组回转运动,可指定其轴为 D、E、F 轴。

3. 数控机床的坐标系

机床坐标系由机床原点与机床的 X、Y、Z 轴组成,是机床固有坐标系,在出厂前已经预调好,一般情况下,不允许用户随意改动。有如下几种重要的参考点。

(1) 机床原点。是机床制造商设置在机床上的一个物理位置,是建立测量机床运动坐标的起始点,其作用是使机床与控制系统同步。图 7-5 为数控车床的坐标系,其机床原点定义在主轴旋转轴线与卡盘后端面的交点上。数控铣床的机床原点位置一般设置在进给行程范围的终点。

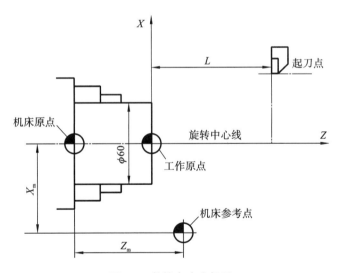

图 7-5　数控车床坐标系

(2) 机床参考点。它也是机床上的一个固定点,一般不同于机床原点。该点是刀具退离到一个固定不变的极限点,其位置由机械挡块或行程开关来确定,通常在加工空间的边缘。参考点对机床原点的坐标是一个已知数、一个固定值。机床参考点由厂家设定后,用户不得随意改变,否则影响机床的精度。以参考点为原点,坐标方向与机床坐标系各轴坐标方向相同建立的坐标系称为参考坐标系。

(3) 工作原点(程序零点)。用于支持数控编程和数控加工,是编程人员在数控编程过程中定义在工件上的几何基准点,可设置在任何地方。通常设置在尺寸标注的基准上,也就是设计基准上。例如对于车床,工作原点可以选在工件右端面的中心也可以选在工件左端面的中心,或者卡爪的前端面。选择程序零点位置时应注意以下几点:程序零点应选在零件图的尺寸基准上,这样便于坐标值的计算,减少错误;程序零点应尽量选在精度较高的加工平面,以提高被加工零件的加工精度。对于对称的零件,程序零点应设在对称中心上,这样程序总是在同一组尺寸上重复,只是改变尺寸符号;对于一般零点,通常设在工件外廓的某一角上(如选在工件左下角,并以此为基础计算其他相关尺寸和标注);Z 轴方向的零点,一般设在工件表面上。

(4) 除了上述三个基本原点以外,有的机床还有一个重要的原点,即装夹原点。装夹原点常见于带回转(或摆动)工作台的数控机床或加工中心,一般是机床工作台上的一个固定点,比如回转中心,与机床参考点的偏移量可通过测量存入 CNC 系统的原点偏移寄存器中,供 CNC 系统原点偏移计算用。图 7-6 所示为数控加工中心坐标系示意图。

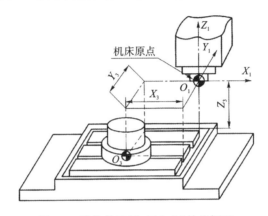

图 7-6　数控铣床(加工中心)的坐标系

4. 工件坐标系

工件坐标系也称为编程坐标系,其作用是确定零件加工时在机床中的位置。工件坐标系采用与机床运动坐标系一致的坐标方向,工件坐标系的原点(程序原点)要选择便于测量或对刀的基准位置,同时要便于编程计算。供用户编程的工件坐标系和机床坐标系通过机床零点发生联系。

5. 绝对坐标系与增量坐标系

1) 绝对坐标系

在数控系统中,刀具(或机床)运动轨迹的坐标值是以设定的编程原点为基点给出的,称为绝对坐标,该坐标系称为绝对坐标系。数控机床的绝对坐标系用代码表中的 X、Y、Z 表示,如图 7-7(a)所示,A、B 两点的坐标均以固定的坐标原点计算,其值为:$X_A = 10$,$Y_A = 15$;$X_B = 25$,$Y_B = 26$;$X_C = 18$,$Y_C = 40$。

2) 增量(相对)坐标系

在数控系统中,刀具(或机床)运动轨迹的坐标值是相对于前一位置(或起点)来计算的,称为增量(或相对)坐标,该坐标系称为增量坐标系。数控机床的增量坐标系用代码表中的 U、V、W 表示。U、V、W 分别表示与 X、Y、Z 平行且同向的坐标轴。如图 7-7(b)所示,$U_A = 0$,$V_A = 0$,$U_B = 15$,$V_B = 11$,$U_C = -7$,$V_C = 14$。

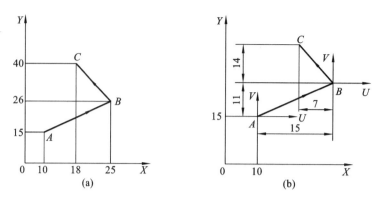

图 7-7　绝对坐标与增量(相对)坐标

7.2.4　加工刀具补偿方法

为了简化零件的数控加工编程,使数控程序与刀具形状和刀具尺寸尽量无关,数控系统一般都具有刀具长度和刀具半径补偿功能。前者可使刀具垂直于走刀平面(比如 XY 平面,由 G17 指定)偏移一个刀具长度修正值;后者可使刀具中心轨迹在走刀平面内偏移零件轮廓一个刀具半径修正值,两者均是对二坐标数控加工情况下的刀具补偿。

1. 刀具长度补偿

刀具长度补偿可由数控机床操作者通过手动输入数据,也可通过程序命令方式实现。前者一般用于定长刀具的刀具长度补偿,后者则用于由于夹具高度、刀具长度、加工深度等的变化而需要对切削深度用刀具长度补偿的方法进行调整。

在现代 CNC 系统中,用手工方式进行刀具长度补偿的过程是:机床操作者在完成零件装夹、程序原点设置之后,根据刀具长度测量基准采用对刀仪测量刀具长度,然后在相应的刀具长度偏置寄存器中,写入相应的刀具长度参数值。当程序运行时,数控系统根据刀具长度基准使刀具自动离开工件一个刀具长度距离,从而完成刀具长度补偿。

在加工过程中,为了控制切削深度,或进行试切加工,也经常使用刀具长度补偿。采用的方法是:加工之前在实际刀具长度上加上退刀长度,存入刀具长度偏置寄存器中,加工时使用同一把刀具,而调整加长后的刀具长度值,从而可以控制切削深度,而不用修正零件加工程序。如图 7-8 所示为 LJ-10MC 数控车削中心的回转刀架,共有 12 个刀位。假设当前待使用的是镗孔刀,通过试切或其他测量方法测得其与基准刀具的偏差值分别为:$\Delta x = 4.5$ mm,$\Delta z = 12.5$ mm,通过数控系统的功能键,将此数值输入到镗孔刀的刀补存储器中。当程序执行了刀具补偿功能后,镗孔刀刀具刀尖的实际位置与基准刀具的刀尖位置重合。

值得进一步说明的是,数控编程员应记住:零件数控加工程序假设的是刀尖(或刀心)相对于工件的运动,刀具长度补偿的实质是将刀具相对于工件的坐标由刀具长度基准点(或称刀具安装定位点)移到刀尖(或刀心)位置。

2. 刀具半径补偿

在二维轮廓数控铣削加工过程中,由于旋转刀具具有一定的刀具半径,刀具中心的运动轨迹并不等于所需加工零件的实际轮廓,而是偏移零件轮廓表面一个刀具半径值。如果之间采用刀心轨迹编程,则需要根据零件的轮廓形状及刀具半径采用一定的计算方法计算刀具中心轨迹。因此,这一编程方法也称为对刀具的编程。当刀具半径改变时,需要重新计算刀具中心轨迹;当计算量较大时,也容易产生计算错误。铣削刀具半径补偿示意如图 7-9 所示。

在数控铣床上进行轮廓的铣削加工时,由于刀具半径的存在,刀具中心(刀心)轨迹和工件轮廓不重合。如果数控系统不具备刀具半径自动补偿功能,则只能按刀心轨迹进行编程,即在编程时给出刀具的中心轨迹,如图 7-9 所示的点画线轨迹,其计算相当复杂。尤其当刀具磨损、重磨或换新刀具而使刀具直径发生变化时,必须重新计算刀心轨迹,修改程序。这样工作量大且难以保证加工精度。当数控系统具备刀具半径补偿功能时,数控编程只需按工件轮廓进行,如图中的粗实线轨迹,使刀具偏离工件一个半径值,即实现了刀具补偿。

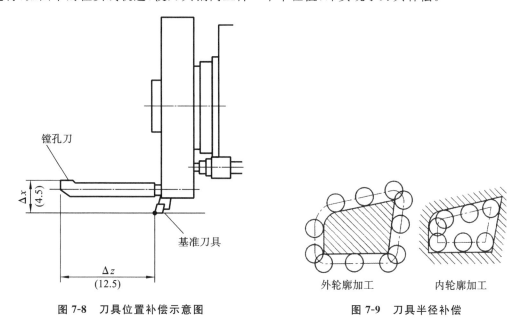

图 7-8　刀具位置补偿示意图　　　　　图 7-9　刀具半径补偿

数控系统的刀具补偿是将计算刀具中心轨迹的过程交由 CNC 系统执行,编程员在假设刀具半径为零的情况下,直接根据零件的轮廓形状进行编程,因此这种编程方法也称为零刀补编程。而在加工过程中,CNC 系统根据零件程序和刀具半径自动计算刀具中心轨迹,完成对零件的加工。当刀具半径发生变化时,不需要修改零件程序,只需修改刀具半径值即可。

需要指出的是,插补与刀补的计算均不由数控编程人员完成,而是由数控系统根据编程所选定的模式自动进行的。

7.2.5　数控铣削编程基本术语

1. 轮廓

轮廓是一系列首尾相接曲线的集合。在进行数控编程,交互指定待加工图形时,常常需要用户指定图形的轮廓,用来界定被加工的区域或被加工的图形本身。如果轮廓是用来界定被加工区域的,则要求指定的轮廓是闭合的;如果加工的是轮廓本身,则轮廓也可以不闭合,如图 7-10 所示。

2. 加工区域和岛

加工区域是指零件上可由当前刀具接近的一块区域。岛也是由闭合轮廓界定的。一个零件的加工表面可分为若干个加工区域。刀具在加工区域之间的移动一般要通过抬刀移动来实现。加工区域是由外轮廓和岛围成的内部空间,其内部可以有“岛”。外廓用来界定加工区域的外部边界,岛用来屏蔽其内部需要加工或需保护的部分,如图 7-11 所示。

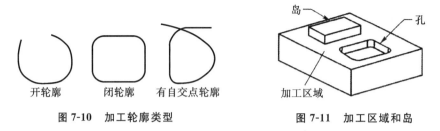

开轮廓　　　闭轮廓　　　有自交点轮廓

图 7-10　加工轮廓类型　　　　　　图 7-11　加工区域和岛

3．行距与残留高度

在数控加工过程中，零件的加工一般要通过刀具的多次运动才能实现，刀具运动轨迹之间的间隔称为行距(step over)。如果刀具的头部为球形，则连续两次运动轨迹之间有残留痕迹，其横向截面高度为残留高度(scallop height)。行距越小，残留高度越小，如图 7-12 所示。

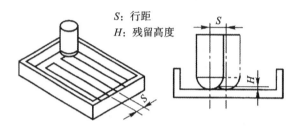

S：行距
H：残留高度

图 7-12　行距与残留高度

4．安全高度和起止高度

安全高度是指刀具位于零件表面以上某一安全平面的高度，在此高度以上可以保证快速走刀而不发生干涉。安全高度应大于零件的最大高度。起止高度是进刀和退刀时刀具的初始高度，起止高度应大于安全高度，如图 7-13 所示。

5．对刀点

对刀点的作用是确定工件原点在机床坐标系中的位置，是进行对刀操作的一个辅助点。对刀点应选择在方便对刀的地方，它既可以设在工件上，也可以设在夹具上，但是对刀点与工件的定位基准之间应当有明确的坐标关系，以便确定机床坐标系与工件坐标系之间的位置关系。机床原点、工件原点和对刀点之间的关系如图 7-14 所示。

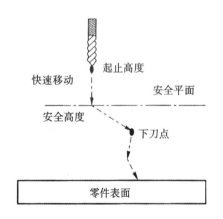

图 7-13　安全高度与起止高度

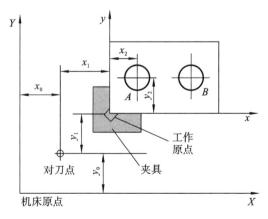

图 7-14　机床原点、工件原点和对刀点之间的关系

对刀点的找正方法和基准选择与工件的加工精度要求密切相关。当精度要求较低时，可

直接以工件或夹具上的某些表面作为对刀面。反之,当加工精度要求较高时,对刀点应尽量选在零件的设计基准或工艺基准上。例如以孔定位的零件可以取孔的中心作为对刀点。

数控加工程序是按工件坐标系编制的,当工件安装到机床上后必须建立起工件坐标系在机床坐标系中的位置关系,这就是零点偏置。零点偏置确定了工件原点与机床原点之间的距离,即确定了机床坐标系原点与工件坐标系原点之间的关系。

数控系统中用于设定零点偏置的指令有两种。一种是可设定的零点偏置指令,通过对刀操作确定机床坐标系原点与工件坐标系原点之间的偏置值,并通过操作面板输入数控系统中相应的寄存器中,如 G54～G59 指令;另一种是可编程的零点偏置指令,可在数控程序中用此指令建立一个新的工件坐标系,如 SIEMENS 系统的 6158 和 FANUC 系统的 G92 指令等。

6. 刀位点和换刀点

刀位点是与对刀点相关的一个概念,它是对刀操作的定位对象和数控加工的基准点,也是在加工程序编制过程中用以表示刀具特征的点。平底立铣刀的刀位点是指刀具轴线与刀具底面的交点;球头铣刀的刀位点是指球头部分的球心;盘铣刀的刀位点为刀具对称中心平面与其圆柱面上切削刃的交点;车刀的刀位点是指刀尖;钻头的刀位点是指是指钻尖。对刀时应使对刀点与刀位点重合。

另外在采用加工中心加工复杂零件时,为了在加工过程中实现自动换刀还需要设定换刀点。换刀点的位置设定以换刀时刀具不碰伤工件、夹具以及机床为基本原则,一般来说,换刀点都设置在被将加工零件的外面,并且留有一定的安全区域。

7.3　数 控 编 程

7.3.1　数控编程中的基本概念

数控编程指从确定零件加工工艺路线到制成控制介质的整个过程。数控程序根据所确定的零件加工工艺,用相应数控系统规定的文字、符号代码按一定的格式编制成的加工程序单。

7.3.2　数控编程的方法

1. 数控编程步骤

在数控编程之前,应查阅所用的数控机床、控制系统及编程指令等有关技术资料,熟悉数控系统的功能。

一般来说,数控编程过程主要包括分析零件图样、工艺处理、数学处理、编写程序、输入数控系统和程序检验。数控编程的具体步骤如图 7-15 所示,要求如下:

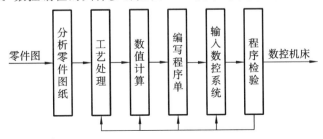

图 7-15　数控编程步骤

1）确定工艺过程

根据零件的材料、形状、尺寸、精度及毛坯形状等技术要求进行分析，在此基础上选定机床、刀具与夹具，确定零件加工的工艺路线、切削用量等，这些工作与普通机床加工零件时的编制工艺规程基本相同。

2）数学处理

根据零件尺寸及工艺路线的要求，在规定的坐标系内计算零件轮廓和刀具运动轨迹的坐标值，计算零件粗、精加工各运动轨迹，诸如几何元素的起点、终点、圆弧的圆心等坐标，有时还包括由这些数据转化而来的刀具中心轨迹的坐标，并按脉冲当量（或最小设定单位）转换成相应的数字量，以这些坐标值作为编程的尺寸。对于点定位控制的数控机床（如数控冲床），一般不需要计算。只有当零件图样坐标系与编程坐标系不一致时，才需要对坐标进行换算。对于形状比较复杂的零件（如非圆曲线、曲面组成的零件），需要用直线段或圆弧段逼近，根据要求的精度计算出其节点坐标值。这种情况一般通过自动编程实现。

3）编制加工程序单

根据制定的加工路线、切削用量、刀具号码、刀具补偿、辅助动作及刀具运动轨迹，按照机床数控装置使用的指令代码及程序格式，编写零件加工程序单。

4）程序校验和试切削

程序编写好后，将其输入数控系统，可以通过空运转或图形模拟对刀具运动轨迹的正确性进行检验。进一步进行试切削后才能用于正式加工。首件试切不仅可检查出程序单和控制介质是否有错，还可知道加工精度是否符合要求。当发现错误时，应分析错误的性质，或修改程序单，或调整刀具补偿尺寸，直到符合图纸规定的精度要求为止。目前，这一步骤正逐步用CAM 系统的数控加工仿真功能替代。

2. 数控编程方法

1）手工编程

由人工完成从分析零件图、工艺处理、确定加工路线和加工参数、计算刀具运动轨迹、编制加工程序的整个工作过程。这种方法适用于点位加工和形状不太复杂、计算量不大的零件编程。其特点是程序较为简单，容易掌握。但对于形状复杂、程序量大的零件，编程烦琐，校对困难，易于出错。

2）APT 语言自动编程

APT 是自动编程工具（automatically programmed tool）的简称，是一种对工件、刀具的几何形状及刀具相对于工件的运动等进行定义时所用的一种接近于英语的符号语言。把用APT 语言书写的零件加工程序输入计算机，经计算机的 APT 语言编程系统编译产生刀位文件，然后进行数控后置处理，生成数控系统能接受的零件数控加工程序的过程，称为 APT 语言自动编程。

自动编程主要是利用计算机编制零件数控加工程序的全过程。编程人员只需根据图纸和工艺要求，使用规定格式的语言写成所谓的源程序并输入计算机，由专门的计算机软件自动地进行数值计算、后置处理、编写出零件的加工程序单。自动编程语言用起来比较烦琐，特别是有些零件难于用它来表达。

3）交互式图形编程

交互式图形编程是一种计算机辅助编程技术,编程人员首先对零件图样进行工艺分析,确定出建模方案,然后用 CAD/CAM 集成软件对加工零件进行几何造型,再利用软件的 CAM 功能,通过与计算机对话的方式,自动生成数控加工程序。这种方法适应面广、效率高,适合于曲线轮廓、三维曲面等复杂型面的零件加工程序编程。数控编程的一般过程包括刀具的定义或选择,刀具相对于零件表面的运动方式的定义,切削加工参数的确定,走刀轨迹的生成,加工过程的动态图形仿真显示、程序验证直到后置处理等,一般都是在屏幕菜单及命令驱动等图形交互方式下完成的,具有形象、直观和高效等优点。

3. 图形交互式自动数控编程技术

以自动编程语言为核心的自动编程技术解决了完全由人工按加工指令编程的低效率问题,且较好地解决了手工编程难以完成的复杂曲面编程问题,大大地促进了数控技术的应用。然而随着计算机辅助设计 CAD 技术的日趋成熟,APT 自动编程方式的缺点也日益显现出来。因为 APT 的发展比 CAD 要早,其设计思想是批处理的,不能与交互式的 CAD 技术紧密联系起来。

随着计算机技术的发展,计算机的图形处理能力有了很大的增强,工业界开始研究 CAD/CAM 的集成应用技术。1965 年美国洛克希德的加利福尼亚飞机制造公司组织了一个研究小组,进行了 CAD/CAM 集成应用的软件研制工作,1967 年初步完成了第一个 CAD/CAM 集成系统,并于 1972 年正式以 CADAM 为系统名称在工厂中投入实际使用。实际应用表明,采用 CAD/CAM 集成模式的图形交互式自动数控编程技术,与 APT 自动编程相比,其编程时间缩短了 70%～75%,得到合格加工程序的平均试切次数降到 2 次以下,技术经济效益十分明显。因此从 20 世纪 70 年代以后,图形交互式自动编程技术得到逐步推广,尤其是进入 80 年代后,随着图形工作站及高档微机性价比的不断提高,CAD/CAM 集成系统软件开始大量涌现,它们几乎都采用了图形交互式自动编程技术,其编程功能也从 70 年代初的 2.5 维发展到 3 维多坐标加工中心的数控编程和复杂雕塑曲面零件的数控自动编程。从而诞生了一种可以直接将零件的几何图形信息自动转化为数控加工程序的全新的计算机辅助编程技术——图形交互自动编程技术。

1）图形交互式自动数控编程原理和功能

图形交互自动编程技术的核心是在各种机械 CAD 软件图形编辑功能的基础上,通过使用鼠标、键盘、数字化仪等将零件的几何图形绘制到计算机上,形成零件的图形文件,然后调用数控编程模块,采用人机交互实时对话的方式在计算机屏幕上指定被加工的部位,再输入相应的加工参数,计算机便可自动进行必要的数学处理并编制出数控加工程序,同时在计算机屏幕上动态地显示出刀具的加工轨迹。显然,这种编程方法与语言自动编程相比,具有速度快、精度高、直观性好、使用简便、便于检查等优点。

在人机交互过程中,根据所设置的菜单命令和屏幕上的提示能引导编程人员有条不紊地工作。菜单一般包括主菜单和各级分菜单,它们相当于语言系统中几何、运动、后置等处理阶段及其所包含的语句等内容,只是表现形式和处理方式不同。

交互图形编程系统的硬件配置与语言系统相比,增加了图形输入器件,如鼠标、键盘、数字化仪、功能键能等输入设备,这些设备与计算机辅助设计系统是一致的,因此交互图形编程系

统不仅可用已有零件图纸进行编程,更多的是适用于 CAD/CAM 系统中零件的自动设计和
NC 程序编制。这是因为 CAD 系统已将零件的设计数据予以存储,可以直接调用这些设计数
据进行数控程序的编制。

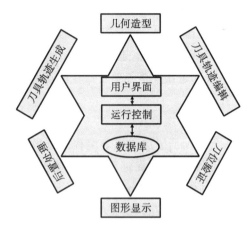

图 7-16　图形数控编程系统的组成

图形交互自动编程系统一般由几何造型、刀具
轨迹生成、刀具轨迹编辑、刀位验证、后置处理(相对
独立)、计算机图形显示、数据库管理、运行控制及用
户界面等部分组成,如图 7-16 所示。

在图形交互自动编程系统中,数据库是整个
模块的基础;几何造型完成零件几何图形构建并
在计算机内自动形成零件图形的数据文件;刀具
轨迹生成模块根据所选用的刀具及加工方式进行
刀位计算、生成数控加工刀位轨迹;刀具轨迹编辑
根据加工单元的约束条件对刀具轨迹进行裁剪、
编辑和修改;刀位验证用于检验刀具轨迹的正确
性,也用于检验刀具是否与加工单元的约束面发

生干涉和碰撞,检验刀具是否啃切加工表面;图形显示贯穿整个编程过程的始终;用户界面提
供用户一个良好的运行环境;运行控制模块支持用户界面所有的输入方式到各功能模块之间
的接口。

图形交互自动编程是一种全新的编程方法,与 APT 语言编程比较,主要有以下几个特点:

(1) 图形编程将加工零件的几何造型、刀位计算、图形显示和后置处理等结合在一起,有
效地解决了编程数据来源、几何显示、走刀模拟、交互修改等问题,弥补了单一利用数控编程语
言进行编程的不足。

(2) 不需要编制零件加工源程序,用户界面友好,使用简便、直观、准确、便于检查。因为
编程过程是在计算机上直接面向零件的几何图形以光标指点、菜单选择及交互对话的方式进
行的,其编程的结果也以图形的方式显示在计算机上。

(3) 编程方法简单易学,使用方便。整个编程过程是交互进行的,有多级功能菜单引导用
户进行交互操作。

(4) 有利于实现与其他功能的结合。可以把产品设计与零件编程结合起来,也可以与工
艺过程设计、刀具设计等过程结合起来。

2) 图形交互自动编程的基本步骤

目前,国内外图形交互自动编程软件的种类很多,如英国的 EdgeCAM、美国的
MasterCAM 和国内的 CAXACAM,以及许多先进 CAD/CAM 系统都是图形交互式的数控自
动编程系统。这些软件的功能、面向用户的接口方式有所不同,所以编程的具体过程及编程过
程中所使用的指令也不尽相同。但从总体上讲,其编程的基本原理及基本步骤大体上是一致
的。归纳起来可分为五个步骤,如图 7-17 所示。

(1) 几何造型。

利用 CAD/CAM 一体化系统和专用 CAM 系统的三维造型功能模块将被加工零件的三
维几何模型准确地绘制在计算机屏幕上,与此同时,在计算机内自动生成零件模型的数据文

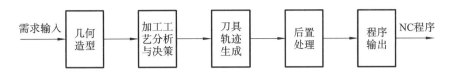

图 7-17　图形交互式自动编程流程

件。这就相当于 APT 语言编程中,用几何定义语句定义零件几何图形的过程。这些模型数据是下一步刀具轨迹计算的依据。自动编程过程中,软件将根据加工要求提取这些数据,进行分析判断和必要的数学处理,以形成加工的刀具位置数据。

（2）加工工艺分析与决策。

零件三维模型分析是图形交互式数控编程的基础。目前该项工作仍主要靠人工进行。分析零件的加工部位,定义毛坯尺寸,确定有关工件的装夹位置、工件坐标系、刀具尺寸、加工路线及加工工艺参数等。然后定义边界和加工区域,并设置切削加工方式和刀具位置。

（3）刀具轨迹生成。

刀具轨迹的生成是面向屏幕上的图形交互进行的。首先在刀具轨迹生成的菜单中选择所需的菜单项,然后根据屏幕提示,用光标选择相应的图形目标,点取相应的坐标点,输入所需的各种参数(如工艺信息)。软件将自动从图形文件中提取编程所需的信息,进行分析判断,计算节点数据,并将其转换为刀具位置数据,存入指定的刀位文件中或直接进行后置处理,生成数控加工程序,同时在屏幕上显示出刀具轨迹图形。

（4）后置处理。

后置处理的目的是形成数控加工文件。由于各种机床使用的数控系统不同,所用的数控加工程序其指令代码及格式也有所不同。为解决这个问题,软件通常设置一个后置处理惯用文件,在进行后置处理前,编程人员应根据具体数控机床指令代码及程序的格式事先编辑好这个文件,这样才能输出符合数控加工格式要求的 NC 加工文件。

（5）程序输出。

图形交互自动编程软件在编程过程中可在计算机内自动生成刀位轨迹文件和数控指令文件,所以程序的输出可以通过计算机的各种外部设备进行。使用打印机可以打印出数控加工程序单,并可在程序单上用绘图机绘制出刀位轨迹图。使机床操作者更加直观地了解加工的走刀过程。使用磁盘驱动器等,可将加工程序写在磁盘上,提供给有磁盘驱动器的机床控制系统使用。对于有标准通用接口的机床控制系统,可以和计算机直接联机,由计算机将加工程序直接送给机床控制系统。

从上述可知,采用图形自动交互编程,用户不需要编写任何源程序,当然也就省去了调试源程序的工作。若零件图形是设计员负责设计好的,这种编程方法有利于计算机辅助设计和制造的集成。刀具路径可立即显示,直观、形象地模拟了刀具路径与被加工零件之间的关系,易发现错误并改正,因而可靠性大为提高,试切次数减少,对于不太复杂的零件,往往一次加工合格。据统计,其编程时间平均比 APT 语言编程节省 70%～75%。图形交互编程的优点使得 20 世纪 80 年代的 CAD/CAM 集成系统纷纷采用这种技术。图 7-18 所示为 CAD/CAM 集成编程的一般流程。

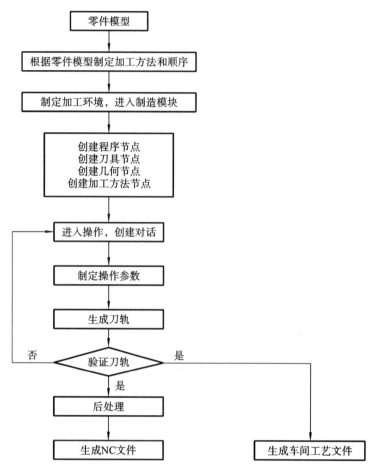

图 7-18　CAD/CAM 集成编程的一般流程

7.3.3　数控编程基本指令

数控机床加工程序常用的指令有准备功能 G、辅助功能 M、进给功能 F、主轴功能 S 和刀具功能 T,这些都是控制数控机床动作的基本指令。

1. 准备功能 G 指令

准备功能 G 指令又称 G 功能或 G 代码,它由地址 G 及其后的 1~3 位数字组成。常用的从 G00~G99,很多 CNC 系统的准备功能已扩大至 G150。G 代码有模态代码和非模态代码两种。所谓模态代码是指某一 G 代码一经指定就一直有效,直到后边的程序段中使用同组 G 代码才能取代它。而非模态代码只在指定的程序段中才有效,下一段程序若需要时必须重写入。

下面将常用的 FANUC 数控系统的准备功能 G 指令列于表 7-1 中。

数控机床常用 G 指令的应用如下:

1)快速点定位 G00

刀具以点位控制方式以最快速度从当前位置移动到指定的目标位置,它只用于快速定位,不能用于切削。

指令格式:G00 X(U)　Z(W)　;(两坐标)

G00 X　Y　Z;　(三坐标)

表 7-1　常用 FANUC 系统准备功能 G 指令

代码	组别	功　能	代码	组别	功　能
G00	01	快速点定位	G70 ◢	00	精加工循环(车)
G01		直线插补	G71 ◢		内外径粗加工循环(车)
G02		顺时针圆弧插补	G72 ◢		端面粗加工循环(车)
G03		逆时针圆弧插补	G73 ◢		高速钻孔循环(铣)
G04 ◢	00	暂停	G74 ◢		Z 向深孔钻削循环(车)
G06		抛物线插补(铣)	G74 ◢		攻螺纹循环　左旋(铣)
G15	17	极坐标取消	G76 ◢		螺纹切削多次循环(车)
G16		极坐标设定	G76 ◢		精镗循环(铣)
G17	16	XY 平面选择	G80	10	钻孔固定循环取消
G18		ZX 平面选择	G81		镗孔(铣)
G19		YZ 平面选择	G82		镗阶梯孔(铣)
G20	06	英制(in)	G83		渐进钻削(铣)
G21		米制(mm)	G84		攻螺纹循环
G27 ◢	00	返回参考点检查	G85		镗孔循环;主轴孔底停(铣)
G28 ◢		返回参考点	G86		端面镗孔循环
G31 ◢		跳步功能	G87		反镗孔循环(铣)
G32	01	螺纹切削(车)	G88		镗孔循环;孔底暂停(铣)
G40	07	刀具半径补偿取消	G90	03	绝对值编程(铣)
G41		刀具半径左补偿	G90		内外径车削循环(车)
G42		刀具半径右补偿	G91	01	增量值编程
G43	08	刀具长度正补偿(铣)	G92		螺纹复合循环
G45	00	刀具半径补偿增加(铣)	G92		工件坐标系设定(铣)
G46		刀具半径补偿减少(铣)	G94		每分钟进给(铣)
G47		刀具半径补偿二倍增加(铣)	G95		主轴每转进给(铣)
G48		刀具半径补偿二倍减少(铣)	G96	02	主轴恒线速度(车)
G49	08	刀具长度补偿取消(铣)	G97		每分钟转速
G50 ◢	00	工件坐标系设定(车)	G98	05	每分钟进给(车)
G65 ◢		宏指令	G98		固定循环返回起始点(铣)
G68	04	图形旋转(铣)	G99		主轴每转进给(车)
G69		关闭旋转(铣)	G99		固定循环返回 R 点(铣)

注:①表中带有符号 ◢ 为非模态代码,其他均为模态代码。

②功能注明(车)或(铣)表示只适宜该类机床,未注明则车床、铣床都适宜。

③同一段程序中,出现非同组的几个模态代码时,并不影响 G 代码的续效。

　　采用绝对编程时,刀具分别以各轴给定的进给速度到指定的目标位置;采用增量编程时,刀具运动轨迹是在各轴同时移动的。

对于三坐标控制的数控机床,坐标值是绝对值还是增量值要由指令 G90、G91 而定。另外,指定 G00 的程序段无需指定进给速度指令 F,其速度由生产厂家调定。

2)直线插补指令 G01

刀具以一定的速度从当前位置沿直线移动到指令给定的坐标位置。

指令格式:G01 X(U) Z(W)   F ;(两坐标)

　　　　 G01 X Y Z F ; (三坐标)

在 G01 程序段中必须给定进给速度 F 指令。在没有重新给定 F 指令之前,进给速度保持不变。因此,不必在每一段中都写入 F 指令。

3)圆弧插补指令 G02、G03

刀具在坐标平面内以一定的进给速度进行圆弧插补运动,用于圆弧加工。圆弧的顺、逆方向可按图 7-19 给出的方法判断。刀具相对于工件的移动方向为顺时针时用 G02 指令,逆时针时用 G03 指令。

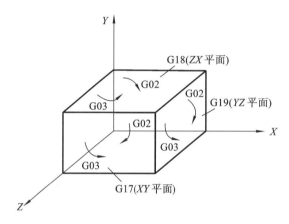

图 7-19 顺、逆圆弧插补判断及坐标平面

在两坐标控制的数控机床上加工圆弧时,不仅需要用 G02 或 G03 指定圆弧的加工方向,而且要指定圆弧的中心位置。

指令格式:G02(G03) X(U) Z(W) R (I K) F ;

R:地址符,表示起点至圆弧的半径值;

I、K:圆弧起点到圆弧中心到 X、Z 轴的距离。

4)坐标平面选择指令 G17、G18、G19

G17、G18、G19 分别指定零件在 XY、ZX、YZ 平面上加工。在三坐标控制的数控机床上加工圆弧时,使用圆弧插补指令之前必须指定圆弧插补的平面,如图 7-19 所示。

指令格式:G17 G02(G03) X Y R (I J) F ;

　　　　 G18 G02(G03) X Z R (I K) F ;

　　　　 G19 G02(G03) Y Z R (J K) F ;

X、Y、Z:圆弧终点坐标。

I、J、K:圆心在 X、Y、Z 轴上相对于圆弧起点的坐标。

R:圆弧半径。编程规定小于或等于 180° 的圆弧,R 值取正;大于 180° 的圆弧,R 值取负。

5)工件原点设定指令 G50、G92

规定刀具的起刀点相距工件原点的距离。

指令格式：　　G50 X(U)　Z(W)；

　　　　　　　或　G92 X　Y　Z　　；

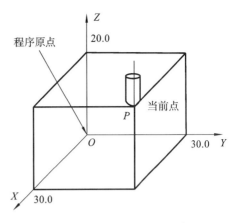

图 7-20　G92 设置工件原点

式中的坐标值为刀尖点在工件坐标系中的起刀位置。该指令只改变刀具当前位置的坐标,不产生任何机床运动。如图 7-20 所示,P 是刀位点,O 是工件原点。

2. 辅助功能 M 指令

辅助功能 M 指令又称 M 功能,主要用来表示机床操作时各种辅助动作及其状态。它由地址 M 及其后的两位数字组成,从 M00~M99。常用的 FANUC 系统辅助功能 M 指令如表 7-2 所示。

表 7-2　常用的 FANUC 系统辅助功能 M 指令

代　　码	功　　能	代　　码	功　　能
M00 ◢	程序停止	M09	冷却液关闭
M01 ◢	操作停止	M19	主轴准停
M02 ◢	程序结束	M30	程序结束并返回
M03	主轴正转(顺时针)	M60	更换工件
M04	主轴反转(逆时针)	M74	错误检测功能打开
M05	主轴停止	M75	错误检测功能关闭
M06 ◢	自动换刀(铣)	M98	子程序调用
M08	冷却液打开	M99	子程序调用返回

注:①表中带有符号◢为非模态代码,其他均为模态代码。

②功能注明(铣)表示只适宜该类机床,未注明则车床、铣床都适宜。

数控机床常用 M 指令的应用如下:

1) 程序停止指令 M00

执行 M00 指令后,机床自动停止,此时可进行一些手动操作,如工件调头、检验工件、手动变速等。使用 M00 指令,重新启动后,才能继续执行后续程序。

2) 选择停止指令 M01

执行 M01 指令后,同 M00 一样会使机床暂时停止,但只有按下控制面板上的"选择停止"开关时,此指令才有效,否则机床仍继续执行后面的程序。

3) 程序结束指令 M02

执行 M02 指令后,表明主程序结束,机床的数控单元复位,表示加工结束,但该指令并不返回程序起始位置。

4) 程序结束并返回指令 M30

执行该指令后,除完成 M02 的内容外,光标自动返回到程序开头的位置,准备加工下一个工件。

3. F、S、T 指令

1) F 指令

F 指令用于指定进给速度,由地址符 F 和其后面的数字组成。若在 G98 程序段的后面,F 所指定的进给速度单位为 mm/min。若在 G99 程序段后面,则认为 F 所指定的进给速度单位为 mm/r。F 指令在螺纹切削程序段中常用来指令螺纹的导程。

2) S 指令

S 指令用于指定主轴转速,由地址符 S 和其后的数字组成,单位为 r/min。对于具有恒线速度功能的数控车床,程序中的 S 指令用来指定车削加工的线速度。S 指令与不同的准备功能结合,表示不同的含义。

例如:G96　S100,表示恒线速度控制,切削速度是 100 m/min。

　　　G97　S800,表示取消恒线速度控制,主轴转速为 800 r/min。

　　　G50　S2500,表示主轴转速最高为 2500 r/min。

3) T 指令

T 指令用于指定刀具,由地址符 T 和其后的数字来表示。其后面的数字用于选刀具、换刀具和指定刀具补偿。其形式为 T×× 或 T××××。

例如:T22　　　　表示 2 号刀具,2 号刀具补偿。

　　　T20　　　　表示取消 2 号刀具补偿。

　　　T0202　　　表示 02 号刀具,02 号刀具补偿。

　　　T0200　　　表示取消 2 号刀具补偿。

4. 数控程序结构

一个完整的数控加工程序是由程序号、程序段和程序结束符三部分组成。程序结构如下:

O0010　　　　　　　　　　　　　　　　　　　　　程序号

N0010　G00X0　Y0　Z2　　　　　　　　　　　　　程序段

N0020　T01　S1500　M03

N0030　G01　Z-2　F200

N0040　G91　X20　Y20

　　　　　　⋮

N0090　G00　Z100

N0100　M02;　　　　　　　　　　　　　　　　　　程序结束

1) 程序号

程序号就是数控加工程序的文件名,用于程序的检索和调用,由字符"O"、"%"或"P"以及其后 4 位数字组成,其格式如 O××××。

2) 程序段

加工程序是由若干个程序段落组成,用以表达数控机床要完成的所有动作。一个程序段由若干个字符组成,字符则由地址字(字母)和数值字(数字及符号)组成,它代表机床的一个动作或一个位置。每个程序段的结束处应有";"的结束符,以表示该程序段结束转入下一个程序段。如上述程序段,由 8 个字符组成,其中 N、G、X、Y、Z、T、S、M 为地址字,后面跟相应的数值字。不同数控系统有不同的程序段格式。格式不符合规定,数控装置就会报警,不运行。表 7-3 给出了常用地址符的含义。

表 7-3　地址符含义

地　址　符	功　能	含　义
O、%、P	程序号	程序、子程序编号
N	顺序号	程序段顺序号
G	准备功能	指定动作方式
X、Y、Z U、V、W A、B、C I、J、K R	坐标值	X、Y、Z 轴的绝对坐标值 与 X、Y、Z 轴平行的附加轴的增量坐标值 绕 X、Y、Z 轴旋转指令 圆弧中心 X、Y、Z 轴向坐标 指定圆弧半径
M、B	辅助功能	指定机床开/关辅助动作、指定工作台分度等
T	刀具功能	指定刀具及偏移量
S	主轴功能	指定主轴转速
F	进给功能	指定进给速度
L	重复次数	指定子程序及固定循环的重复次数
H、D	补偿号	补偿号指令
P	暂停	指定暂停时间

3）程序结束符

以辅助功能指令 M02、M30 或 M99 作为整个程序的结束符号，结束工件的加工过程。

5. 手工数控编程

手工编程要求编程人员不仅要熟悉数控代码及编程规则，而且还必须具备机械加工工艺知识和数值计算能力。对于点位加工或几何形状不太复杂的零件，数控编程计算较简单，程序段不多，手工编程即可实现。

加工形状简单的工件时，手工编程简便、快捷，不需要特殊设备，编程费用少。手工编程可以使用数控系统提供的简化编程的功能，如镜像、旋转、多工件坐标系、比例缩放、调用子程序和宏程序等缩短程序长度，节省存储空间，提高加工效率。尤其是用固定循环加工孔，可以实现自动编程很难实现的效果。下面以数控铣削数控编程为例说明手工数控编程的基本内容与步骤。

例 7-1　毛坯为 70 mm×70 mm×18 mm 的板材，六面已粗加工过，要求数控铣出如图 7-21所示的槽，工件材料为 45 钢。

（1）工件装卡方式及加工路线确定。

根据零件图要求、毛坯情况，以已加工过的底面为定位基准，用通用平口钳夹紧工件前后两侧面，平口钳固定于铣床工作台上。确定工艺方案及加工路线如下：

①铣刀先走两个圆轨迹，再用左刀具半径补偿加工 50 mm×50 mm 四角倒圆的正方形。

②每次切深为 2 mm，分两次加工完。

（2）选择机床设备。

根据零件图样要求，选用经济型数控铣床即可达到要求。

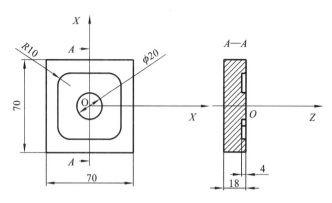

图 7-21　数控铣削零件图

（3）选择刀具。

根据加工要求,采用 ϕ10 mm 的立铣刀,定义为 01,并把该刀具的直径输入刀具参数表中。

（4）确定切削用量。

切削用量的具体数值应根据该机床性能、相关的手册并结合实际经验确定。各工序的切削用量见程序。

（5）确定工件坐标系和对刀点。

在 XOY 平面内确定以工件中心为工件原点,Z 方向以工件表面点 O 为工件起始原点,建立工件坐标系。采用手动对刀方法把点 O 作为对刀点。

（6）编写数控加工程序。

考虑到加工图示的槽深为 4 mm,每次切深为 2 mm,分两次加工完,则为编程方便,同时减少指令条数,可采用子程序。该工件的铣削加工程序及说明如表 7-4 所示。

表 7-4　数控铣削加工程序

程 序 内 容	说 明
O0002	建立工件名
N0010　G00　Z2.0;	快进至待加工位置
N0020　M03　S800　T01;	主轴正转,转速 800 r/min,调用 01 号铣刀及刀补
N0030　X15.0　Y0.0　M08;	快速定位,冷却液开
N0040　G20　N01　P1.-2;	调一次子程序,槽深为 2 mm
N0050　G20　N01　P1.-4;	再调一次子程序,槽深为 4 mm
N0060　G01　Z2.0　M09;	直线插补,冷却液关
N0070　G00　X0.0　Y0.0　Z150.0;	快速定位
N0070　M02;	主程序结束
N0010　G22　N01;	子程序开始
N0020　G01　ZP1　F80;	直线插补,进给速度 80 mm/min
N0030　G03　X15.0　Y0.0　I-15.0　J0.0;	逆时针铣圆弧
N0040　G01　X20.0;	直线插补
N0050　G03　X20.0　Y0.0　I-20.0　J0.0;	逆时针铣圆弧

程 序 内 容	说　　明
N0060　G41　G01　X25.0　Y15.0;	左刀补铣四角倒圆的正方形
N0070　G03　X15.0　Y25.0　I-10.0　J0.0;	逆时针铣圆弧
N0080　G01　X-15.0;	直线插补
N0090　G03　X-25.0　Y15.0　I0.0　J-10.0;	逆时针铣圆弧
N0100　G01　Y-15.0;	直线插补
N0110　G03　X-15.0　Y-25.0　I10.0　J0.0;	逆时针铣圆弧
N0120　G01　X15.0;	直线插补
N0130　G03　X25.0　Y-15.0　I0.0　J10.0;	逆时针铣圆弧
N0140　G01　Y0.0;	直线插补
N0150　G40　G01　X15.0　Y0.0;	左刀补取消
N0160　G24;	主程序结束

6. APT 自动编程语言及其编程技术

1) APT 语言编程技术概述

为了解决手工编程烦琐、枯燥、依赖于编程人员经验等问题,适应 NC 机床快速发展和应用,从 20 世纪 50 年代起,人们对自动编程语言进行了研究,提出了利用语言程序实现计算机辅助数控加工编程的方法。美国麻省理工学院于 1955 年推出了第一代 APT 语言。

自动编程具有编程速度快、周期短、质量高、使用方便等一系列优点,与手工编程相比,可提高编程效率数倍至数十倍。零件越是复杂,其技术经济效果越是显著,特别是能编制手工编程无法完成的程序。因此,在点位、铣削和车削等专业应用方面,自动编程得到了广泛的重视。各国基于 APT 语言发展了适合本国的自动编程语言,有美国 IBM 公司的 ADAPT(适用于铣削加工)和 AUTOSPOT(适用于点位加工编程),德国的 EXAPT、EXAPT2、EXAPT3、MINIAPT,日本日立公司的 HAPT 和富士通公司的 FAPT,法国的 IFATP 和雷诺汽车公司的 SURFAPT,意大利的 MODAPT 等。我国的航空部门也开发了 SKC1、SKC2 语言系统以及 ZCX、QHAPT、HZAPT 和 MAPT 等,并颁布标准 JB 3112—1982 数控机床自动编程用输入语言。

语言程序就是用专用的语言和符号来描述零件图纸上的几何形状及刀具相对零件运动的轨迹、顺序和其他工艺参数等。这个程序采用形式化方法对零件进行描述,称为零件的源程序。为了使计算机能够识别和处理零件源程序,事先针对一定的加工对象,将编好的一套编译程序存放在计算机内,这个程序通常称为数控编译程序。数控编译程序分两步对零件源程序进行处理:第一步是计算刀具中心相对于零件运动的轨迹,这部分处理不涉及具体 NC 机床的指令格式和辅助功能,具有通用性;第二步是后置处理,针对具体 NC 机床的功能产生控制指令,后置处理程序是不通用的。经过数控编译程序系统处理后输出的程序才是控制 NC 机床的零件加工程序。由此可见,为实现自动编程,数控自动编程语言和数控程序系统是两个重要的组成部分。

2）APT 自动编程语言

与通用计算机语言相似，用 APT 语言编制的加工程序是由一系列语句所构成的，每个语句由一些关键词汇和基本符号组成，也就是说 APT 语言由基本符号、词汇和语句组成。

（1）基本符号。

数控语言中的基本符号是语言中不能再分的基本成分。语言中的其他成分均由基本符号组成。常用的基本符号有字母、数字、标点符号、算术运算符号等。其中字母是指 26 个大写英文字母（A～Z），数字是 10 个阿拉伯数字（0～9），标点符号用来分隔语句的词汇和其他成分。APT 自动编程语言中常用到的标点符号和算术符号如下：

①斜杠"/"用来将语句分隔为主部和辅部，或者在计算语句中作除法运算符号。例如：
GOFWD/C1 或 A＝B/D

②星号" ∗ "这是乘法运算符号。例如：A＝B ∗ C

③双星号" ∗ ∗ "或" ↑ "是指数运算符号。例如：A＝B ∗ ∗ 2 或 A＝B↑2

④单美元符号"＄"为续行符，表示语句未结束，延续到下一行。如：
L1＝LINE/RIGHT, ＄
TANTO, C2, RIGHT, TANTO, C1;

⑤方括号"[ ]"用于给出子曲线的起点和终点，或用于复合语句及下标变量中。如：
Q1＝TABCY/P1, P2, P3…Pn;
[GOFWD/C2, PAST, Q1[10,12]]

⑥分号";"作为语句结束符号。

⑦圆括号"（ ）"用于括上算术自变量及几何图形语言中的嵌套定义部分。例如：
A＝ABS(B);GOFWD/(CIRCLE/2,12,2)

（2）词汇。

词汇是 APT 语言所规定的具有特定意义的单词的集合。每一个单词由 6 个以下字母组成，编程人员不得把它们当作其他符号使用。APT 语言中，大约有 300 多个词，按其作用大致可分为下列几种：

①几何元素词汇。如 POINT（点），LINE（线），PLANE（平面）等。

②几何位置关系状况词汇。如 PARLEL（平行），PERPTO（垂直），TANTO（相切）等。

③函数类词汇。如 SINF（正弦），COSF（余弦），EXPF（指数），SQRTF（平方根）等。

④加工工艺词汇。如 OVSJSE（加工余量），FEED（进给量），TOLER（容差）等。

⑤刀具名称词汇。如 TURNTL（车刀），MILTL（铣刀），DRITL（钻头）等。

⑥与刀具运动有关的词汇。如 GOFWD（向前），GODLTA（走增量），TLLFT（刀具在左）等。

（3）语句。

语句是数控编程语言中具有独立意义的基本单位。它由词汇、数值、标识符号等按语法规则组成。按语句在程序中的作用大致可分为几何定义语句、刀具运动语句、工艺数据语句等几类。

①几何定义语句。

几何定义语句用于描述零件的几何图形。零件在图纸上是以各种几何元素来表示的，在零件加工时，刀具是沿着这些几何元素运动，因此要描述刀具运动轨迹，首先必须描述构成零件形状的各几何元素。一个几何元素往往可以用多种方式来定义，所以在编写零件源程序时应根据图纸情况,选择最方便的定义方式来描述。APT语言可以定义17种几何元素,其中主要有点、直线、平面、圆、椭圆、双曲线、圆柱、圆锥、球、二次曲面、自由曲面等。

几何定义语句的一般形式为如下:

标识符=APT 几何元素/定义方式

标识符就是所定义的几何元素的名称,由编程人员自己确定,由1~6个字母和数字组成,规定用字母开头,不允许使用APT词汇作标识符。例如圆的定义语句为

C1=CIRCLE/10,60,12.5

其中C1为标识符,CIRCLE为几何元素类型,10、60、12.5分别为圆的圆心坐标和半径。

i.点的定义。

a.由给定坐标值定义点。

其格式为　标识符=POINT/x,y,z

如已知坐标值,可以写成如下的形式:

P=POINT/10,20,15

b.由两直线的交点定义点。

其格式为:

标识符=POINT/INTOF,line1,line2

其中INTOF表示相交,line1、line2为事先已定义过的两条直线。图7-22所示的交点,可以写成如下形式:

P=POINT/INTOF,L1,L2

c.由直线和圆的交点定义点(见图7-23)。

P1=POINT/XSMALL,INTOF,L1,C1;

P2=POINT/XLARGE,INTOF,L1,C1;

或　P1=POINT/YSMALL,INTOF,L1,C1;

P2=POINT/YLARGE,INTOF,L1,C1;

其中取交点中 X 与 Y 坐标值中的大值还是小值,由编程人员根据图形任选其中一项。

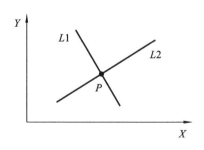

图7-22　用直线交点定义点

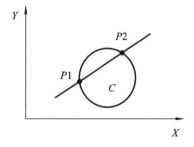

图7-23　用直线和圆的交点定义点

ii.直线的定义。

a.通过两点的直线。

L=LINE/P1,P2;

或 L=LINE/x1,y1,x2,y2;

b.过一点 P 与圆相切的直线(见图7-24);

L1=LINE/P,LEFT,TANTO,C;

L2＝LINE/P,RIGHT,TANTO,C；

其中 LEFT、RIGHT 表示左、右,以点 P 与圆心连线方向为基准,TANTO 表示相切。

c. 与两圆相切的直线(见图 7-25)。

L1＝LINE/RIGHT,TANTO,C1,RIGHT,$ TANTO,C2；

L2＝LINE/RIGHT,TANTO,C1,LEFT,$

TANTO,C2；

左右相切是以第一个圆的圆心向第二个圆的圆心作连线的方向为基准。

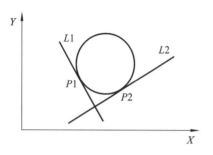

图 7-24　过一点与圆相切的直线

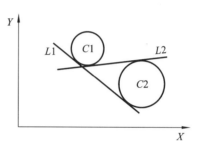

图 7-25　切于两圆的直线

ⅲ. 圆的定义。

a. 用半径和圆心定义的圆。

C1＝CIRCLE/x,y,r；

其中,x,y 为圆心坐标,r 为圆的半径。

b. 用已知三点定义圆。

C1＝CIRCLE/P1,P2,P3；

c. 用圆心和切线定义圆(见图 7-26)。

C1＝CIRCLE/Pc,TANTO,L；

其中 Pc 为已知圆心,L 为已定义的直线。

d. 与两圆相切的圆(见图 7-27)。

C3＝CIRCLE/YLARGE,TANTO,OUT,C1,$

OUT,C2；

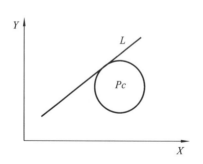

图 7-26　用圆心和切线定义圆

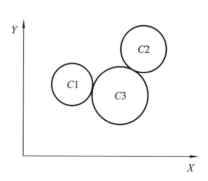

图 7-27　与两圆相切的圆

ⅳ. 平面的定义。

a. 用不共线的三点定义平面。

PL＝PLANE/P1,P2,P3；

b. 通过一点平行于另一平面的平面。

PL＝PLANE/P,PARLEL,PL;

c. 用平面方程 AX＋BY＋CZ＝D 的四个系数定义的平面:

PL＝PLANE/A,B,C,D;

②刀具运动语句。

刀具运动语句是用来规定加工过程中刀具运动的轨迹。为了定义刀具在空间的位置和运动,引入如图 7-28 所示三个控制面的概念,即零件面(part surface,PS)、导动面(drive surface,DS)和检查面(check surface,CS)。零件面是刀具在加工运动过程中,刀具端点运动形成的表面,它是控制切削深度的表现。导动面是在加工运动中,刀具与零件接触的第二个表面,是引导刀具运动的面,由此可以确定刀具与零件表面之间的位置关系。检查面是刀具运动终止位置的限定面,刀具在到达检查面之前,一直保持与零件面和导向面所给定的关系,在到达检查面后,可以重新给出新的运动语句。

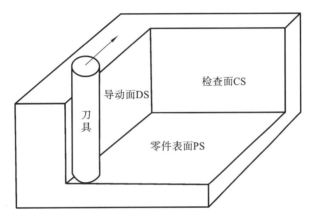

图 7-28　定义刀具空间位置的控制面

通过上述三个控制面就可联合确定刀具的运动。例如描述刀具与零件面关系的词汇有 TLONPS 和 TLOFPS,分别表示刀具中心正好位于零件面上和不位于零件面上,如图 7-29 所示。

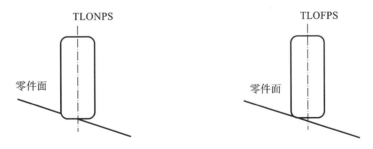

图 7-29　零件面与刀具的关系

描述刀具与导动面关系的词汇如图 7-30 所示,有 TLIFT(刀具在导动面左边)、TLRGT(刀具在导向面右边)、TLON(刀具在导向面上)之分。所谓左右是沿运动方向向前看,刀具在导向面的左边还是右边。描述刀具与检查面关系如图 7-31 所示,其中:TO 表示走向检查面,ON 表示走到检查面上,PAST 表示走过检查面。

描述运动方向的语句如图 7-32 所示,是指当前运动方向相对于上一个已终止的运动方向而言的。例如,GOLFT(向左)、GORGT(向右)、GOFWD(向前)、GOBACK(向后)等。

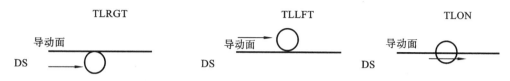

图 7-30　导动面与刀具的关系

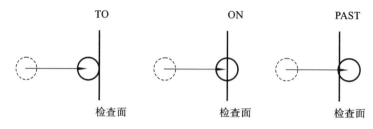

图 7-31　刀具与检查面关系

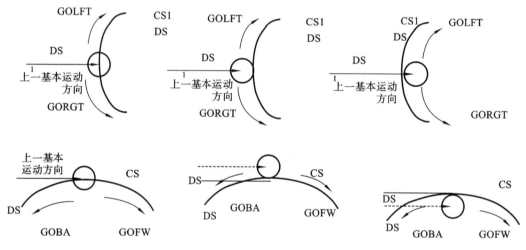

图 7-32　刀具运动方向的关键词

③工艺数据语句。

ⅰ.主轴数据。

工艺数据及一些控制功能也是自动编程中必须给定的,例如:

SPINDL/n,CLW

表示了机床主轴转数及旋转方向。

ⅱ.刀具数据。

CUTTER/d,r

给出了铣刀直径和刀尖圆角半径。

ⅲ.容差数据。

OUTTOL/τ

INTOL/τ

给出轮廓加工的外容差和内容差。外容差和内容差的定义如图 7-33 所示。

ⅳ.材料数据。

MATERL/FE

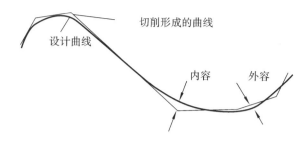

图 7-33　外容差和内容差的定义

给出材料名称及代号等。

Ⅴ. 初始语句与终止语句。

初始语句也称程序名称语句,由"PARTNO"和名称组成。终止语句表示零件加工程序的结束,用 FINI 表示。

3）APT 语言编程的步骤

应用 APT 语言编制零件源程序的基本步骤如下:

①分析零件图。在编制零件源程序之前,详细分析零件图,明确构成零件加工轮廓的几何元素,确定图纸给出的几何元素的主参数及各个几何元素之间的几何关系。

②选择坐标系。确定坐标系原点位置及坐标轴方向的原则是使编程简便、几何元素的参数换算简单,确保所有的几何元素都能够较简便地在所选定的坐标系中定义。

③确定几何元素标识符。确定几何元素标识符,实际上是建立起抽象的零件加工轮廓描述模型,为在后续编程中定义几何表面和编写刀具运动语句提供便利。

④进行工艺分析。这一过程与手工编程相似,要依据加工轮廓、工件材料、加工精度、切削余量等条件,选择加工起刀点、加工路线,并选择工装夹具等。

⑤确定对刀方法和对刀点。对刀点是程序的起点,要根据刀具类型和加工路线等因素合理选择。而对刀方法是关系到重复加工精度的重要环节,批量加工时可以在夹具上设置专门的对刀装置。走刀路线的确定原则是保证加工要求、路线简捷、合理,并便于编程,依据机床、工件及刀具的类型与特点,并要与对刀点和起刀点一起综合考虑。

⑥选择容差、刀具等工艺参数。容差和刀具要依据工件的加工要求和机床的加工能力来选择。

⑦编写几何定义语句。根据加工轮廓几何元素之间的几何关系,依次编写几何定义语句。

⑧编写刀具运动定义语句。根据走刀路线,编写刀具运动定义语句。

⑨插入其他语句。这类语句主要包括后置处理指令及程序结束指令。

⑩检验零件源程序。常见错误包括功能错误和语法错误。功能错误主要有定义错误。所有错误尽可能在上机前改正,以提高上机效率。

⑪填写源程序清单。

4）APT 自动编程系统信息处理流程

APT 语言自动编程系统的处理流程如图 7-34 所示,包括 APT 语言编写零件源程序、通用计算机处理以及编译程序三部分。零件源程序不同于在手工数控编程时用 NC 指令代码写出的加工程序,它不能直接控制数控机床,只是加工程序计算机预处理的计算机输入程序。

编译程序的作用是使计算机具有处理零件源程序和自动输出具体机床加工程序的能力。主要完成零件源程序翻译、数值计算生成刀位文件、后置处理形成加工程序等任务。

通用计算机

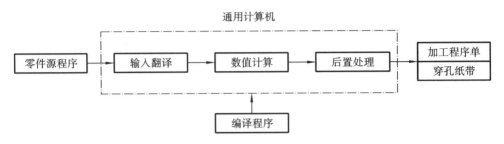

图 7-34　APT 自动编程系统信息处理流程

（1）源程序翻译。

翻译阶段即语言处理阶段。它按源程序的顺序，逐个符号依次阅读，将 APT 的词汇及相关数据转换为计算机处理的代码，图 7-35 说明了二维加工编程时的处理过程。首先分析语句的类型，当遇到几何定义语句时，则转入几何定义处理程序。根据几何特征关键字，判断是哪种类型的几何定义方式，再处理成标准的形式，并按其数值信息求出标准参数。例如点的标准参数为 x、y、z 三个坐标值，对于直线 $Ax+By=C$，标准参数为 A、B、C；对于圆 $(x-x_0)^2+(y-y_0)^2=R^2$，标准参数为 x_0、y_0、R。

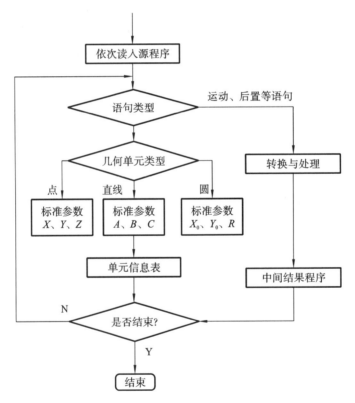

图 7-35　翻译阶段的信息处理过程

根据几何单元名字将其几何类型和标准参数存入信息单元表，供计算阶段使用。对于其他语句也要处理成信息表的形式。在翻译阶段，还要完成二进制到十进制转换和语法检查等工作。

（2）数值计算。

如图 7-36 所示，该阶段的工作类似于手工编程时基点和节点坐标数据的计算。其主要任务是处理连续运动语句。根据导动面和检查面等信息(如方向指示词、交点区分词等)计算基点坐标和节点坐标,从而求出刀具位置数据(cutter location data,CLDATA),并以刀具位置文件的形式加以存储。对于其他的语句也要以规定的形式处理并存储。

(3)后置处理阶段。

后置处理的信息流程如图 7-37 所示。按照计算阶段的信息,通过后置处理即可生成符合具体数控机床要求的零件加工程序。

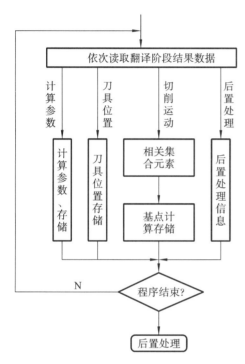

图 7-36 计算机阶段的信息处理

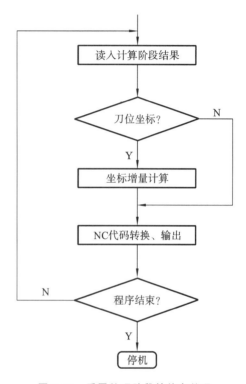

图 7-37 后置处理阶段的信息处理

7.3.4 数控编程实例

某铣削加工零件如图 7-38 所示,要求铣削整个零件轮廓。根据图纸要求,选择点 O 为编程原点,坐标方向如图所示。

采用 APT 语言编写其源程序如下:

```
01   PARTNO/ADAPT EXAMPLE
02   $$PART GEOMETRY DEFINITIONS
03   C1=CIRCLE/10,60,12.5
04   C2=CIRCLE/40,-20,14.5
05   C4=CIRCLE/0,0,25
06   C3=CIRCLE/TANTO,OUT,C4,OUT,$
        C2,YSMALL,RADIUS,12.5
07   L1=LINE/XSMALL,TANTO,C4,ATANGL,90
08   L2=LINE/-25,72.5,10,72.5
09   L3=LINE/RIGHT,TANTO,C2,RIGHT,TANTO,C1
```

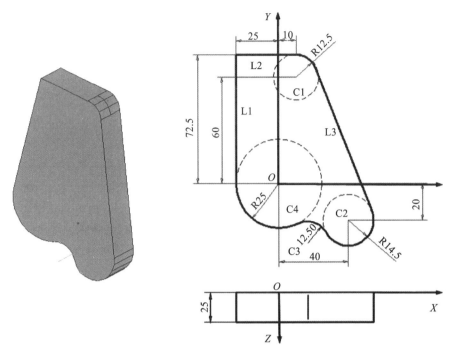

图 7-38　铣削加工零件图

```
10    $$DEFINE CUTTER AND TOLERANCES
11    CUTTER/15
12    INTOL/0.005
13    OUTTOL/0.001
14    $$DEFINE DATUM AND MACHINING
15    FROM/0,0,30
16    GODLTA/-50,0,0
17    PSIS/(PLANE/0,0,1,-2)
18    GO/PAST,L2
19    TLLFT,GORGT/L2
20    GOFWD/C1
21    GOFWD/L3
22    GOFWD/C2,TANTO,C3
23    GOFWD/C3,TANTO,C4
24    GOFWD/C4
25    GOFWD/L1,PAST,L2
26    GODLTA/0,0,32
27    GOTO/0,0,30
28    CLPRNT;NOPOST;FINI
```

　　将上述 APT 源程序在计算机上用 APT-AC N/C 编程系统进行编译、计算和后置处理，即可得到的铣削数控加工 NC 程序。

7.3.5　数控加工过程仿真

1. 刀位轨迹仿真

随着数控加工自动编程技术的发展,人们利用计算机自动编程方法解决了复杂轮廓曲线、自由曲面的数控编程难题。但是,数控程序的编制过程和工艺过程的设计相似,都具有经验性和动态性,在程序编制过程中出错是难免的。特别是对于一些复杂零件的数控加工来说,用自动编程方法生成的数控加工程序在加工过程中是否发生过切,所选择的刀具、走刀路线、进退刀方式是否合理,刀位轨迹是否正确,刀具与约束面是否发生干涉与碰撞等,编程人员事先往往很难预料。因此,不论是手工编程还是自动编程,都必须认真检查和校核数控程序,如果发现错误,则需马上对程序进行修改,直至最终满足要求为止。为了确保数控加工程序能够按照预期要求加工出合格的零件,传统的方法是在零件加工之前,在数控机床上进行试切,从而发现程序的问题并进行修改,排除错误之后再进行零件的正式加工,这样不仅费工费时,也显著增加了生产成本,而且也难以保证安全。

为了解决上述问题,计算机数控加工仿真技术应运而生。工程技术人员利用计算机图形学的原理,在计算机图形显示器上把加工过程中的零件模型、刀具轨迹、刀具外形一起动态地显示出来,用这种方法来模拟零件的加工过程,检查刀位计算是否准确、加工过程是否发生过切,所选择的刀具、进给路线、进退刀方式是否合理,刀具与约束面是否发生干涉与碰撞等。

刀位轨迹仿真的基本思想是:从零件实体造型结果中取出所有加工表面及相关型面,从刀位计算结果(刀位文件)中取出刀位轨迹信息,然后将它们组合起来进行显示;或者在所选择的刀位点上放上"真实"的刀具模型,再将整个加工零件与刀具一起进行三维组合消隐,从而判断刀位轨迹上的刀心位置、刀轴矢量、刀具与加工表面的相对位置以及进退刀方式是否合理等。如果将加工表面各加工部位的加工余量分别用不同颜色来表示,并且与刀位轨迹一同显示出来,就可以判断刀具和工件之间是否发生干涉(过切)等。

1) 刀位轨迹仿真的主要作用

①显示刀位轨迹是否光滑、是否交叉,凹凸点处的刀位轨迹连接是否合理;

②判断组合曲面加工时刀位轨迹的拼接是否合理;

③指出进给方向是否符合曲面的造型原则(主要针对直纹面);

④指出刀位轨迹与加工表面的相对位置是否合理;

⑤显示刀轴矢量是否有突变现象,刀轴的偏置方向是否符合实际要求;

⑥分析进刀退刀位置及方式是否合理,是否发生干涉;

⑦刀位轨迹仿真法是目前比较成熟有效的仿真方法,应用比较普遍,主要有刀具轨迹显示验证、截面法验证和数值验证三种方式。

2) 刀具轨迹显示验证

刀具轨迹显示验证的基本方法是:当待加工零件的刀具轨迹计算完成以后,将刀具轨迹在图形显示器上显示出来,从而判断刀具轨迹是否连续,检查刀位计算是否正确。判断的依据和原则主要包括:刀具轨迹是否光滑连续、刀具轨迹是否交叉、刀轴矢量是否有突变现象、凹凸点处的刀具轨迹连接是否合理、组合曲面加工时刀具轨迹的拼接是否合理、走刀方向是否符合曲面的造型原则等。

刀具轨迹显示验证还可将刀具轨迹与加工表面的线架图组合在一起显示在图形显示器上,或在待验证的刀位点上显示出刀具表面,然后将加工表面及其约束面组合在一起进行消隐显示,更加直观地分析刀具与加工表面的加工方式是否合理。图 7-39 所示为车削加工刀位轨迹仿真,图 7-40 所示为用球头铣刀对模具复杂曲面相交处进行清根加工的刀位轨迹仿真。从图中可以看出刀具轨迹与相应加工面的相对位置是合理的。

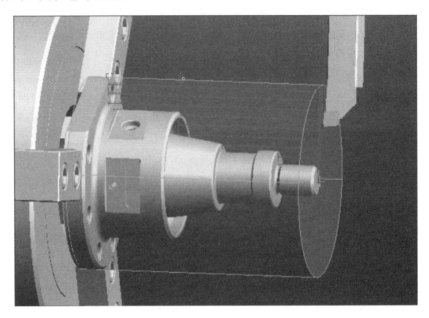

图 7-39　车削加工刀位轨迹仿真

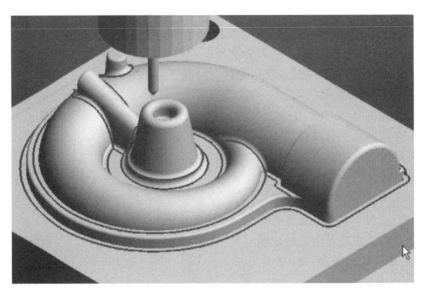

图 7-40　用球头铣刀对模具复杂曲面相交处进行清根加工的刀位轨迹仿真

2. 虚拟加工过程仿真

虚拟加工过程仿真是对数控代码进行仿真,主要用来解决加工过程中实际加工环境内的工艺系统间干涉、碰撞问题和运动关系。工艺系统是一个复杂的系统,由刀具、机床、工件和夹具组成,在加工中心上加工,还有转刀和转位等运动。由于加工过程是一个动态的过程,刀具与工件、夹具、机床之间的相对位置是变化的,工件从毛坯开始经过若干道工序的加工,在形状和尺寸上均在不断变化,因此加工过程仿真是在工艺系统各组成部分均已确定的情况下进行的一种动态仿真。应该注意的是,加工过程动态仿真是在后置处理以后,已有工艺系统实体几何模型和数控加工程序(根据具体加工零件编好的)的情况下才能进行,专用性强。

虚拟加工过程仿真主要经历了两个阶段。20 世纪 70 年代,基于小型机的通用 CAD 系统的诞生使刀具动态显示技术有了突破,毛坯和刀具模型都是以线框显示在计算机屏幕上,人们可以通过在零件上动态显示刀具加工过程来观察刀具与工件之间的几何关系,对有一定经验的编程员来说,就可以避免很多干涉错误和许多计算不稳定错误。但由于刀具轨迹也要显示在屏幕上,所以这种方法不能很清楚地表示出加工过程的情况。进入 80 年代,实体造型技术给图形仿真技术赋予了新的含义,出现了基于实体的仿真系统。由于实体可以用来表达加工半成品,从而可以建立起有效真实的加工模拟和 NC 程序的验证模型。

对数控加工过程进行仿真,主要包括两方面的工作:一是建立实际工艺系统的数学模型,这是仿真的基础。因为,NC 代码的图形仿真检验过程是通过仿真数控机床在 NC 代码驱动下利用刀具加工零件毛坯的过程,来实现对 NC 代码正确性的检查,因此要对这一过程进行图形仿真就要有加工对象和被加工对象,加工对象包括数控机床、刀具、工作台及夹具等,被加工对象包括加工零件及 NC 代码。在开始仿真之前,必须要定义这些实体模型;二是求解数学模型,并将结果用图形和动画的形式显示出来。图形和动画功能是仿真的主要手段。图 7-41 所示为集零件、机床、夹具和刀具为一体的数控加工仿真系统。

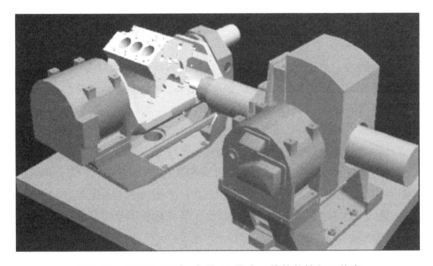

图 7-41 集零件、机床、夹具、刀具为一体的数控加工仿真

虚拟加工过程仿真与刀位轨迹仿真方法不同,虚拟加工方法能够利用多媒体技术实现虚拟加工,不只是解决刀具与工件之间的相对运动仿真,它更重视对整个工艺系统的仿真,虚拟加工软件一般直接读取数控程序,模仿数控系统逐段翻译,并模拟执行,利用三维真实感图形显示技术,模拟整个工艺系统的状态,还可以在一定程度上模拟加工过程中的声音等,提供更加逼真的加工环境效果。

图 7-42 所示为实体图形仿真过程。

一个完整的数控加工仿真过程包括:

(1) NC 指令的翻译和检查:将 NC 代码翻译为刀具的运动数据,即仿真驱动文件,并对代码中的语法错误进行检查;

(2) 毛坯及零件图形的输入和显示;

（3）机床、刀具、夹具的定义和图形显示；

（4）刀具运动及毛坯切削的动态图形显示；

（5）刀具碰撞及干涉检查；

（6）仿真结果报告。包括具体干涉位置和干涉量。

图 7-43 是一加工过程仿真系统的总体结构图。该仿真系统运行于集成制造环境，包括三个部分。

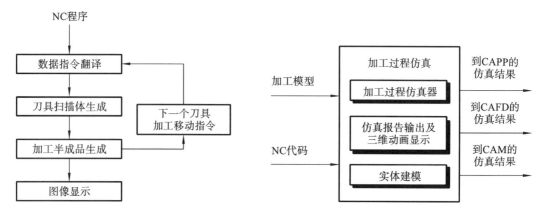

图 7-42　实体图形仿真过程示意图　　　　　图 7-43　加工过程仿真总体结构

①实体建模模块。

这是整个系统的基础。该模块给用户提供了交互实体建模的环境。在开始仿真之前，用户需要定义有关的实体模型，包括零件毛坯、机床（包括工作台或转台、托盘、换刀机械手等）、夹具、刀具等模型，这些实体模型是加工仿真的基础。

②加工过程仿真器。

加工过程仿真器是加工过程仿真的核心。首先进行运动建模，来描述加工运动及辅助运动，包括直线、回转及其他运动；然后根据读入的数控加工程序，进行语法分析，并将 NC 程序翻译成内部数据结构，以此来驱动仿真机床，进行加工过程仿真，检查刀具与初切工件轮廓的干涉、刀具、夹具、机床、工件之间的运动碰撞及不适当的加工参数、刀具磨损等。同时考虑由毛坯成为零件过程中形状、尺寸的变化。

③仿真报告输出及三维动画显示。

进行三维实体动画仿真显示，并将加工过程仿真结果输出，将输出结果分别反馈给其他系统，以便对仿真结果进行分析、处理。

加工过程仿真需要两类信息：一类是详细实体模型；第二类是来自集成框架的待加工工件的 NC 加工程序。

详细实体模型用来支持加工过程仿真；NC 加工程序用来驱动加工过程的三维动画仿真，即仿真机床在 NC 程序的驱动下，从毛坯一步步切除余料直至零件以检验零件加工的正确性，并在仿真中检验刀具是否与工件、夹具或其他部件发生碰撞，如果发现问题，迅速反馈 CAPP、CAFD（计算机辅助夹具设计）和 CAM 系统，并根据上述三个系统的设计修改，再次仿真加工过程直至加工过程准确无误。

在加工过程动态仿真过程中，一般将加工过程中不同的对象，如机床、刀具、夹具、工件分别采用不同的颜色显示；已切削加工表面与待切削加工表面颜色不同；已加工表面上存在过切、干涉之处又采用另一种不同的颜色。并对仿真过程的速度进行控制,从而使编程员可以清楚地看到零件的整个加工过程,刀具是否啃切加工表面,刀具是否与约束面发生干涉与碰撞等。

从发展前景看,一些专家学者正在研究开发考虑加工系统物理学、力学特性情况下的虚拟加工,一旦成功,数控加工仿真技术将发生质的飞跃。

7.4　智　能　制　造

7.4.1　智能制造概述

智能制造(intelligent manufacturing,IM)是一种由智能机器和人类专家共同组成的人机一体化智能系统,它在制造过程中能进行智能活动,诸如分析、推理、判断、构思和决策等。通过人与智能机器的合作,去扩大、延伸和部分地取代人类专家在制造过程中的脑力劳动。它把制造自动化的概念更新,扩展到柔性化、智能化和高度集成化。智能制造与传统制造的异同点主要体现在产品的设计、产品的加工、制造管理以及产品服务等几个方面(见表 7-5)。

表 7-5　智能制造与传统制造异同

分　类	传　统　制　造	智　能　制　造	智能制造的影响
设计	• 常规产品 • 面向功能需求设计 • 新产品周期长	• 虚实结合的个性化设计,个性化产品 • 面向客户需求设计 • 数值化设计,周期短,可实时动态改变设计	• 设计理念与使用价值观的改变 • 设计方式的改变 • 设计手段的改变 • 产品功能的改变
加工	• 加工过程按计划进行 • 半智能化加工与人工检测 • 生产高度集中组织 • 人机分离 • 减材加工成型方式	• 加工过程柔性化,可实时调整 • 全过程智能化加工与在线实时监测 • 生产组织方式个性化 • 网络化过程实时跟踪 • 网络化人机交互与智能控制 • 减材、增材多种加工成型方式	• 劳动对象变化 • 生产方式的改变 • 生产组织方式的改变 • 生产质量监控方式的改变 • 加工方法多样化 • 新材料、新工艺不断出现
管理	• 人工管理为主 • 企业内管理	• 计算机信息管理技术 • 机器与人交互指令管理 • 延伸到上下游企业	• 管理对象变化 • 管理方式变化 • 管理手段变化 • 管理范围扩大
服务	产品本身	产品全生命周期	• 服务对象范围扩大 • 服务方式变化 • 服务责任增大

数字化、智能化、网络化制造将生产过程中数字化设计、制造工艺、数字化装备等制造技术、制造软件、管理技术、智能及信息技术、工业互联网等集成创新与交叉融合发展。贯穿于研发、设计、生产、物流、销售、服务等制造活动全生命周期的各个环节,代表制造业的未来。智能制造基本范式的演进发展,使得智能产品、智能装备、智能生产和智能服务等不断创新和持续优化。大规模个性化定制、网络化协同制造等创新产业模式的出现,先进制造与信息技术、工业互联网融合,极大地改变了产品的设计、制造、提供甚至使用方式。产品生命周期日益缩短,更新速度日益加快,制造企业的生产方式已由面向产品的生产逐渐转变为面向市场的生产。围绕发展高质量产品与高端装备,利用先进制造、智能制造、绿色制造等技术实现高效、优质、低耗、清洁、安全、敏捷地制造产品,智能制造的内涵和特征在不断发展和深化,以适应多种混合型制造场景和模式的变化。

7.4.2 智能制造发展趋势

智能制造技术已成为制造业的发展趋势,得到工业发达国家的大力推广和应用。发展智能制造既符合制造业发展的内在要求,也是重塑各国制造业新优势、实现转型升级的必然选择。智能制造各国发展趋势主要为:

(1) 数字化制造:数字化制造技术有可能改变未来产品的设计、销售和交付方式,使大规模定制和简单的设计成为可能,使制造业实现随时、随地、按不同需要进行生产,并彻底改变自"福特时代"以来的传统制造业形态。

(2) 网络化:智能制造系统的本质特征是个体制造单元的"自主性"与系统整体的"自组织能力",其基本格局是分布式多自主体智能系统。基于这一思想,同时考虑基于 Internet 的全球制造网络环境,可以提出适用于中小企业单位的分布式网络化 IMS 的基本构架。一方面通过 Agent 赋予各制造单元以自主权,使其自治独立、功能完善;另一方面,通过 Agent 之间的协同与合作,赋予系统自组织能力。基于以上构架,结合数控加工系统,开发分布式网络化原型系统相应地可由系统经理、任务规划、设计和生产者等四个节点组成。

系统经理节点包括数据库服务器和系统 Agent 两个数据库服务器,负责管理整个全局数据库,可供原型系统中获得权限的节点进行数据的查询、读取、存储和检索等操作,并为各节点进行数据交换与共享提供一个公共场所,系统 Agent 则负责该系统在网络与外部的交互,通过 Web 服务器在 Internet 上发布该系统的主页,网上用户可以通过访问主页获得系统的有关信息,并根据自己的需求,以决定是否由该系统来满足这些需求,系统 Agent 还负责监视该原型系统上各个节点间的交互活动,如记录和实时显示节点间发送和接收消息的情况、任务的执行情况等。

任务规划节点由任务经理和它的代理(任务经理 Agent)组成,其主要功能是对从网上获取的任务进行规划,分解成若干子任务,然后通过招标投标的方式将这些任务分配给各个节点。

设计节点由 CAD 工具和它的代理(设计 Agent)组成,它提供一个良好的人机界面以使设计人员能有效地和计算机进行交互,共同完成设计任务。CAD 工具用于帮助设计人员根据用户要求进行产品设计;而设计 Agent 则负责网络注册、取消注册、数据库管理、与其他节点的交互、决定是否接受设计任务和向任务发送者提交任务等事务。

生产者节点实际是该项目研究开发的一个智能制造系统(智能制造单元),包括加工中心和它的网络代理(机床 Agent)。该加工中心配置了智能自适应系统。该数控系统通过智能控制器控制加工过程,以充分发挥自动化加工设备的加工潜力,提高加工效率;具有一定的自诊断和自修复能力,以提高加工设备运行的可靠性和安全性;具有和外部环境交互的能力;具有开放式的体系结构以支持系统集成和扩展。

（3）智能化：智能特性作为现行制造系统的核心功能，是构成智能制造系统的核心与主要驱动力。在智能制造系统中，人类的部分脑力劳动被机器所替代，计算机能够模仿人的思维方式，进行条件判断、数据分析、资源管理、调度决策等行为。人类与机器之间的关系也不是对立的，而是相互合作、共同协作的，从而有助于建立起高度柔性的智能系统。智能制造系统不是简单的人工智能系统，而是在人工智能的辅助下，人与机器和谐相处，各自发挥自己的优势，其中人依然是整个过程的核心。

智能制造系统的关键体现在智能工厂上，而产品制造从诞生开始，经历了自动化、数字化过程，在此基础上，借助物联网技术可实现设备的互联互通，实现智能工厂架构的纵向集成，并借助跨层级的数据传输能力建立自下而上的数据通道，为绿色、节能且环保的生态型智能工厂的建立提供组件基础。基于此，智能工厂已经初步具有自律、自组织能力，可采集底层数据并对其进行详细分析，还可针对特定条件下的生产情形进行判断以及逻辑推理。同时，通过三维建模等可视化技术，现实物理世界可与虚拟世界进行无缝融合，将仿真融入产品的设计与制造过程中。并且，各个子系统之间能够相互协调、动态重组，整体上具备了自我诊断、自行维护能力，更好地为制造产业提供实现手段。

7.5　柔　性　制　造

7.5.1　柔性制造概念

柔性制造技术也称柔性集成制造技术，是现代先进制造技术的统称。柔性制造技术集自动化技术、信息技术和制作加工技术于一体，把以往工厂企业中相互孤立的工程设计、制造、经营管理等过程，在计算机及其软件和数据库的支持下，构成一个覆盖整个企业的有机系统。柔性制造中的"柔性"是相对于"刚性"而言的，传统的"刚性"自动化生产线主要实现单一品种的大批量生产。

柔性制造所说的"柔性"主要指灵活性，具体表现在以下方面。
（1）生产设备的零件、部件可根据所加工需要进行变换；
（2）对加工产品的批量可根据需要迅速调整；
（3）对加工产品的性能参数可迅速改变并及时投入生产；
（4）可迅速而有效地综合应用新技术；
（5）对用户、贸易伙伴和供应商的需求变化及特殊要求能迅速做出反应。

7.5.2　柔性智能生产设备

针对产品个性化定制的需求，由智能生产单元和柔性控制系统组成的柔性智能生产线，使生产过程灵活、高效、计划精准、生产透明、事后可追溯且将来可优化，实现了高效、高质量、低成本的智能化生产。柔性生产控制系统如图 7-44 所示，集成了加工系统、物流储运系统、在线质量检测和智能管控系统，通过数据接口与其他系统进行数据交换，进而实现生产全流程状态的综合分析、对比计算与自主决策，从而达到智能柔性生产线的最优化控制、运行和实时调度。该系统将作为在企业整体制造系统之下独立运行的生产制造单元，基于标准化的接口进行反馈控制，使装备具有数字化和智能化的特征，实现生产过程的状态预测、自主控制和产能持续优化，也是未来高端制造装备发展的趋势。

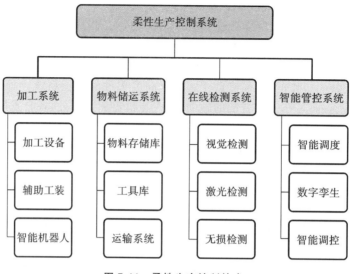

图 7-44　柔性生产控制技术

7.5.3　柔性制造系统的构成

柔性制造系统由硬件系统和软件系统构成,柔性制造系统的主要组成:

①工作站;

②物料传送系统;

③计算机控制系统;

④管理及控制软件;

⑤其他重要单元。

1. 硬件系统主要构成

制造设备:数控加工设备(如加工中心、数控车床)、测量机、清洗机等。自动化储运设备:传送带、有轨小车、无轨智能小车、AGV、搬运机器人、机械手、立体库、中央托盘库、物料或刀具装卸站、中央刀库等。除制造设备和储运设备外,还包括计算机控制系统及网络通信系统。

2. 软件系统主要构成

系统支持软件:操作系统、网络操作系统、数据库管理系统等。FMS 运行控制系统:动态调度系统、实时故障诊断系统、生产准备系统、物料(工件和刀具)管理控制系统等。

7.5.4　柔性制造系统的优点

柔性制造系统是一种技术复杂、高度自动化的系统,它将微电子学、计算机和系统工程等技术有机地结合起来,理想和圆满地解决了机械制造高自动化与高柔性化之间的矛盾。具体优点如下。

(1) 设备利用率高。一组机床编入柔性制造系统后,产量比这组机床在分散单机作业时的产量提高数倍。

(2) 在制品减少 80% 左右。

(3) 生产能力相对稳定。自动加工系统由一台或多台机床组成,发生故障时,有降级运转的能力,物料传送系统也有自行绕过故障机床的能力。

(4) 产品质量高。零件在加工过程中,装卸一次完成,加工精度高,加工形式稳定。

（5）运行灵活。有些柔性制造系统的检验、装卡和维护工作可在第一班完成,第二、第三班可在无人照看下正常生产。在理想的柔性制造系统中,其监控系统还能处理诸如刀具的磨损调换、物流的堵塞疏通等运行过程中不可预料的问题。

（6）产品应变能力大。刀具、夹具及物料运输装置具有可调性,且系统平面布置合理,便于增减设备,满足市场需要。

（7）经济效果显著。采用 FMS 的主要技术经济效果是:能按装配作业配套需要,及时安排所需零件的加工,实现及时生产,从而减少毛坯和在制品的库存量;及相应的流动资金占用量,缩短生产周期;提高设备的利用率,减少设备数量和厂房面积;减少直接劳动力,在少人看管条件下可实现昼夜 24 h 的连续"无人化生产";提高产品质量的一致性。

习　　题

7-1　确定数控机床坐标系有哪些原则? 用什么方法确定?

7-2　什么叫机床原点、工件原点和机床参考点? 它们之间有什么关系?

7-3　简述数控编程的步骤与编程方法。

7-4　什么是准备功能指令和辅助功能指令? 它们的作用是什么?

7-5　绝对坐标编程和增量坐标编程的区别是什么?

7-6　什么是刀具半径补偿? 具有这种补偿功能的数控装置对编程工作有什么好处?

7-7　数控程序有哪些输入方式,各有什么特点?

7-8　试分析图 7-45 所示零件,确定加工方案,选择合适刀具,并编写数控加工程序。

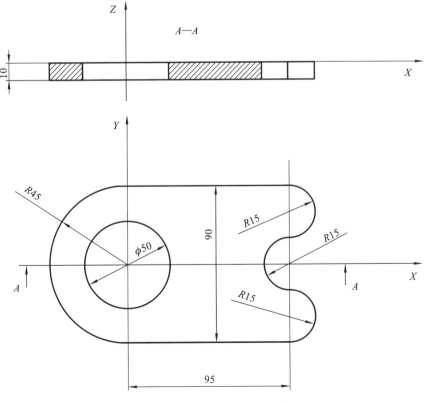

图 7-45　数控铣削编程零件

7-9　简述 APT 语言编程的基本步骤。

7-10　什么是后置处理？在数控编程中，为什么要进行后置处理？

7-11　什么是图形交互式自动编程？简述其基本工作原理。

7-12　举例说明刀位轨迹仿真的基本原理。说明如何利用刀位轨迹仿真检验数控程序的正确性。

第 8 章 产品数据管理及集成技术

本章要点

本章主要介绍产品数据管理及集成技术的相关知识。重点介绍产品数据管理概念及发展、产品数据管理系统的结构及功能、产品结构与配置管理、工作流与过程管理的概念;并介绍产品数据管理在现代企业中的集成作用;最后介绍产品生命周期管理的相关知识。

8.1 产品数据管理概述

全球化的市场竞争,要求制造企业不断推出具有创新性的新产品,同时缩短新产品的研发时间、优化流程、降低成本,通过与零部件供应商、合作伙伴之间的密切合作,保证将"正确的产品"在"第一时间"投入市场。而持续的市场竞争与产品改进,要求企业必须具有持续的产品创新能力,需要将企业中无形的智力资源进行有效的组织、管理与重用。在数字化的产品开发过程中,企业迫切需要一种具有下述功能的信息基础平台:

(1) 合理地组织、管理产品生命周期中形成的各种产品描述数据,为产品开发人员提供一个透明、一致、安全、实时的产品信息共享环境。

(2) 为各种应用系统提供一个集成的框架,实现多专业、多领域、多阶段产品的集成建模与管理。

(3) 支持协同产品开发,为产品开发提供一个并行的、跨部门、跨专业、跨地域的协作环境。

产品数据管理(product data management,PDM)技术正是在这样的背景下应运而生的。PDM 主要以企业中无形的、数字化的产品信息和智力知识为管理对象,实现信息的存储、关联、安全、处理和传递。为 CAD/CAM 提供了集成平台,实现产品从概念孕育、设计研发、制造生产、销售服务,直到退出市场的全生命周期中的所有信息的管理。

8.1.1 产品数据管理的概念

PDM 是基于分布式网络、主从结构、图形化用户接口和数据库软管理技术发展起来的一种软件框架(或数据平台)。

由于 PDM 的概念、技术与应用范围发展迅速,人们对它的理解和认识还不尽相同。下面列举一些知名学者和研究机构所提出的 PDM 的定义,以便于进一步理解 PDM 的内涵和概念。

(1) CIM data 公司总裁 Ed Miller 在《PDM Today》一文中给出的定义:"PDM 是管理所有与产品相关信息(包括零件信息、配置、文档、CAD 文件、结构、权限信息等)和所有与产品相关过程(包括过程定义和管理)的技术。"

(2) Gartner Group 公司的 Dave Burdick 在所作的《CIM 策略分析报告》一文中将 PDM 定义为:"PDM 是一种使能技术,它在企业范围内构筑一个从产品策划到产品实现的并行协作环境(由供应、工程设计、制造、采购、销售与市场、客户构成)。一个成熟的 PDM 系统可使所有参与创建、交流、维护设计意图的人员,在整个产品生命周期中自由共享与产品相关的所有异构数据,包括图纸与数字化文档、CAD 文件和产品结构等。"

(3) UGS 公司的定义:"PDM 系统是一种软件框架,利用这个框架可以帮助企业实现企业产品相关的数据、开发过程以及使用者的集成与管理,可以实现对设计、制造和生产过程中需要的大量数据进行跟踪和支持。"

(4) OMG 组织在 PDM Enabler V1.3 中对 PDM 的说明:"PDM 是一种软件工具,用来管理各种工程信息,支持产品配置和产品工程过程的管理。工程信息包括了数据库对象和'文档对象',这些信息与特定的产品、产品设计,或者产品族、生产过程、工程过程等相关联。工程过程支持工作流管理、工程更改和通知管理。在许多制造组织中,PDM 是产品开发活动的中心的工程信息存储仓库。"

PDM 可以从狭义和广义两方面理解。狭义地讲,PDM 仅管理与工程设计相关的领域内的信息。广义地讲,PDM 可以覆盖产品的市场需求分析、产品设计、制造、销售、服务与维护的全过程,即全生命周期中的信息。总之,产品数据管理是一门管理所有与产品相关信息(包括电子文档、数字化文件、数据库记录等)和所有产品相关过程(包括工作流程和更改流程)的技术。它提供产品全生命周期的信息管理,并可在企业范围内为产品设计与制造建立一个并行化的协作环境。

产品数据管理(PDM)这种概念出现于 20 世纪末期,通过软件系统将与产品相关的信息进行有效管理。从某种角度看,PDM 系统实际上就是将商品的生产过程和相关信息放置于同一个平台上实施管理。对于 PDM 系统进行设计时,目的就是为了对电脑中的技术文档进行集中管理,后来通过逐步的发展而深入产品开发过程中。随着集成、并行等多种新型理念被应用于工程当中,需要对于产品开发过程进行控制和协调,所以需要 PDM 系统来对该过程进行管理。PDM 系统对于商品信息进行了集成,并对其实施了管理。通过 PDM 系统,企业能够有效地进行技术、图纸等所有信息的获取和维护,在该系统中同时也包含了结构和工程管理等多种功能。

8.1.2 PDM 的发展过程

PDM 技术是在工程数据库技术的基础上发展起来的。20 世纪 80 年代末,PDM 首先从 CAD/CAM 系统中产生。世界上一些大的 CAD/CAM 软件厂商在已有的 CAD/CAM 系统中添加了工作组级的数据管理模块(technique data management,TDM),随后各 CAD 厂家结合自己的 CAD 软件推出了第一代 PDM 产品。早期的 PDM 系统主要是为了解决大量工程图纸、技术文档以及 CAD 文件计算机化的管理问题,后来逐渐扩展到产品开发中的三个主要领域:设计图纸和电子文档的管理、材料报表(bill of material,BOM)的管理,以及与工程文档的集成、工程变更请求、指令的跟踪与管理。

此后,PDM 技术不断发展,功能不断扩展,出现了第二代专业化的 PDM 产品,如美国 SDRC 公司的 Metaphase,EDS 公司的 iMan 等。在专业化 PDM 系统中,增加了如产品生命周期管理、产品结构与配置管理、数据的发布/更改流程控制、应用系统集成管理等新的功能,并初步实现了部门级到企业级的信息与过程集成等。

1997 年 2 月,Object Management Group 组织公布了 PDM Enabler 标准草案,为标准化 PDM 产品的发展奠定了基础。作为 PDM 领域的第一个国际标准,由当时许多 PDM 领域的主导厂商参与制订,如 DEC、IBM、FUJITSU、Matrix One、Sherpa、SDRC 等。目前 OMG 组织正与 STEP 组织密切合作,致力于新的 PDM Enabler 标准的制定。

如今,PDM 技术已经进入以协同产品商务(collaborative product commerce,CPC)、协同产品定义管理(collaborative product definition management,CPDM)、产品全生命周期管理(product lifecycle management,PLM)等为代表的新一代 PDM 产品。从单一企业的信息与过程集成,发展到跨产品供应链的、产品全生命周期的协同管理。

PDM 经过三十多年的研究,其发展阶段及研究成果如图 8-1 所示。PDM 技术是在工程数据库技术的基础上发展起来的。从图 8-1 中可以看出,PDM 的研究主要经历了四个发展阶段。到 20 世纪 90 年代,基本形成了前面所述的数据管理基本功能。而此后随着企业需求的不断扩展以及软件的不断发展,PDM 的应用功能迅速发展,从产品开发阶段转向面向产品的全生命周期发展。EDS 公司的 4C 理念可以概括目前 PDM 的功能:connect(连接),获取和操作异构的功能集,包括界面、操作接口、标准接口等;control(控制),控制信息和流程等;configure(配置),面向全生命周期配置的功能;collaborate(协作),支持协同产品开发功能。

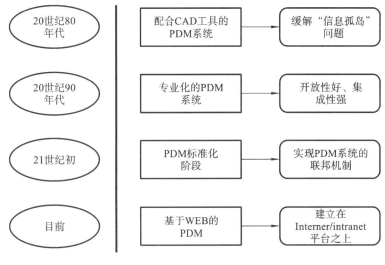

图 8-1　PDM 发展过程

8.1.3　PDM 的发展现状

目前,PDM 系统功能完善,能较好地解决企业数据孤岛问题,并且具有很好的文档管理、配置管理、流程管理能力,系统开放性、集成性和稳定性也有了很大提高,有向着网络化方向发展的趋势。随着应用的不断推广,PDM 也逐渐被企业重视和使用。PDM 系统技术主要包括:数据存储技术、面向对象技术、集成技术、网络协同技术等。但是,国内的 PDM 系统与国外的 PDM 系统之间还有不小的差距,主要表现在:第一,系统的功能还不够完善,稳定性较差;第二,与其他系统的集成还比较困难;第三,大多 PDM 系统只能实现本部门和本企业的应用,设计的协同性还比较差;第四,产品设计的工程变更管理能力还比较弱,管理成本比较高;第五,不能较好地支持面向全生命周期内的产品数据的管理。所以从总体上来说,国内的 PDM 系统还处于初、中级发展阶段。

1. PDM 软件的应用状况

虽然国外的 PDM 产品功能齐全,但由于价格高,国内的中小企业只能望洋兴叹,而国产的 PDM 符合国内企业的实际管理模式,价格也相对低廉,并且可以结合企业的实际情况提供全面、深入的技术支持和服务,这对中小企业来说是一种最合适的选择。国产 PDM 产品在国内 PDM 市场上已经有了一席之地,但大多是用在图档管理上,尽管在软件的功能、性能及稳定性方面与国外软件还有一定差距,但在符合企业需求、价格优势及技术支持等方面已明显地显示出了国产 PDM 系统的优势。与国外的同类产品相比,国内的 PDMS 产品普遍存在功能不够完善、开放性不高等缺点。要想真正和国外产品竞争,必须在功能、稳定性、开放性和引入新思想、新技术等方面做进一步的努力。目前,国产 PDM 产品在企业中的应用主要包括以下几方面。

1) 企业产品数据的归档

长期以来,企业将产品数据分门别类地归档到文件服务器上,限于网络操作系统所提供的功能有限,归档工作只能由专人负责,归档工作烦琐乏味。

国产 PDM 产品提供了方便的产品数据归档方法,只要用户提供必要的工程信息,该产品的数据就可以有条不紊地进入应用服务器上的产品数据库中。

2) 企业使用统一编码

企业编码的实质是解决分类问题,产品零部件的有效分类恰恰是 PDM 技术要解决的主要问题,推行统一编码也是企业信息化的基础。然而,过去企业的编码标准表现在纸上,使用人员只能靠翻阅手册,有时还需要人工协调才能完成编码,因此企业推行使用统一的编码规则相当困难。

国产 PDM 产品提供了有效的编码管理和辅助生成工具。一方面,利用编码管理工具,企业可以将编码规则定义到产品数据库中,以便使用人员随时在网络上查找浏览;另一方面,通过辅助生成工具,使用人员可以在单元应用软件中直接对生成的数据进行编码,保证编码的正确性。

3) 企业产品结构的管理

产品结构(product structure)是跨越组织部门和经营阶段的核心概念,是 PDM 系统连接各个应用系统(如 CAD/CAPP/CAM/MRPⅡ)的纽带与桥梁。传统的基于文件系统的管理方法,虽然可以按照产品结构进行归档,却无法使用。目前市场上流行的基于卡片式的档案管理系统,由于缺少产品结构这样的概念,只能按照线性模式进行数据组织。

国产 PDM 产品以产品结构为核心来组织工程数据,完全符合 PDM 系统的数据组织逻辑,企业的工程数据在明确的产品结构视图下层次关系清晰可见。同时,它还提供基于产品结构的查询、修改和数据组织工作,对企业产品数据的管理起到了"纲举目张"的作用。

4) 技术部门的过程管理

企业技术部门的绘图工作在计算机上完成以后,企业原来基于纸介质的工作驱动方式,在某种程度上阻碍了工程技术部门生产效率的提高。如何寻求一种适合企业的电子流程管理手段,成为企业需要进一步解决的问题,这也是 PDM 技术所要解决的关键技术。

目前大多数国产 PDM 产品提供了技术部门的工作流程管理模块,企业可以根据自己的情况来定制工作环节,利用了内嵌的浏览工具完成整个工作过程中的浏览与批注任务。

5) 企业产品数据的处理

制造企业的工艺设计、生产组织、物资供应、物流管理、对外协作等经营活动,都要使用基于产品结构的数据信息,其表现形式为企业现行的各种表格,这些表格的绘制工作复杂、烦琐,并且容易出错。

大多数国产 PDM 产品都提供了交互式自定义表格工具,可以生成任意复杂的企业表格,并且具有多种统计、汇总与展开方式等功能。

6)工程和生产领域集成

国内企业计算机应用一般是以部门为单位发展应用起来的,企业的工程设计部门和生产销售部门常常是两套系统(CAX 和 MRPⅡ)。工程技术部门产生的电子数据若被生产部门使用,通常还存在二次输入问题,这个非增值过程中的失误将导致严重的产品配套问题。

2. 相关领域研究状况

由于产品数据管理蕴含着巨大的潜在效益,受到许多国家和组织的重视,纷纷投资进行相关领域研究,并推广实施。

(1) DICE 计划　DICE(DRAPA Initiative in CE)计划是美国国防部先进研究计划局(DRAPA)投资近 1100 万美元,由通用电气公司的飞机发动机部门作为主要承接单位,并有西弗吉尼亚大学等多所大学参与的对并行工程进行较为全面和系统研究和实施的重大计划。DICE 计划研究一个虽然用集中数据库存储全部设计,但各 agent 有自己本地数据库的分布式并行设计环境。DICE 计划注重解决异构环境下数据共享的问题,通信机制用黑板(blackboards)。DICE 计划认为当今的多功能数据是用专有格式和不同的表达法收集的,因此 DICE 计划只关注怎样最好地在设计组间共享产品信息。DICE 计划虽然没有明确提出产品数据管理的概念,也没有意识到以产品数据为中心可以给出产品的一个完整的视图,以解决设计中存在的问题,但其 PPO 模型和畅通的信息交流渠道为提高设计效率和加快开发周期提供了必要的基础。

(2) CONSENS 计划　欧洲研究计划 ESPRIT EP6896 CONSENS (Concurrent/Simultaneous Engineering System)是由西门子的 Fraunhofer 技术研究所与德国航空公司及 AEG 合作研究开发的不同厂家的软件之间进行数据交互的软件环境,其中主要内容是产品信息档案(product information archive,PIA)。

(3)关于 PDM Schema 的研究情况　PDM Schema 由 Pro STEP 和 PDES 公司合作开发,目的是要在产品数据管理领域提高 STEP 应用协议 AP 之间的互操作性。目前发展情况,PDMschemav 1.0 只涉及 AP214 和 AP203 的 Entity,即把所涉及的 Entity 全部分组,进行命名和定义的归纳统一,有许多分组需要进一步讨论,有些分组仅仅提出名称来还没有解决。

(4)关于 PDM Enablers 研究情况　PDM Enablers 是 Object Management Grop 发布的 PDM 标准,其提供了系统的静态结构模型与框架,可作为设计软件系统的基础和依据。这一标准主要由各个 PDM 软件商制定,并获得了许多大型公司的支持。PDM Enablers 为产品数据管理系统提供了一套标准接口,目标在于使 PDM 服务能够在整体上互换,达到整体上互操作,而不要求模块间的互操作。PDM Enablers 的公布标志着 PDM 技术向标准化方向迈出了新的一步。

(5)美国 PTC 公司的 Windchill 研究情况国内外公司都有诸多成熟的 PDM 产品,例如美国 PTC 公司的 Windchill。Windchill 系统采用 Oracle 11G 数据库,基于 B/S 模式架构,建立在 J2EE 架构平台上,厂商推荐使用谷歌浏览器访问该系统,通常采用一台数据库服务器和一台应用服务器部署该系统。目前主要使用 Windchill 11.0 版本中的两个核心功能模块 Windchill PDMLink 和 Windchill PartsLink。Windchill PDMLink 是 Windchill 的基础模块,主要提供文档管理、产品结构管理、工程变更管理、产品配置管理、生命周期管理、工作流管理、

Windchill 联邦架构、业务和系统管理、Office 集成等功能。Windchill PartsLink 是 Windchill 的零部件分类管理模块,主要通对零部件(元器件)的分类库的建立,提高零部件的标准化、模块化、通用化,最大限度地提高设计重用,降低设计风险和产品全生命周期内的成本。

(6) 随着社会的进步以及技术的不断发展,PDM 技术作为一种管理工具,逐渐引起更多企业与科研工作者的研究兴趣。PDM 系统主要是对整个产品生命周期内与产品有关的所有信息和过程进行集成管理,能够集成各类计算机辅助系统 CAX(CAM/CAD/CAPP),使得与产品相关的所有数据信息在企业的各部门之间流转起来,数据信息管理得到完善。例如:UGS 的 IMAN 和 SDRC 的 Metaphase 两种产品的开发就是通过企业的 CMS 系统完成的,该系统就是在虚拟产品开发管理(VPDM)、文档管理、产品机构管理以及流程控制的基础上,将MRRⅡ 和 1VIIS 系统通过接口连接,之后与 FMS 相结合。DOMAZET 以面向对象的数据库技术和 STEP 技术为基础建立了 SOMF 框架,通过集成 PDM 系统来与不同地域的企业协作人员共享产品数据信息,并且作为信息传递的渠道集成统一管理了企业整体数据信息,有效地解决与数字化产品模型相关数据的组织与管理问题。这些不同领域的研究成果使企业的设计、生产和管理人员从重复的劳动中解放出来,能有更多的时间从事新产品的设计和新方法的创新,大大提高了工作效率,保证了数据信息的准确度,为提高产品质量提供可靠保证。

8.1.4　PDM 与 CIMS 的关系

CIMS 是英文 computer/contemporary integrated manufacturing systems 的英文缩写,直译就是计算机/现代集成制造系统。CIMS 是通过计算机软硬件,并综合运用现代管理技术、制造技术、信息技术、自动化技术、系统工程技术,将企业生产全部过程中有关的人、技术、经营管理三要素及其信息与物流有机集成并优化运行的复杂的大系统。

在当前全球经济环境下,CIMS 被赋予了新的含义,即现代集成制造系统。将信息技术、现代管理技术和制造技术相结合,并应用于企业全生命周期各个阶段,通过信息集成、过程优化及资源优化,实现物流、信息流、价值流的集成和优化运行,达到人(组织及管理)、经营和技术三要素的集成,以加强企业新产品开发的 T、Q、C、S、E,从而提高企业的市场应变能力和竞争力。

PDM 系统的出现,为 CIMS 环境下各个分系统之间的集成带来了新的平台和集成框架。所谓集成框架,是指在异构、分布式计算机环境中能使企业内各类应用实现信息集成、功能集成和过程集成的软件系统。PDM 正是这样的系统,它是一种以软件技术为基础、以产品为核心,实现对产品相关的信息、过程和资源一体化集成管理的技术。PDM 将计算机在产品设计、分析、制造、工艺规划和质量管理等方面的信息孤岛集成在一起,对产品整个生命周期内的数据进行统一的管理,为实现企业全局信息的集成提供了信息传递的平合和桥梁。为了做到这一点,PDM 在关系型数据库的基础之上加上面向对象的层,使得 CAD/CAPP/CAM 之间不必直接进行信息的传递,所有的信息传递都可以通过 PDM 这样的中间平台进行,从而克服了传统的 3C 系统之间(尤其是 CAD 与 CAPP)集成的复杂性。同时,由于 PDM 用计算机技术完整地描述了数字化的产品模型,因此,EPR 可以自动地从 PDM 系统得到所需要的产品信息,比如 BOM 等。

PDM 系统是建立在关系型数据库管理系统平台上面向对象的应用系统,它的体系结构共有四层组成。

第一层是支持层,目前 PDM 系统普遍以通用的关系数据库作平台,利用关系数据库的存、取、删、改、查等基本的数据管理功能。

第二层是对象层,提供了描述产品数据动态变化的数学模型,它是 PDM 系统与传统的数据库管理系统的关键区别所在,在对象层的基础上,根据 PDM 系统管理目标,可以建立相应的功能模块,实现对产品数据动态管理的要求。PDM 的功能模块分为基本功能模块和系统管理模块两部分。前者一般包含电子仓库和文档管理、工作流程管理、产品构造和配置管理、设计分类及检索、图纸和文档浏览批注、项目管理等;后者则包括系统管理和工作环境,以确保 PDM 系统安全、正常地运行。

第三层是功能层,在面向对象层的基础上,根据 PDM 系统的管理目标,在 PDM 系统中建立相应的功能模块。

第四层是用户层,包括用户开发工具层和界面层,它通过应用程序接口(APD 或工具封装等方法,提供了在 PDM 环境下,不同应用系统之间共享信息和对其产生的数据进行统一的管理能力,为 PDM 成为 CIMS 的集成平台提供了保证。

8.2　PDM 系统的体系结构与功能

8.2.1　PDM 系统的体系结构

PDM 系统的体系结构可分为 4 层:用户界面层、功能模块及开发工具层、框架核心层和系统支撑层,如图 8-2 所示。

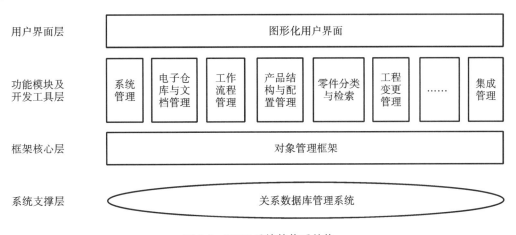

图 8-2　PDM 系统的体系结构

(1)用户界面层。向用户提供交互式的图形界面,包括图示的浏览器、各种菜单、对话框等,用于支持命令的操作与信息的输入/输出。通过 PDM 系统提供的图示化用户界面,用户可以直观方便地完成管理到整个系统中各种对象的操作。它是实现 PDM 系统各功能的媒介,处于最上层。

(2)功能模块及开发工具层。除了系统管理外,PDM 系统为用户提供的主要功能模块有电子仓库与文件管理、工作流程管理、零件分类与检索、工程变更管理、产品结构与配置管理、集成工具等模块。

（3）框架核心层。它是提供实现 PDM 系统各种功能的核心结构。由于 PDM 系统的对象管理框架具有屏蔽异构操作系统、网络、数据库的特性,用户在用于 PDM 系统的各种功能层,实现对数据的透明化操作、应用的透明化调用和过程的透明管理等。

（4）系统支撑层。目前流行的关系数据库为 PDM 系统的支持平台,通过关系数据库提供的数据操作功能,支持 PDM 系统对象在底层的数据库管理。

8.2.2　PDM 系统的功能

PDM 系统用于管理产品设计数据以及数据的产生过程,其主要功能包括设计文档管理、产品结构与配置管理、物料需求定额管理、设计数据工作流管理,以及产品相关技术手册与文档管理,为产品生产准备提供必要的技术信息。随着技术的成熟发展,PDM 系统扩展到产品全生命周期管理(product lifecycle management,PLM)层面,即传统 PDM 系统与 CAD、LAPP、CAM 等计算机辅助设计、工艺、制造软件工具集成,实现生产准备数据的统一管理。PDM 系统功能概述如图 8-3 所示。

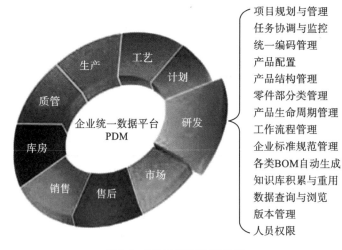

图 8-3　PDM 系统功能概述

（1）设计文档管理。可以基于文档模板进行设计文档的创建/更新/删除操作。按照产品研制要求进行文档分类,不同的文档具有不同的权限、编码规则、状态和执行不同的工作流程。文档格式类型包含 Word、AutoCAD、动画、三维模型。文档信息类型包括图纸、设计说明书、物料清单、工艺文件、数控程序等。

（2）产品结构与配置管理。产品结构与配置管理是 PDM 系统组织产品数据的核心,通过父子零件关系定义实现产品结构的树状展示。在产品研制阶段,分为 EBOM(设计 BOM)、PBOM(工艺 BOM)、MBOM(制造 BOM)等。对于同一产品,这些 BOM 相互关联,又相互区别,服务于不同设计、制造应用环境。

（3）物料需求定额管理。基于产品 BOM 信息和零件类型,确定零件的主要材料信息及用量,用于原材料采购。确定零件毛坯尺寸,并通过预先定义的材料库获得材料密度、规格参数,设定用量系数代入指定计算公式,自动计算每个零件族的物料定额信息。

（4）设计数据工作流管理。PDM 系统提供工作流管理机制,支持多角色协同设计与审批模式。系统支持工作流模型的新建、编辑、删除、复制,每个工作流业务实例通过工作流模型生成。在工作流各节点中配置指定的人员角色,以任务推送方式完成指定节点的工作流任务,并通过流程监控器跟踪工作流实例进展状态,通过警告或消息提醒方式监督任务的执行。

（5）产品相关技术手册与文档管理。提供产品相关数据对象、产品、零件、文档、BOM 的版本管理以及版本有效性控制,不同版本对象的差异比较,提供基于审批流程的版本发布机制。同时支持各种技术状态标识,通过标识定义数据的有效性范围,包括批次、架次、研制阶段等。

8.3　产品结构与配置管理

产品结构与配置管理包括产品结构管理与产品配置管理两个部分。产品结构管理是指对产品层次关系和关联到产品结构上的各种设计信息和制造信息的管理;产品配置管理是指对BOM 进行设计或在特定条件下进行重新编排。作为产品数据组织与管理的一种形式,产品结构与配置管理以电子仓库为底层支持,以 BOM 为其组织核心,把定义最终产品的所有工程数据和文档联系起来,实现产品数据的组织、管理与控制,并在一定目标或规则约束下,向用户或应用系统提供产品结构的不同视图和描述,如设计视图、装配视图、制造视图、计划视图等。

8.3.1　产品结构管理

目前,对于我国企业尤其是中小企业来说,小批量,多品种,面向用户的设计、生产与装配已经成为主要的生产模式,传统的一个产品对应一张明细表的产品结构管理已不能适应现代企业的管理要求。如何建立某一通用产品结构描述管理,实现相似产品和零部件的筛选和组装,以便实现某一类或某一系列产品的结构管理,成为产品结构管理必须考虑的问题。产品结构管理是以产品为核心、建立产品生命周期中各种功能和应用系统直接联系的重要工具,是产品设计过程进展情况的直接体现者。主要包括产品结构层次关系管理（产品结构树的建立）、基于文件夹的产品-文档关系管理和产品版本管理等。

1. 产品结构层次关系管理

产品结构管理中的层次关系管理主要满足对单一、具体产品所包含的零部件的基本属性管理,并要维护它们之间的层次关系。利用 PDM 系统提供的产品结构管理功能可以有效地、直观地描述所有与产品相关的信息。

在产品结构树中,每个零件、部件对象都有自己的属性,如零（部）件标识码、名称、版本号、数量、材料、类型（自制件、外购件）等。在 PDM 中查询零部件时,可以按照单个或多个属性进行单独或联合查询,以获得零部件的详细情况,如按照类型为“外购件”的属性查询,可得到采购部门关注的信息。通过建立零件与部件间的关联关系建立产品结构的层次关系。通常,产品复杂度不同,这种层次关系层数不同,少则两三层,多则六七层不等。在设计、生产过程中,产品的构件经常有需要修改的情况出现,有个别层次的修改,甚至还有结构关系的修改。在PDM 中完成上述修改需要区别不同的情况,较简单的情况（如还未形成版本号）可直接修改,复杂的情况（如对已发布版本的数据进行修改）则需要按照工程更改规定进行。如图 8-4 给出了产品结构及其基本属性的示例,图中内容描述了产品零部件之间的层次关系及每个节点所包含的相应属性。

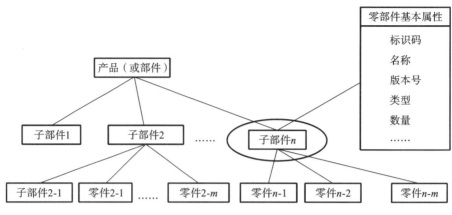

图 8-4　产品结构及其基本属性

2. 基于文件夹的产品-文档关系管理

在产品的整个生命周期中,与产品相关的信息多种多样,这些信息以文件或图档的形式存在,统称为文档。文档包括设计任务书、设计规范、二维图纸、三维模型、技术文件、各种工艺数据文件、制造资源文件、合同文书、技术手册等。在 PDM 系统中,文档与对象(如产品、部件、零件)是关联的。把文档与产品结构的零部件相关联,就形成了产品结构信息树。不过,在 PDM 系统中,对象(产品、部件、零件等)与文档并不直接发生联系,而是通过文件夹来连接对象与文档,借助文件夹的分类管理来实现对对象的各种不同文档(如图纸、数据文件等)的分类管理,可以通过合理建立设计过程、制造过程、更改过程等,对每一个过程建立一个专门的文件夹来管理该过程中涉及的文件。一个文件夹可以包含多个文件,文件夹与文档的关系就像计算机操作系统中文件夹与其包含文件的关系。产品以及零部件对象可以有多个文件夹,这些文件夹管理着多个不同的文件,如图 8-5 所示。这种管理方式能更好地完成从设计、制造到销售整个生命周期的信息管理工作。

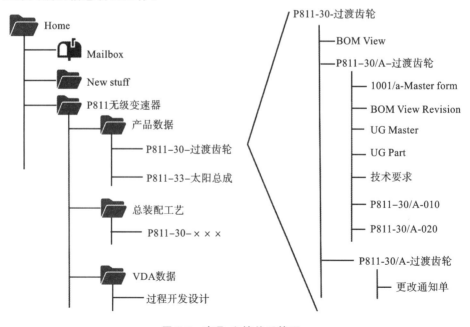

图 8-5　产品-文档关系管理

3. 产品版本管理

通常产品的设计过程是一个连续的、动态的过程。一个设计对象在设计过程中不断地被修改、完善,直到产品废弃。产品每经过一次修改就会产生新的版本,因此一个文档会有多个不同版本。在计算机环境下,对产品资料的修改是非常方便和非常频繁的。如果不能很好地对资料的版本进行管理,就会造成产品数据在应用时的混乱。

PDM 系统使用电子仓库的管理程序进行版本管理。当对电子仓库中的文件进行修改时,PDM 会把版本的特征属性(如版本号、版本的修改权限、版本描述、版本修改人和版本修改的时间等信息)写入该文件的记录文档。版本不仅包含了设计对象在当时的全部信息,而且还反映了该版本的设计对象和与其相关联对象的联系,并且还应有识别每个版本的有效条件。此外,版本应有标识号,一种是按版本产生的时间顺序,记为 A,B,C…;另一种是按照正整数的顺序,以时间的先后依次记为 1,2,3,…;有时两种形式混合使用。

PDM 版本管理可以管理事物对象和数据对象的动态变化情况,前者如零件、部件、文件夹等,后者如各种文档。按照设计对象所处的不同状态,版本有不同的状态名,其版本变化如图8-6 所示。

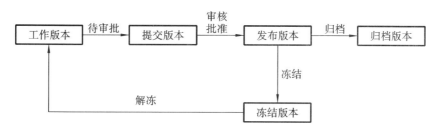

图 8-6　版本状态变化流程图

8.3.2　产品配置管理

一个新产品既承袭了老产品的部分成果,同时,新产品本身又由若干分系统组成,相互之间有一定的约束关系,如何从宏观上把握一个大型复杂产品的整体结构,也是摆在 CAD 技术应用面前的重大课题。把一个产品或一个组件,按照内部所有零件的数量、性质及相互关系编组,称为配置。产品配置的内容如下。

(1)结构关联　产品由很多零部件组成,如一辆汽车约有 10 万个零件,一架飞机有 20 万～100 万个零件。面对数量如此之多的零件,企业各类人员要查询有关产品的资料,需花费大量的时间,这就要求产品配置能形象地描述产品全部数据的相互关系,使产品各分系统之间、分系统内各部件之间的约束关系一目了然。

(2)统一的材料清单　不同部门有不同形式的 BOM,企业要花费大量时间和成本才能完成这些 BOM 的管理,而要保证 BOM 的一致性,则需要投入相当多的人力。如果设计和制造的材料清单不一致,就会造成返工和浪费,在计算机中要随时保持材料清单为最新的设计更改状态。

(3)系列产品　承装老产品,开发新产品,构造新的约束关系。同一个零件可以有不同的版本保存在计算机内,分别对应系统产品中的不同型号。例如,不同发电机组在结构树上用不同版本的图纸来代替,就可组成不同容量的电站系统。

PDM 系统的产品配置管理和传统的人工管理方式相比较,其优越性体现在以下几个方面：

（1）配置管理保证了不同 BOM 的一致性，特别是设计 BOM 与制造 BOM 的一致性。由于不同部门要求的 BOM 不同，人工管理这些 BOM 时一方面要花费大量的人力和时间，且还容易出现错误，延误生产，造成损失。利用 PDM 的配置管理功能，可以按照产品所处的不同阶段进行配置，得到在不同阶段的产品结构视图，由此形成所需要的 BOM。各 PDM 用户可以网络共享这些 BOM，避免错误的发生。

（2）面对产品市场的激烈竞争，企业应该考虑各个层次客户的不同需求，对产品作出不同的配置要求。另外，对于单独订货的单件特殊产品，还应按照特殊的配置进行生产，在这种情况下更能体现配置管理的优越性。配置管理不仅具有产品结构管理的主要功能，而且还在产品结构构件中增加了互换件、替换件、配置项（即配置条件）、结构选项和供应商等信息，通过提供结构有效性、配置变量、版本有效性管理，能够描述更为复杂的产品配置。此外，配置管理还可以提供 BOM 的多视图管理，通过 BOM 的提取支持与 MRP Ⅱ 或 ERP 的集成。

8.3.3 产品结构与配置管理的作用和数据描述

产品结构是制造企业的核心文件，产品结构管理主要包括产品结构层次关系管理、基于产品文件夹的产品-文档关系管理和版本管理等。产品结构管理是企业产品开发中最实用的功能，主要是为了实现某一类或某一系列产品的结构管理，为产品配置做准备。产品配置管理实质是广义的物料清单表（bill of material，BOM）管理，能够使企业的各个部门在产品的整个生命周期内共享统一的产品配置，并且对应不同阶段的产品定义生成相应的产品结构视图，如设计视图、制造视图和工艺视图等，为给 ERP 提供有关产品全部数据打下基础。

产品结构管理的作用：

（1）确保产品结构信息的正确性和可回溯性；

（2）尽量以面向订单的配置来满足客户对产品及功能的个性化需求，减少重复设计；

（3）通过配置来管理相似产品，简化产品维护工作，减少应用数据量；

（4）支持企业减少产品的内部多样化，增加产品的外部多样化，实现从批量生产向批量定制转换。

产品配置管理的作用：

（1）对产品结构、物料组成、版本等信息的有效管理；

（2）创建和维护产品物料清单，从不同的产品结构得到 BOM，并根据产品结构的变化实时更新；

（3）通过对已有产品数据的配置设计增加产品的多样化，覆盖更多的客户需求；

（4）通过变形设计，完成满足特定需求产品的设计；

（5）充分利用已有的产品信息资源，加快开发速度，提高开发设计效率。

8.4 工作流与过程管理

8.4.1 工作流与过程管理的概念

国际工作流管理联盟（Workflow Management Coalition，WfMC）对工作流的定义：工作

流是指在计算机支持下的整个或部分经营过程的全自动或半自动化。按照事先定义好的规则，文档、任务或者信息在参与者之间进行传递，从而完成整个业务过程的自动化处理。由此，在定义工作流时应考虑以下 5 方面：传递的业务信息定义、角色定义、活动定义、路线定义和事件定义。一个工序或流程就是一个过程，每个子任务就是一个节点。工作流节点分为活动节点、事件节点和控制节点 3 种类型。

（1）活动节点：表示一件不可再分的操作任务，如查看、批示、执行等；

（2）状态节点：表示流程中任务点的完成状态；

（3）控制节点：用于控制流程任务点的推进，包括继续流转条件、终止流转条件以及退改条件 3 种。

工作流和过程管理主要是对产品开发过程和更改过程中的所有事件和活动进行定义、执行、跟踪和监控。它一般由工作流模板定义工具、执行工作流的工作流机、工作流监控和管理工具等组成。使用图形化工作流设计工具，根据过程重组后的企业业务过程定义工作流模板；将工作流模板实例化，并提交工作流机执行；使用工作流监控和管理工具跟踪分析工作流的执行情况。

PDM 系统的工作流管理与通用的工作流管理技术几乎完全一致，但 PDM 系统中的工作流管理更强调对数据和文档生命周期的管理，数据的生成、审核、发布、变更、归档等都是通过工作流实现的。

此外，充分利用工作流和过程管理提供的辅助管理功能（如触发、警告、提醒机制、电子邮件接口等），可以提高工作流和整个设计过程的管理效率，改善管理质量。

8.4.2　工作流管理模型

许多软件开发商都有工作流产品，市场上可选择的产品很多，每个开发商只关注产品的特殊功能，而用户可以采用不同的产品来满足不同的需求。然而，由于各个厂商不兼容的流程控制方式，导致没有统一的规范，使得不同的工作流产品不能协同工作。对于这个问题，业界一直认为，所有的工作流产品都有一些相同的特性，只要其各种功能遵循公共的标准，就可以实现不同工作流产品间的协同工作。由此 WfMC 应运而生，它是由一些公司联合在一起成立的组织，从事工作流问题的研究和指导。

图 8-7 所示就是 WfMC 提出的工作流管理系统参考模型。作为工作流技术标准化的工业组织，WfMC 的这个参考模型无疑为各工作流管理软件提供者的系统设计规划给出了权威的参考。

模型中最重要的部分就是工作流引擎，它就是整个工作流管理系统的心脏，因为所有的工作流管理系统都要使用工作流引擎：

（1）为执行的流程实例解释流程定义。这些流程定义一般都是由接口 1 获得的。

（2）组织调度流程的实例，推进工作流程的前进。这些流程包括条件流转、分支聚合、父子流程等。

（3）工作任务的分配、接受、提交等行为。无论是人工干预或自动执行的任务，都需要经过工作流引擎计算。

（4）管理调用其他的 4 个接口。这可能包括执行工作流定义中的一些外部脚本。

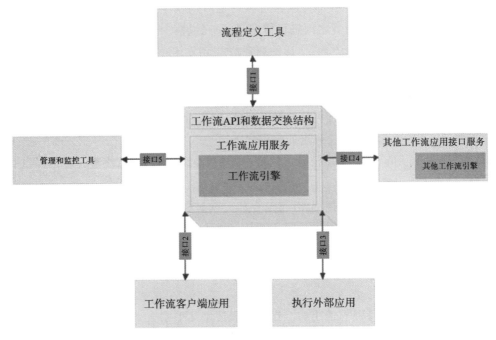

图 8-7 工作流管理系统参考模型

8.5 PDM 在现代企业中的集成应用

8.5.1 产品数据交换技术

随着图形学和 CAD 技术的快速发展,需要在不同图形系统之间进行图形数据的交换和共享。早在 20 世纪 70 年代,美国国家标准和技术局(National institute of Standards and Technology,NIST)开始研究初始化图形交换标准 IGES(Initial Graphics Exchange Specification),经过 10 多年的努力,到 1987 年底先后推出了 IGES 1.0~5.0 多个版本。IGES 定义了产品图形数据交换的文件结构、语法格式以及几何要素与拓扑关系的表达方法,在图形数据交换方面做出了重要的贡献。然而,IGES 仅仅是一种图形几何信息交换的标准,还不能用于产品信息的交换,若要实现产品数据的交换,还需要研究和开发针对产品数据的交换标准。为此,近 20 多年来世界各国相继推出了众多有关产品数据交换的标准。

(1) CAD ∗ I 标准接口(CAD interface) 该标准源于欧洲 ESPRIT 计划于 1984 年设置的一项 CAD ∗ I 开发项目,目的是在 CIMS 环境下有效地集成 CAD/CAM 系统,它采用人工智能的方法实现数据的共享与交换。

(2) 产品定义数据接口(product data definition interface,PDDI) 由美国麦道飞机公司于 1982 年 11 月开始实施。它是在 IGES 1.0 的基础上开发的,目的在于传递设计和制造的产品定义数据,着重建立完整的产品定义数据的方法,设计产品模型与工艺、数控、质量控制、工具设计等生产过程之间的接口。该标准在 CAD/CAM 集成系统的应用过程中取得了较好的效果。

（3）产品数据交换规范（product data exchange specification，PDES）　它源于美国国家标准和技术局（NIST）所属的 IGES/PDES 组织领导的 PDES 计划。NIST 于 1989 年 4 月公布了 PDES 1.0 标准。PDES 为美国工业带来了可观的经济效益。

（4）数据交换规范（standard exchange transfer，SET）　这是法国宇航局开发的与 IGES 对应的规范，它作为法国的国家标准，其特点是文件结构紧凑，数据交换的效率高。

（5）产品模型数据交换标准（standard for the exchange of product model data，STEP）　STEP 是国际标准化组织（ISO）于 1984 年提出的编号为 ISO 10303 的关于产品数据的交换标准。它为描述产品生命周期中的产品数据提供了一种与 IGES 类似的中性文件形式，基于 STEP 构建的产品信息模型独立于任何系统，易于共享和交换。国内在 1989 年就已经开始研究 STEP，并将其应用于 PDM 系统中，以期更好地解决信息集成方面的问题。作为一个国际标准，STEP 受到了广泛的重视。

（6）可扩展标记语言（extensible markup language，XML）　随着互联网技术的发展，产品开发过程趋向于网络化，不同的应用系统在互联网上无法直接通过 STEP 文件来交换数据。而 XML 是一种精简的标准通用标记语言（standard generalized markup language，SGML），是着重描述 Web 页面的内容和直接处理 Web 数据的通用方法，为基于 Web 的应用提供了描述数据和交换信息的有效手段。为此，1999 年 11 月 ISO 推出了一个称为"EXPRESS 驱动数据的 XML 表达"的标准，利用 XML 技术实现互联网上的 STEP 数据传输。

产品数据是指一个产品从设计到制造生命周期的全过程中对产品的全部描述，并需以计算机可以识别的形式来表达和存储的信息。

产品数据交换接口技术是实现 CAD/CAPP/CAM 系统集成的关键技术之一，也是实现制造业信息化的重要基础。由于 CAD/CAM 软件在最初开发的过程中的孤岛现象，导致了其数据表示格式十分不统一，不同系统和模块之间的数据交换难以进行，影响软件的集成。经过不断探索和研究，先后提出了众多相关的数据交换标准。

实现数据交换通常有两种方法：

（1）通过系统的专用接口，实现点对点的连接，如图 8-8 所示；

（2）通过一个中性（即与系统无关）接口，实现星式连接，如图 8-9 所示。

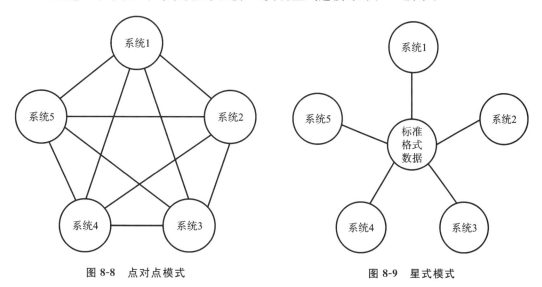

图 8-8　点对点模式　　　　　　　　　　　　　　图 8-9　星式模式

8.5.2 PDM 信息集成模式

信息集成是指把 CAD、CAPP、CAM 等各种功能软件有机地结合在一起，用统一的执行程序来控制和组织各功能软件信息的提取、转换和共享，从而达到系统内信息的畅通和系统协调运行的目的。由于 CAD、CAPP 和 CAM 系统是从不同的历史阶段各自独立发展起来的，它们的数据模型互不兼容，形成了信息孤岛。

集成包含功能交互、信息共享以及数据通信三个方面的管理与控制。基于 PDM 的 3C 集成的实现主要通过利用 PDM 对 3C 的数据进行有效管理，保证数据的一致性，实现数据有效管理。信息技术作为一个独立的概念，是指获取、存储、处理、传递和利用信息有关的技术。信息技术的复杂性决定了其标准化范围的广泛性。信息技术标准化涉及信息系统的硬件、软件、网络、数据表示以及信息技术在各方面所进行的标准化，主要解决在使用 PDM 集成各应用系统过程中、产品数据管理与交换共享过程中需要统一的内容。

在制造企业中，常常通过集成的手段解决企业"信息化孤岛"问题。具体地讲，通过集成，可以减少数据冗余，实现信息共享；便于对数据的合理规划和分布；便于进行规模优化；便于并行工程的组织实施；有利于保证企业数据的唯一性。

（1）封装模式。产品数据的集成就是对产生这些数据的应用程序集成，只要对外部应用系统进行封装，PDM 就可以对它的数据进行有效管理，将特征数据和数据文件分别放在数据库和文件组中。所谓封装是指把对象的属性和操作方法同时封装在定义对象中，用操作集来描述可见的模块外部接口，从而保证了对象的界面独立于对象的内部表达。对象的操作方法和结构是不可见的，接口是作用于对象上的操作集的说明，这是对象唯一的可见部分。封装意味着用户看不到对象的内部结构，但可以通过公布的接口在程序对象中传入需要的参数，这充分体现了信息隐蔽原则。由于"封装"性，当程序设计改变一个对象类型的数据结构内部表达时，可以不改变在该对象类型上工作的任何程序。封装使数据和操作有了统一的管理界面。

（2）接口模式。接口模式能够根据 CAD 装配文件中的装配树，自动生成 PDM 中的产品结构树。通过接口程序破译产品内部的相互关系，自动生成 PDM 的产品结构树，或者从 PDM 的产品结构树中提取最新的产品结构关系，修改 CAD 的装配文件，使两者保持异步一致。

（3）集成模式。通过对 CAD 的图形数据和 PDM 产品结构树的详细分析，制定统一的产品数据之间的结构关系，只要其中一个结构关系发生变化，则另一个自动随之改变，始终保持 CAD 的装配关系与 PDM 产品结构树的同步一致。PDM 环境提供了一整套结构化的面向产品对象的公共服务集，构成了集成化的基础，以实现以产品对象为核心的信息集成。

基于 PDM 的集成是以 PDM 系统为集成平台，建立统一的产品信息模型，开发集成系统。在集成系统中，PDM 系统可以将与产品有关的信息统一管理起来，按信息的不同用途进行分类管理，为 CAD、CAPP、CAM 系统提供各自所需的工程数据和工作流程的自动化管理，加强信息约束和反馈能力。这种集成方式属于并行集成方式，系统的可扩展性好，支持产品的并行开发模式。图 8-10 所示为以 PDM 系统为集成平台的 CAD/CAPP/CAM 系统集成框架，其以 PDM 原有的功能为基础，根据系统集成的需要，构建统一的产品数据模型，通过统一的图形界面与应用接口,实现 3C 系统的集成。在这种集成方式下,PDM 系统成为 CAD、CAPP、CAM 系统之间数据交换的桥梁。

首先 CAD 系统通过应用接口向 PDM 系统提供零件总体信息、几何信息、精度、粗糙度等信息。CAPP 则通过接口从 PDM 系统读取来自 CAD 的这些工艺信息,并向 CAD 反馈零件的工艺性评价;同时又向 PDM 系统提供工艺路线、设备、工装、工时、材料定额等信息,并接收 PDM 系统发出的技术准备计划、设备负荷、刀量具信息等;再通过 PDM 系统向 CAM 提供零件加工所需要的设备、切削参数等信息,并接收 CAM 反馈的工艺修改意见。PDM 系统为工程数据管理和工作流程自动化提供统一的交互界面和支持环境,支持分布数据的透明访问。

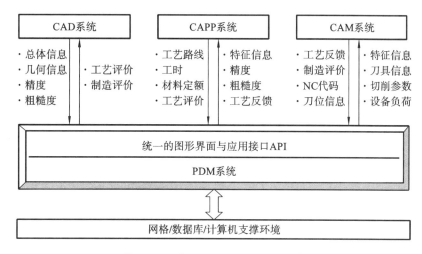

图 8-10　基于 PDM 的 CAD/CAPP/CAM 系统集成框架

根据需要,企业可以在更大的范围,将设计系统、生产制造系统,与生产调度管理系统、质量管理系统集成运行,以取得更大范围产品开发系统集成运用的生产效益,仍可应用 PDM 系统作为框架,如图 8-11 所示。

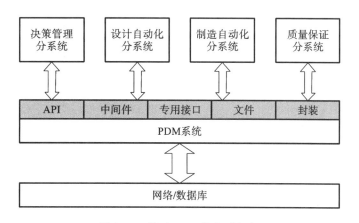

图 8-11　基于 PDM 的集成框架

我国很多制造企业,对 CAD/CAPP/CAM/PDM 集成技术进行了大量研究,有的企业成功开发和应用了 CAD/CAM 集成系统,如一些飞机制造企业、船舶制造企业等,为企业带来了很大效益。CAD/CAM 集成系统,不论是否使用了 PDM 系统,或是扩展到企业其他系统,如与质量系统等集成,其基础仍然是各应用系统之间的产品信息交换。所以,建立完善的、可以扩展的产品数字化模型是数字化产品开发应用的基础。

8.5.3　PDM 是 CAD/CAPP/CAM 的集成平台

用 CAD 系统进行产品设计的结果是只能输出图纸和有关的技术文档,这些信息不能直接被 CAPP 系统所接收,进行工艺过程设计时,还须由人工将这些图样、文档等纸面上的文件转换成 CAPP 系统所需的输入数据,并通过人机交互方式输入给 CAPP 系统进行处理,处理后的结果输出成加工工艺规程。当使用 CAM 系统进行计算机辅助数控编程时,同样需要人工将 CAPP 系统输出的纸面文件转换成 CAM 系统所需的输入文件和数据,再输入 CAM 系统中。由于各自独立的系统所产生的信息需经人工转换,这不但影响工程设计效率的进一步提高,而且,在人工转换过程中,难免发生错误并给生产带来很大的危害。即使是采用 IGES 或 STEP 标准进行数据交换,依然无法自动从 CAD 中抽取 CAPP 所必需的全部信息。对于不同的 CAM 系统,也很难实现从 CAPP 到 CAM 通用的信息传递。CAD 系统无法把产品加工信息传递到后续环节,阻碍了计算机应用技术的进一步发展。目前,只有把 CAD 和生产制造结合成一体,才能进一步提高生产力和加工精度。

自 20 世纪 70 年代起,人们就开始研究 CAD、CAPP、CAM 之间数据和信息的自动化传递与转换问题,即 3C 集成技术。目前,PDM 系统是最好的 3C 集成平台。它可以把与产品有关的信息统一管理起来,并将信息按不同的用途分门别类地进行有条不紊的管理。不同的 CAD/CAPP/CAM 系统都可以从 PDM 中提取各自所需要的信息,再把结果放回 PDM 中,从而真正实现 3C 集成。

PDM 作为 CAD/CAPP/CAM 集成平台,一方面要为 CAD/CAPP/CAM 系统提供数据管理与协同工作的环境,同时还要为 CAD/CAPP/CAM 的运行提供支持。CAD 系统产生的二维图纸、三维模型、零部件的基本属性、产品明细表、产品零部件之间的装配关系、产品数据版本及其状态等,需要交由 PDM 系统来管理,而 CAD 系统也需要从 PDM 系统获取设计任务书、技术参数、原有零部件图纸、资料以及更改要求等信息。CAPP 系统产生的工艺信息,如工艺路线、工序、工步、工装夹具要求以及对设计的修改意见等,交由 PDM 进行管理,而 CAPP 也需要从 PDM 系统中获取产品模型信息、原材料信息、设备资源信息等。CAM 则将其产生的刀位文件、NC 代码交由 PDM 管理,同时从 PDM 系统获取产品模型信息、工艺信息等。

8.5.4　PDM 是企业 CIMS 的集成框架

所谓集成框架是在异构、分布式计算机环境中能使企业内各类应用系统实现信息集成、功能集成和过程集成的软件系统。信息集成平台的发展经历了计算机通信、局域网络、集中式数据库、分布式数据库等阶段。随着 CIMS 技术的不断深入发展和应用规模的不断扩大,企业集成信息模型越来越复杂,对信息控制和维护的有效性、可靠性和实时性要求越来越高,迫切需要寻求更高层次上的集成技术,提供高层信息集成管理机制,提高运作效率。

目前,国内外技术人员对新一代信息集成平台做了大量的研究开发工作,也推出了多种平台,典型的是面向对象数据库及面向对象工程数据库管理系统。虽然这些面向对象技术已部分商品化,但还没有全面应用,技术仍不成熟。具有对象特性的数据库二次开发环境,由于其开放性、可靠性等方面明显不足,无法胜任 CIMS 大规模实施应用的需求。而在关系数据库基础上开发的具有对象特性的 PDM 系统由于其技术的先进性和合理性,近年来得到了飞速发展和应用,成为新一代信息集成平台中最为成熟的技术,是支持并行工程领域的框架系统。PDM 不仅向 ERP 自动传递所需的全部产品信息,而且 ERP 中生成的与产品有关的生产计划、材料、维修服务等信息,也可由 PDM 系统统一管理和传递。因此,PDM 是企业的集成框架。

集成框架以 PDM 系统作为集成平台,以 CORBA 中间件作为"软件总线",从而提供支持异构平台的产品数据管理和应用集成的软件框架,如图 8-12 所示。

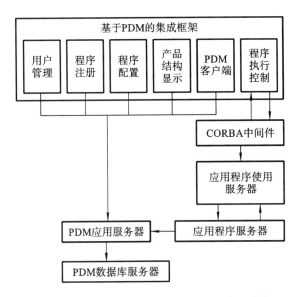

图 8-12　基于 PDM 的 CIMS 集成框架体系结构

集成框架以 PDM 系统为基础,充分利用并扩展了 PDM 的功能,将企业范围内与产品数据相关的资源,包括生成产品数据的计算机软硬件资源统一管理,为企业级的 CIMS 集成和应用实施提供并行工作环境。

8.5.5　产品生命周期管理

产品全生命周期管理(product lifecycle management,PLM)的概念源于经济管理领域中对产品市场战略的研究。可以按照某一种产品在市场中的演化过程对产品全生命周期各阶段进行划分,分为推广、成长、成熟和衰亡等阶段。

20 世纪 80 年代,随着并行工程的提出,关于全生命周期概念的研究开始从经济领域扩展到工程领域,产品全生命周期的范围也从市场阶段扩展到研制阶段,覆盖了需求分析、产品设计、制造加工、产品销售、运行维护及回收处理六个阶段。

随着对产品全生命周期概念研究的深入,产品全生命周期数据的集成、共享、存储、交换和传递问题的认识也相应地得到发展,从而形成了产品全生命周期管理的概念,并发展出了一系列相关技术,形成了一套完整的理论方法。从 20 世纪 90 年代至今,产品全生命周期管理技术已成为全球制造业关注的焦点。

1. PLM 的概念

PLM 为企业提供管理复杂产品的环境,管理的对象是与产品相关的所有过程、数据和资源。

广义的 PLM 定义:从理念上说,PLM 是对产品生命周期信息管理的新模式,是实现企业信息化的战略性的业务解决方案;从目标上说,PLM 能够管理产品生命周期中与产品相关的所有信息和与产品相关的所有过程,包括产品需求、设计、采购、生产、销售和售后服务等;从系统实现上说,PLM 是在一种框架(或平台)上集成的一套软件和服务,以构成产品协同开发和协同管理的环境。

狭义的 PLM 定义:PLM 是一种软件,它按照 PLM 的理念,成功地实现了从 PDM 向 PLM 的转变,是企业实现信息化、创新产品开发和管理的重要基础设施。

2. 制造业 PLM e 化垂直链

制造业 PLM e 化垂直链是:PDM→ERP→CRM→(R)PDM→(R)ERP→(R)CRM。

(1) PDM:管理产品的相关属性,即开发阶段的数据,包括产品的配方、结构、制造说明、产品的版本记录等。

(2) ERP:管理生产各个环节资料的合理配置,即制造阶段的数据,包括物料用量统计,物料需求采购、生产现场控制、财务管理、出货管理等(后期的 ERP 引入 SCM 解决资源的配置)。

(3) 客户关系管理(customer relationship management,CRM):管理产品销售后,客户对产品的回复、投诉,包括客户对产品满意度、产品市场分析等。

PLM e 化垂直链可以根据需要按水平方式再次部署企业 PLM e 化信息系统,如 OA、KM、EKP、EIP 等,水平的信息化系统主要辅助于垂直的信息化系统。

3. PDM 的实施过程

PLM 是一种应用于在单一地点的企业内部、分散在多个地点的企业内部,以及在产品研发领域具有协作关系的企业之间,支持产品全生命周期信息的创建、管理、分发和应用的一系列应用解决方案,它能够集成与产品相关的人力资源、流程、应用系统和信息。PLM 系统对于产品设计的影响和控制更为广泛和全面,PLM 系统不光是要管理产品数据,还需要管理产品生命周期过程中的所有活动。从这个层面来说,PDM 可以看作是 PLM 系统中的一个子系统。

PDM 作为一种软件产品,像 ERP、CRM 产品一样,重在实施,PDM 的实施并不是简单地套用 CAD/CAM 软件的模式。PDM 的实施过程实际上就是先进管理思想的贯彻实施过程。

PDM 的实施应该与企业内涵和企业文化紧密结合,与生产关系相适应,与企业目标相匹配。有关实施的相关问题(如咨询、工程经验、实施方法等)值得深入认识和探讨。企业实施 PDM 时间的长短,实施的深度,与企业各级人员对 PDM 的理解有着密切的联系。

自 PDM 产生至今,人们对 PDM 的产生背景、基本功能和应用效益已经有了初步的认识。国内企业对 PDM 实施进行了探讨与研究,然而目前国内 PDM 的实施还不很成熟。不同的 PDM 软件具有不同的功能特点,而有关 PDM 实施的专业咨询又很少,不进行专业咨询的 PDM 项目的成功概率不高,使 PDM 的实施受到了很大的限制。因此,要在企业真正实施并用好 PDM,还有大量的工作要做。

PDM 的实施必须循序渐进,无捷径可走,否则,会给企业带来混乱。

1) PDM 项目应服务于企业的战略目标

每个企业都有自己生存与发展的战略规划,这种规划来自企业对竞争环境的分析。例如,在 20 世纪 90 年代初期,福特公司分析了汽车市场上竞争对手的状况,结合对未来市场发展的预测,得出结论:福特公司要想再继续保持领先地位,必须改善其产品开发体系,提高整体效率,并提出具体目标为"在 2000 年到来时,把新汽车投放市场的时间,由当时的 36 个月,缩短到 18 个月才有了著名的"福特 2000"计划,该计划的核心是福特产品开发系统(FPGS)。可以说 PDM 服务于企业的整体战略,PDM 项目的成功,表现在企业整体战略目标的实现。

2) PDM 项目应有明确的、合理的规模

PDM 项目的特点:项目执行的时间性、完成指标的目的性和资源的有限性。在项目的开始时就要对各项指标给出明确的规定。避免只考虑技术因素或部门要求,而忽视了企业的整体要求。确保企业在有限的资源下,保证项目投资的合理性和质量,避免投资误区和风险,确保项目的规划能被用户和 PDM 厂商所接受。

3) PDM 项目实施的长期性与可扩充性

如前所述,实施 PDM 需要一个周期,才可以达到预定的目标,这个周期可以分成若干个阶段,制定每个阶段的阶段性目标,只有达到了每个阶段的目标,才能到下一个阶段。另外,随着市场形势的变化,企业经营模式在变,技术也在变,故 PDM 项目不可能一成不变,系统要有可扩充性,要能够不断地自我完善,要有自我发展的能力。

8.5.6　实施 PDM 系统应注意的问题

下面是一些在实施过程中应该考虑的问题:

(1) 实施 PDM 是企业管理者为提高企业赢利能力而执行的一项管理任务,因而实施 PDM 的发起者必须是企业负责人及主要管理人员。实施 PDM 是一件复杂的工程,它绝不是购买和安装一个 PDM 系统,培训技术人员学会使用这个系统就能解决问题的。首先需要解决企业负责人员对实施 PDM 的认识问题。一般来说,实施 PDM 为企业带来直接的经济效益并不明显。如果不能清楚地认识到实施 PDM 的必要性和实施 PDM 所能带来的间接效益,当实施 PDM 遇到阻力时,就可能半途而废。

(2) 有效的组织管理是 PDM 成功实施的保证。要实施 PDM,首先要建立新的管理制度,这势必引起来自方方面面的阻力。某些人会由于个人、部门或小团体的局部利益受到冲击而对建立新的管理制度产生抵触,执行新的管理制度要改变一些习惯做法,必然要引起一些不适应。所以,在实施 PDM 时,一定要从组织上落实实施队伍,要有企业主要负责人参加并领导实施工作。在管理方面,应当把实施任务和责任落实到具体人员的头上,领导人员对他们的工作要给以支持。

(3) 与 PDM 供应商的合作也是成功实施 PDM 的重要条件。PDM 供应商非常了解 PDM 产品的性能,也比企业人员有更多的实施经验,能够针对客户需求和 PDM 软件的特点提供相应的解决方案。同时在实施过程中,供应商能够提供技术资料和技术咨询,及时地解决出现的问题,并为客户进行 PDM 基础知识、基本使用、应用开发、系统规划、系统实施等方面的培训和指导。

(4) 企业的 PDM 系统主要由企业自己的人员来维护和进行二次开发,企业内部的技术人

员是使用 PDM 系统的主体。应用 PDM 系统进行企业日常管理工作时,可能出现这样那样的问题,出现问题时,PDM 供应商的技术人员不可能随时到现场,有时 PDM 供应商的技术人员到现场也不能处理问题,势必要影响工作的进行。PDM 系统超出所购买的服务期限后,应用中出现的问题将更难以解决。所以企业必须培养自己的 PDM 技术人员,使他们能够尽量多地处理问题。这样才能保证 PDM 系统能够长期、稳定、持续、高效地运行下去。

习　　题

8-1　什么是产品数据管理?

8-2　PDM 信息集成模式有哪几种?

8-3　PDM 系统有哪些功能?

8-4　什么是产品结构和配置管理? 其主要包括哪几部分?

8-5　工作流管理的概念是什么? 有哪三方面内容?

8-6　叙述工作流管理系统的基本结构以及各主要部件的作用。

8-7　分析 PDM 系统与 CAD/CAM 集成的关系。

8-8　什么是产品生命周期管理?

8-9　简述 PDM 的实施过程。

8-10　实施 PDM 会给企业带来什么好处?

参 考 文 献

[1] 缪德建.CAD/CAM 应用教程[M].南京:东南大学出版社,2018.

[2] 袁清珂.CAD/CAE/CAM 技术[M].北京:电子工业出版社,2010.

[3] 王炳达.CAD/CAM 技术与应用[M].北京:北京理工大学出版社,2019.

[4] 王宗彦.CAD/CAM 技术[M].北京:电子工业出版社,2014.

[5] 金宁.CAD/CAM 技术[M].北京:北京理工大学出版社,2013.

[6] 葛友华.CADCAM 技术[M].2 版.北京:机械工业出版社,2013.

[7] 佟昌霖,正中.CAM 技术的发展概况与未来趋势[J].计算机辅助设计与制造,1998(09):16-20.

[8] 宁汝新,赵汝嘉.CAD/CAM 技术[M].2 版.北京:机械工业出版社,2005.

[9] 王隆太.机械 CAD/CAM 技术[M].4 版.北京:机械工业出版社,2017.

[10] 何雪明,吴晓光,王宗才.机械 CAD/CAM 基础[M].武汉:华中科技大学出版社,2015.

[11] 李益兵,凌鹤,郭钧,等.机械 CAD/CAM[M].武汉:华中科技大学出版社 2020.

[12] 李杨,王大康.计算机辅助设计及制造技术[M].2 版.北京:机械工业出版社,2012.

[13] 乔立红.计算机辅助设计与制造[M].北京:机械工业出版社,2014.

[14] 袁泽虎.计算机辅助设计[M].北京:清华大学出版社,2012.

[15] 白禹.计算机辅助设计与制造[M].北京:北京师范大学出版社,2018.

[16] 孙丽,秦营,王凤彪,等.建立 CAPP 系统工艺数据库的关键技术研究[J].机械制造与自动化,2007(05):23-25.

[17] 赵洪志.面向知识的 CAPP 集成系统的设计[J].装备制造技术,2013(10):110-111,113.

[18] 张小红,秦威.智能制造导论[M].上海:上海交通大学出版社,2019.

[19] 孙丽云,马睿.数据结构(C 语言版)[M].武汉:华中科技大学出版社,2017.

[20] 邓文华,谢胜利.数据结构(C 语言版)[M].5 版.北京:清华大学出版社,2018.

[21] 明日科技.SQL Server 从入门到精通[M].3 版.北京:清华大学出版社,2020.

[22] 胡艳菊.SQL Server 2019 数据库原理及应用[M].北京:清华大学出版社,2019.

[23] Donald Hearn.计算机图形学[M].4 版.北京:电子工业出版社,2014.

[24] 孙家广.计算机图形学[M].3 版.北京:清华大学出版社,2017.

[25] 谷千束.先进显示器技术[M].北京:科学出版社,2002.

[26] 宋淮林.彩色图形显示原理及其应用[J].微电子学与计算机,1992(07):43-45.

[27] 顾新建,杨清海,纪杨建,等.机电产品模块化设计方法和案例[M].北京:机械工业出版社,2014.

[28] 黄平.现代设计理论与方法[M].北京:清华大学出版社,2010.

[29] 张鄂,张帆,买买提明·艾尼.现代设计理论与方法[M].北京:科学出版社,2007.

[30] 刘展.ABAQUS 有限元分析从入门到精通[M].2 版.北京:人民邮电出版社,2020.

[31] 刘斌.Fluent 19.0 流体仿真从入门到精通[M].北京:清华大学出版社,2019.

[32] 白清顺,孙靖民,梁迎春.机械优化设计[M].6 版.北京:机械工业出版社,2017.

[33] 张振明. 现代 CAPP 技术与应用[M]. 西安:西北工业大学出版社,2003;53-55.

[34] 单忠臣,赵长发. 计算机辅助工艺过程设计[M]. 哈尔滨:哈尔滨工程大学出版社,2001:162-165.

[35] 庞志军,柳卓之,李圣怡. 成组技术可视化柔性编码系统[J]. 机电一体化,1999(02):37-38.

[36] 刘志存. 计算机辅助成组工艺过程设计(YDCAPP)系统[J]. 机械工艺师,2000(02):12-13.

[37] 皮德常,张凤林,等. 基于 OO 的 CIMS 信息分类编码研究[J]. 南京航空航天大学学报,2000(06):631-636.

[38] 卞敏. 浅谈 CAPP 系统的类型及工作原理[J]. 科技资讯.2011(10):15-16.

[39] 赵萍,程者军. CAPP 专家系统的应用与研究[J]. 机械工程与自动化,2006(05):36-38.

[40] 李名誉. 铁塔制造企业信息管理系统的设计与开发[D]. 武汉:湖北工业大学,2010.

[41] 张吉辉. 综合式 CAPP 软件开发及应用[D]. 西安:西南交通大学,2004.

[42] 秦宝荣. 智能 CAPP 系统的关键技术研究[D]. 南京:南京航空航天大学,2003.

[43] 陈俊钊. 柔性制造技术[M]. 北京:化学工业出版社,2020.

[44] 单忠德,汪俊,张倩. 批量定制柔性生产的数字化、智能化、网络化制造发展[J]. 物联网学报,2021,5(03):1-9.

[45] 陈明. 智能制造之路:数字化工厂[M]. 北京:机械工业出版社,2016.

[46] 安晶,殷磊,黄曙荣. 产品数据管理原理与应用——基于 Teamcenter 平台[M]. 北京:电子工业出版社,2015.

[47] 黄曙荣,安晶,王伟,等. 产品数据管理 PDM 原理与应用[M]. 北京:电子工业出版社,2015.

[48] 莫秉戈. PDM 与 ERP 系统集成关键技术的研究[J]. 计算机产品与流通,2019(12):110.

[49] 陈红燕,王新,何学洲. 基于关系数据库的工作流管理系统设计与实现[J]. 工程建设与设计,2020(12):228-229,234.

[50] 董波. 基于 PDM 的 CAD/CAPP/CAM 集成过程中标准化研究[D]. 长春:吉林大学,2005.

[51] 冯雷,范玉青. 基于 PDM 的航空 CIMS 集成框架的研究与实现[J]. 工程建设与设计,2001(04):29-30,46.

二维码资源使用说明

本书配套数字资源以二维码的形式在书中呈现,读者第一次利用智能手机在微信下扫码成功后提示微信登录,授权后进入注册页面,填写注册信息。按照提示输入手机号后点击获取手机验证码,稍等片刻收到 4 位数的验证码短信,在提示位置输入验证码成功后,重复输入两遍设置密码,点击"立即注册",注册成功即可查看二维码数字资源。(若手机已经注册,则在"注册"页底面选择"已有账号? 绑定账号",进入"账号绑定"页面,直接输入手机号和密码,提示登录成功。)手机第一次登陆查看资源成功,以后便可直接在微信端扫码登陆,重复查看本书所有的数字资源。

友好提示:如读者忘记登陆密码,请在 PC 机上,输入以下链接 http://jixie. hustp. com/index. php? m=Login,先输入自己的手机号,再点击"忘记密码",通过短信验证码重新设置密码即可。